高等学校新工科应用型人才培养系列教材
全国计算机类优秀教材

Python 工程应用——

数据分析基础与实践

郭 奕 黄永茂 编著

西安电子科技大学出版社

内 容 简 介

本书重点介绍了Python的基础知识以及利用Python进行数据分析的方法，通过对大量实际案例的分析以及部分理论的解读，使读者能够利用Python语言进行程序设计，同时掌握利用Python进行数据获取、预处理、分析和挖掘的整个开发过程。

本书包含三个部分：Python语言基础、数据分析基础、数据分析实战。每一部分都结合大量实际例程进行了解读。其中，Python语言基础部分重点介绍了Python编程环境的安装和搭建、基本的Python语法以及Python面向对象程序设计方法；数据分析基础部分重点介绍了利用Python进行数据的获取、存储、预处理、分析等过程的实现方法；数据分析实战部分通过四个完整的案例展现了如何利用Python对实际的数据分析问题进行处理。

本书可作为计算机、电子信息类专业教材。

本书免费提供书中程序代码和数据集、PPT及案例讲解视频等资源，需要的读者可扫描封面二维码查看。

图书在版编目(CIP)数据

Python工程应用：数据分析基础与实践 / 郭奕，黄永茂编著. —西安：西安电子科技大学出版社，2021.1(2025.1重印)
ISBN 978–7–5606–5943–5

Ⅰ. ① P…　Ⅱ. ①郭…　②黄…　Ⅲ. ①软件工具—程序设计　Ⅳ. ①TP311.561

中国版本图书馆CIP数据核字(2020)第252091号

策　　划　李惠萍
责任编辑　李惠萍
出版发行　西安电子科技大学出版社(西安市太白南路2号)
电　　话　(029)88202421　88201467　　邮　　编　710071
网　　址　www.xduph.com　　电子邮箱　xdupfxb001@163.com
经　　销　新华书店
印刷单位　陕西天意印务有限责任公司
版　　次　2021年1月第1版　2025年1月第3次印刷
开　　本　787毫米×1092毫米　1/16　印　张　16
字　　数　376千字
定　　价　40.00元
ISBN 978-7-5606-5943-5
XDUP 6245001-3

前　言

随着科技的不断发展，当今社会已经从IT(信息技术)时代进入了DT(数据技术)时代。我们的生活中每天都会产生大量数据，这些数据中蕴含着丰富的信息，然而目前能够为我们所用的数据仅仅是其中很少的一部分。数据分析是指运用适当的统计分析方法对收集到的大量数据进行分析，从中提取有用信息并形成结论，进而对数据加以详细研究和概括总结的过程，它是数学与计算机科学相结合的产物。

数据分析是一种思想，一种方法，一种处理问题的工具，这种工具可以应用到很多不同的应用领域，并在应用领域实现学科融合，而不同学科的交叉和融合是新工科建设的最大特点之一。为了便于非计算机专业的学生能够对数据分析快速入门，我们组织力量编写了本书。本书的重点不在于介绍语言，而是结合大量的实际应用案例，引导读者快速进入数据分析的世界，通过不断的练习和案例复现，使其快速获得学习的成就感，保持学习的激情。

鉴于上述写作思路，本书主要包括三方面内容：必要的Python语言基础和编程思想，完整的数据分析基础，详细的数据分析实践。其中，第一部分为第1～3章，主要介绍了Python语言的编程环境、基本语法以及面向对象的程序设计思想；第二部分包括第4～8章，完整地介绍了数据分析的相关理论和方法，包括数据分析的基本概念和应用，Python中常用的数据分析库，以及数据分析中每个步骤的原理及实现方法；第三部分包括第9～12章，通过四个完整的案例展现了实际生活中可能面临的数据分析问题，每个案例均包括案例实现思路分析、完整的案例代码以及举一反三的拓展训练，所有案例均来自实际工程应用项目或者国际开源的比赛项目，对于读者进行科学研究和相关领域的行业发展有一定的参考价值。

本书强调实践案例分析，可以满足各类别高校数据科学、计算机、电子信息等相关专业的课堂教学，也可以作为广大数据分析和数据挖掘爱好者及其他相关人员的自学参考书或培训教材。

本书由西华大学电气与电子信息学院郭奕和黄永茂共同编著。其中，郭奕主要编写了第1～4章和第8～12章，黄永茂编写了第5～7章。本书受到了广州泰迪智能科技有限公司产学合作协同育人项目(编号201802151017)的支持，在此表示衷心的感谢。王晓兰、汤微杰、周鑫、王锦珠、唐洪豆、李双双、刘鑫、徐亮同学在本书校对和代码验证方面做了大量工作，在此也表示诚挚的谢意。同时也感谢在本书编写过程中给予我们帮助的朋友们。

本书相关的教学资料和程序源代码都可以在出版社网站上下载。

由于时间仓促，书中难免存在欠妥之处，敬请读者批评指正。作者电子信箱为lpngy@vip.163.com。

作　者

2021年1月

目　　录

第一篇　Python 语言基础

第二篇　数据分析基础

第三篇 数据分析实战

第一篇 Python 语言基础

近几年，大数据的发展速度越来越快，通过使用数据分析技术，很多企业的发展越来越好。在数据分析过程中，人们通常必须借助一些编程语言(比如 MATLAB、Python、Java 等语言)才能完成相应的分析任务。对于初学者来说，Python 是一门非常合适的语言，它的语法简单易懂，同时有很多可以直接用于数据分析的工具。工欲善其事，必先利其器，在正式介绍数据分析相关内容之前，我们首先介绍 Python 语言的相关基础知识。

第 1 章 走进 Python

在正式学习 Python 语言之前，首先需要了解 Python 语言的一些基本知识，比如，Python 语言的产生和发展，Python 语言的用途及其开发环境等。本章将重点介绍以上知识。

1.1 了解 Python

Python 是进行数据分析最常用的语言，在数据分析方面具有一些独特的优势。用户在进行具体的数据分析学习之前，首先需要对 Python 语言的使用非常熟悉。本节将介绍 Python 语言的产生和发展情况，以及 Python 的一些特性。

1.1.1 什么是 Python

用技术术语来说，Python 是一门面向对象的高级编程语言，它具有集成的动态语义，主要用于 Web 和应用程序开发以及科学研究。它在快速应用程序开发领域非常有吸引力，因为它提供了动态键入和动态绑定选项。

Python 相对简单，易于学习，因为它具有一种以可读性强为重点的独特语法。与其他编程语言相比，开发人员可以更轻松地阅读和翻译 Python 代码，且它允许团队协作，而没有明显的语言和经验障碍，因此，减少了程序维护和开发的成本。

另外，Python 支持使用模块和包，这意味着可以以模块化的方式进行程序设计，并且可以在各种项目中重用代码。一旦开发了所需的模块或软件包，就可以对其进行扩展以供其他项目使用，并且可以轻松导入或导出这些模块。

Python 最重要的好处之一是标准库和解释器都是免费的，既有二进制形式，也有源代码形式，且没有排他性，因为 Python 和所有必需的工具在所有主要平台上都可用。因此，对于不想支付高昂开发成本的开发人员和企业来说，这是一个非常好的选择。

1.1.2 Python 的产生与发展

Python 是一门广泛使用的通用高级编程语言。它最初是由 Guido Van Rossum 在 1991 年设计的，并由 Python 软件基金会开发。它主要是为了强调代码的可读性而开发的，它的语法允许程序员用更少的代码行来表达概念。

Guido Van Rossum 于 1989 年 12 月开始在位于荷兰的 CWI(Centrum Wiskunde & Informatica, 数学和计算机科学研究中心)进行基于应用的工作。当时，他已接触并使用过

Pascal、C、Fortran 等语言。这些语言的基本设计原则是让机器能更快地运行。在 20 世纪 80 年代，虽然 IBM 和苹果已经掀起了个人电脑浪潮，但这些个人电脑的配置很低(在今天看来)。比如，早期的 Macintosh 只有 8 MHz 的 CPU 主频和 128 KB 的 RAM，一个大的数组就能占满内存。所有编译器的核心是做优化，以便让程序能够运行。为了提高效率，语言的进步也迫使程序员像计算机一样思考，以便能写出更适合机器运行的程序。在那个时代，程序员恨不得用手榨取计算机的每一个功能。有人甚至认为 C 语言中使用指针是在浪费内存，至于动态类型、内存自动管理、面向对象等功能，那更是不可能实现的事情，那会让计算机陷入瘫痪状态。然而，这种思考方式让 Guido 感到苦恼。Guido 知道如何用 C 语言实现一个功能，但整个编写过程需要耗费大量的时间(即使他已经准确地知道了如何实现)。他的另一个选择是 Shell。当时 Bourne Shell 作为 UNIX 系统的解释器(interpreter)已经长期存在。UNIX 的管理员们常常用 Shell 写一些简单的脚本，以进行一些系统维护工作，比如定期备份、文件系统管理等。Shell 可以像胶水一样，将 UNIX 下的许多功能连接在一起。许多 C 语言中上百行的程序，在 Shell 中只用几行就可以完成。然而，Shell 的本质是调用命令，它并不是真正的语言。比如，Shell 没有数值型的数据类型，加法运算很复杂。总之，Shell 不能全面调动计算机的功能。

Guido 希望有一种语言，它能够像 C 语言那样全面调用计算机的功能接口，又可以像 Shell 那样可以轻松地编程。这时，ABC 语言横空出世。ABC 是由荷兰的 CWI 开发的。Guido 在 CWI 工作，并参与 ABC 语言的开发。ABC 语言以教学为目的，与当时的大部分语言不同，其目标是“让用户感觉更好”。ABC 语言希望语言变得容易阅读，容易使用，容易记忆，容易学习，并以此来激发人们学习编程的兴趣。但是 ABC 语言也有一些问题：ABC 语言编译器需要配置比较高的计算机才能运行；不是模块化语言，可拓展性差；不能直接操作文件系统；编程方式改动太大，过度革新；ABC 编译器很大，不利于传播；等等。1989 年，为了打发圣诞节假期，Guido 开始写 Python 语言的编译/解释器。Python 这个名称来自 Guido 挚爱的电视剧 *Monty Python's Flying Circus* (BBC 1960—1970 年播放的室内情景幽默剧，以当时的英国生活为素材)。他希望这个新的叫作 Python 的语言能实现他的理念(一种介于 C 和 Shell 之间、功能全面、易学易用、可拓展的语言)。

该语言最终在 1991 年发布，它是用 C 语言实现的，并能够调用 C 库(.so 文件)。从其诞生开始，Python 就已经具有了类(class)、函数(function)、异常处理(exception)，以及包括表(list)和词典(dictionary)在内的核心数据类型和以模块(module)为基础的拓展系统。把 Python 和 Java、C++、C 比较，容易发现：Python 的设计理念很好，能用更少的代码来表达程序设计者的思想，其主要目标是提高代码的可读性和高级开发人员的生产力。

最初的 Python 完全由 Guido 本人开发，后来得到了同事的支持。他们迅速反馈使用意见，并参与到 Python 的改进中。Guido 和一些同事组成了 Python 的核心团队，将自己的大部分业余时间用于 Python 语言的开发和改进。随后，Python 拓展到 CWI 之外。Python 将许多机器层面的细节隐藏，交给编译器处理，并凸显出逻辑层面的编程思考。Python 程序员可以花更多的时间用于思考程序的逻辑，而不是埋头于具体的实现细节，这一特征吸引了广大程序员。基于此，Python 开始流行。

图 1-1 和图 1-2 给出了不同版本的 Python 产生的时间点及其演变的时间线。

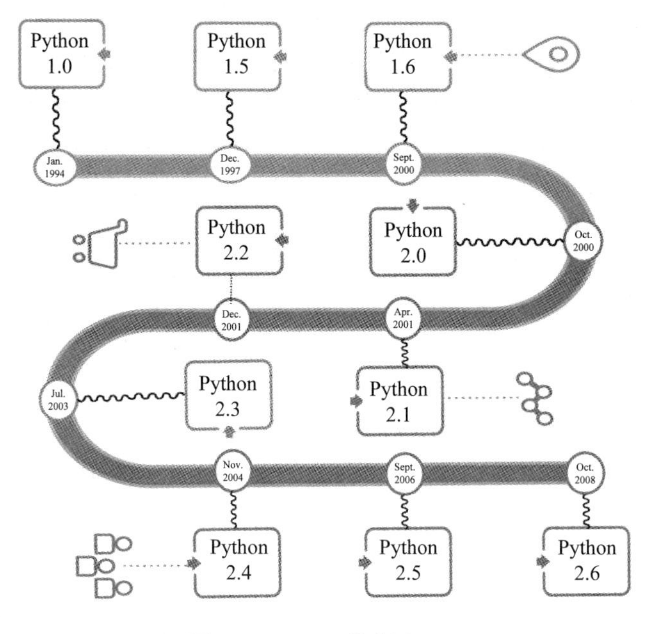

图 1-1 Python 的发展(一)

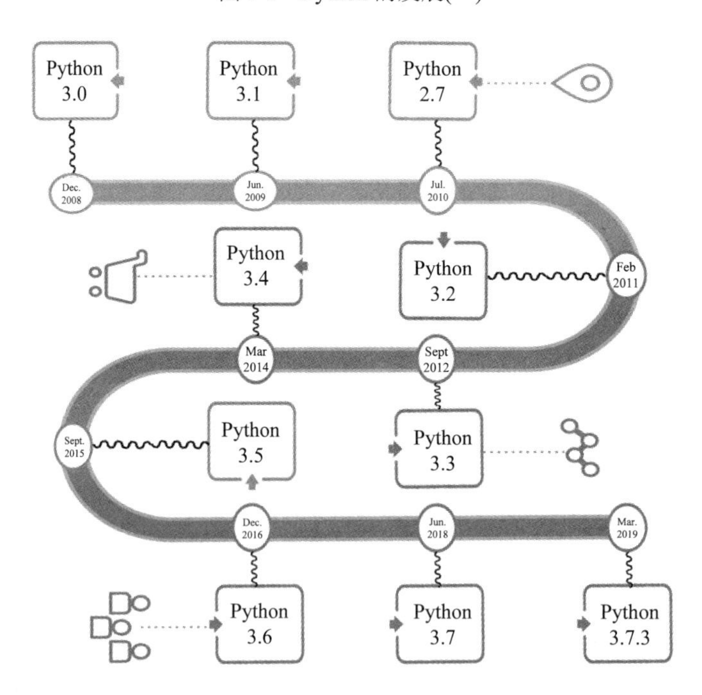

图 1-2 Python 的发展(二)

最常用的两个版本是 Python 2.x 和 Python 3.x。为了不带入过多的累赘，在设计 Python 3.0 的时候人们没有考虑向下兼容。之前在这两个版本之间有很多竞争，但是最近几年，由于支持 Python 3.x 的第三方库越来越丰富，因此，越来越多的开发者选择直接使用 Python 3.x，本书的所有代码也都是基于 Python 3.x 进行编译的。

有 19 条影响 Python 编程语言设计的软件编写原则，通常称之为 Python 之禅(The Zen of

Python)。Python 之禅最早由 Tim Peters 在 Python 邮件列表中发表，在最初及后来的一些版本中，一共包含 20 条，其中，第 20 条是“这一条留空(...)请 Guido 来填写。”这留空的一条从未公布，也可能并不存在。Python 之禅作为一个信息条款被录入 Python 增强建议(PEP)的第 20 条，在 Python 语言的官方网站也能找到。它还作为“彩蛋”被包含在 Python 解释器中。如果输入 import this，就会在 Python 的编程环境 IDLE 中显示。Python 之禅(前 19 条)如表 1-1 所示。

表 1-1　Python 之禅(前 19 条)

原　句	参考译文
Beautiful is better than ugly	优美优于丑陋
Explicit is better than implicit	明了优于隐晦
Simple is better than complex	简单优于复杂
Complex is better than complicated	复杂优于凌乱
Flat is better than nested	扁平优于嵌套
Sparse is better than dense	稀疏优于稠密
Readability counts	可读性很重要
Special cases aren't special enough to break the rules	特例亦不可违背原则
Although practicality beats purity	即使实用比纯粹更优
Errors should never pass silently	错误绝不能悄悄忽略
Unless explicitly silenced	除非它明确需要如此
In the face of ambiguity, refuse the temptation to guess	面对不确定性，拒绝妄加猜测
There should be one -- and preferably only one -- obvious way to do it	任何问题应有一种，且最好只有一种显而易见的解决方法
Although that way may not be obvious at first unless you're Dutch	尽管这个方法一开始并非如此直观，除非你是荷兰人
Now is better than never	做优于不做
Although never is often better than *right* now	然而不假思索还不如不做
If the implementation is hard to explain, it's a bad idea	很难解释的，必然是坏方法
If the implementation is easy to explain, it may be a good idea	很好解释的，可能是好方法
Namespaces are one honking great idea -- let's do more of those	命名空间是个绝妙的主意，我们应好好利用它

1.1.3 Python 的特点

Python 具有很多优点，尤其是对于没有任何编程语言基础的人来说，Python 是编程语言入门的首选语言。它是一种非常易于学习的语言，可以用作学习其他编程语言和编程框架的基础。如果你是初学者，并且这是你第一次使用编码语言，Python 一定能满足你的要求。

Python 的主要特点如下所述。

1. 简单

Python 是一门简单而语法简约的语言。阅读好的 Python 程序就像阅读英语，尽管是非常严格的英语。Python 的这种伪代码特性是其最大强项之一，它可让程序员专注于解决问题的办法，而不是语言本身。

2. 容易学习

Python 非常容易上手，它具有格外简单的语法。

3. 免费开源

Python 是一个 FLOSS(自由/开源软件)的例子。在一些简单的条款之下，用户可以自由地分发这个软件的拷贝，阅读并修改其源代码，或者将其一部分用到新的自由程序中。FLOSS 基于共享知识社区的概念，这是 Python 优秀的原因之一——它是由那些希望看到更好的 Python 的社区创建和不断改进的。

4. 属高级语言

当使用 Python 编写程序时，永远不需要担心低级细节，比如，对内存的管理和使用等。

5. 可移植

基于其开放源代码的特性，Python 已经被移植到许多平台。只要足够小心，避免使用系统的相关特性，所有 Python 程序都可以不加修改地运行在任意平台上。可以在 Linux、Windows、FreeBSD、Macintosh、Solaris、OS/2、Amiga、AROS、AS/400、BeOS、OS/390、z/OS、Palm OS、QNX、VMS、Psion、Acorn RISC OS、VxWorks、PlayStation、Sharp Zaurus、Windows CE，甚至 Pocket PC 平台上使用 Python。

6. 为解释型语言

使用编译型语言(像 C 或者 C++)编写的程序会使编译器使用一系列标志和选项将源代码(如 C 或者 C++)转换成一种计算机能够识别的语言(二进制代码，也就是 0 和 1)。在运行程序时，链接器/载入软件将程序从硬盘复制到内存，然后开始运行。而 Python 是一种解释型语言。也就是说，Python 不需要事先进行编译，只需从源代码直接运行程序即可。在内部，Python 首先将源代码转换成一种称为字节码的中间格式，然后将其翻译为计算机的机器语言，最后开始运行。这种特性使 Python 的使用更为简单，因为不必担心程序的编译，也无须保证恰当的库被链接和载入等。这也使得 Python 程序更易于移植，因为只需要复制 Python 程序到另外一台计算机，它就可以工作了。

7. 具有面向对象的特性

Python 同时支持面向过程和面向对象编程。在面向过程语言中，程序围绕着过程或者函数(可重复使用的程序片段)构建。在面向对象语言中，程序围绕着对象(数据和功能的组合)构建。Python 具有非常强大而且非常简捷的面向对象编程的方式，特别是相对于 C++或者 Java 这种大型语言来说。

8. 可扩展性强

如果需要一段运行很快的关键代码，或者是想要编写一些不愿开放的算法，通常可以使用 C 或 C++完成那部分程序，然后从 Python 程序中调用。

9. 可嵌入

程序员可以将 Python 嵌入 C/C++程序中，使其获得“脚本化”的能力。

10. 强大的扩展库

Python 具有非常强大的标准库，能够帮助用户完成许多工作，包括正则表达式、文档生成、单元测试、线程、数据库、网页浏览器、CGI(公共网关接口)、FTP(文件传输协议)、电子邮件、XML(可扩展标记语言)、XML-RPC(远程方法调用)、HTML(超文本标记语言)、WAV(音频格式)文件、加密、GUI(图形用户界面)以及与其他系统相关的代码。除了标准库外，还有各式各样高质量的第三方库，可以在 Python 包索引中找到它们。也有很多热门的交流社区，该社区每天都有很多优秀的第三方库发布。

总而言之，Python 是一种功能强大的语言。性能和特性恰到好处的组合让 Python 编程既有趣又简单。

1.1.4　Python 的应用

Python 的应用领域非常广泛，绝大部分大中型互联网企业都在使用 Python 完成各种各样的任务，如国外的 Google、Youtube、Dropbox，国内的百度、新浪、搜狐、腾讯、阿里、网易、淘宝、知乎、豆瓣、汽车之家、美团等。

概括起来，Python 的应用领域主要有如下几个方面：

1. Web 应用开发

Python 常被用于 Web 开发，尽管目前 Java、PHP 依然是 Web 开发的主流语言，但 Python 的上升势头十分强劲。随着 Python 的 Web 开发框架逐渐成熟(比如 Django、Flask 等)，程序员可以更轻松地开发和管理复杂的 Web 程序。例如，通过 mod_wsgi 模块，Apache 可以运行用 Python 编写的 Web 程序。Python 定义了 WSGI 标准应用接口来协调 HTTP 服务器与基于 Python 的 Web 程序之间的通信。

2. 自动化运维

运维，即一个系统的运行和维护工作。在运维早期，服务器体量较小，部署步骤也较少，服务器操作相对简单，对运维人员要求也不高，掌握基本的 Linux 命令即可胜任。但随着互联网行业的飞速发展，服务器体量逐渐变大，部署步骤多，操作烦琐，对运维人员要求提高。因此，人们希望通过编程语言编写一些自动化脚本来完成运维工作，而 Python 就是最好的选择之一。

Python 在很多操作系统中是标准的系统组件，大多数 Linux 发行版以及 NetBSD、OpenBSD 和 MacOS X 都集成了 Python，可以在终端下直接运行 Python。有一些 Linux 发行版的安装器使用 Python 语言编写，如 Ubuntu 的 Ubiquity 安装器、Red Hat Linux 和 Fedora 的 Anaconda 安装器等。另外，Python 标准库中包含了多个可用于调用操作系统功能的库。例如，通过 Pywin 32 软件包，用户能够访问 Windows 的 COM 服务以及其他 Windows API；使用 IronPython，用户可以直接调用.Net Framework。通常情况下，Python 编写的系统管理脚本，无论是在可读性方面，还是在性能、代码重用度以及可扩展性方面，都优于普通的 Shell 脚本。

3. 科学计算和人工智能

自 1997 年，NASA 就大量使用 Python 进行各种复杂的科学运算。与其他解释型语言(如 Shell、JS、PHP 等)相比，Python 在数据分析和可视化方面有相当完善和优秀的库，如 NumPy、SciPy、Matplotlib、Pandas 等，这可以满足编写科学计算程序的需要。

人工智能是目前最热门的研究领域之一，相应地，人工智能工程师也成为 IT 行业工资最高、最受青睐的求职岗位。而 Python 在人工智能领域内的机器学习、神经网络、深度学习等方面，都是主流编程语言。事实上，基于大数据分析和深度学习发展而来的人工智能，本质上已经无法脱离 Python 的支持，原因至少有以下几点：

(1) 目前世界上优秀的人工智能学习框架，比如，Google 的 TensorFlow、FaceBook 的 PyTorch 以及开源社区的 Karas 神经网络库等，都是用 Python 实现的。

(2) 微软的 CNTK(认知工具包)也完全支持 Python，并且该公司开发的 VS Code 也已经把 Python 作为第一级语言进行支持。

(3) Python 适合用于科学计算和数据分析，并且支持各种数学运算，可以用来绘制出更高质量的 2D 和 3D 图像。

AI 时代的来临使得 Python 从众多编程语言中脱颖而出，Python 作为 AI 时代主流语言的地位，基本不能撼动。

4. 网络爬虫

Python 语言很早就被用来编写网络爬虫。Google 等搜索引擎公司大量地使用 Python 语言编写网络爬虫。从技术层面上讲，Python 提供了很多可用于编写网络爬虫的工具，如 urllib、Selenium 和 BeautifulSoup 等，还提供了网络爬虫框架 Scrapy。

5. 游戏开发

很多游戏使用 C++编写图形显示等高性能模块，而使用 Python 或 Lua 编写游戏的逻辑。与 Python 相比，Lua 的功能更简单，体积更小；而 Python 则可以支持更多的特性和数据类型。除此之外，Python 可以直接调用 Open GL 实现 3D 绘制，这是高性能游戏引擎的技术基础。事实上，目前市面上已经有很多基于 Python 语言实现的游戏引擎，如 Pygame、Pyglet 以及 Cocos 2d 等。

以上仅仅介绍了 Python 应用领域的一小部分，除此以外，还可以利用 PIL(Python Image Library)和其它工具进行图像处理，用 PyRo 工具包进行机器人控制编程，等等。有兴趣的读者，可自行搜索资料详细了解。

1.2　Python 的安装

目前，Python 有两个版本，即 Python 2.x 和 Python 3.x。Python 3.x 是对 Python 2.x 的一个较大的更新。由于 Python 3.x 在设计的时候并没有考虑到向下兼容，因此，许多针对 Python 2.x 设计的函数、语法或者库等都无法在 Python 3.x 中正常执行，并且 Python 核心团队计划在 2020 年停止对 Python 2.x 的支持。因此，建议大家使用 Python 3.x。下面以 Python 3.6 为例详细讲解 Python 的安装方法。

这里介绍 Python 的两种安装方式。若读者仅需要使用 Python 编译环境，可采用 1.2.1 小节介绍的官方安装方式。若读者需要利用 Python 进行数据分析和处理，需要使用到各种 Python 库，如 Numpy、Scipy、Pandas、Scikit-learn，则建议使用 1.2.2 小节介绍的 Anaconda 的安装方法，该方法可同时完成 Python 及各种库的安装，非常方便。

1.2.1　Python 官方版本的安装

要安装 Python，首先需要到 Python 官方网站去下载相应的安装包，然后进行安装和配置。下面将详细介绍 Python 的安装过程。

1. Python 官方安装包的下载

下面介绍从 Python 官方网站下载相应版本安装包的详细操作过程。

第 1 步：在浏览器里输入 Python 官网地址 https://www.python.org，打开该网站，如图 1-3 所示。

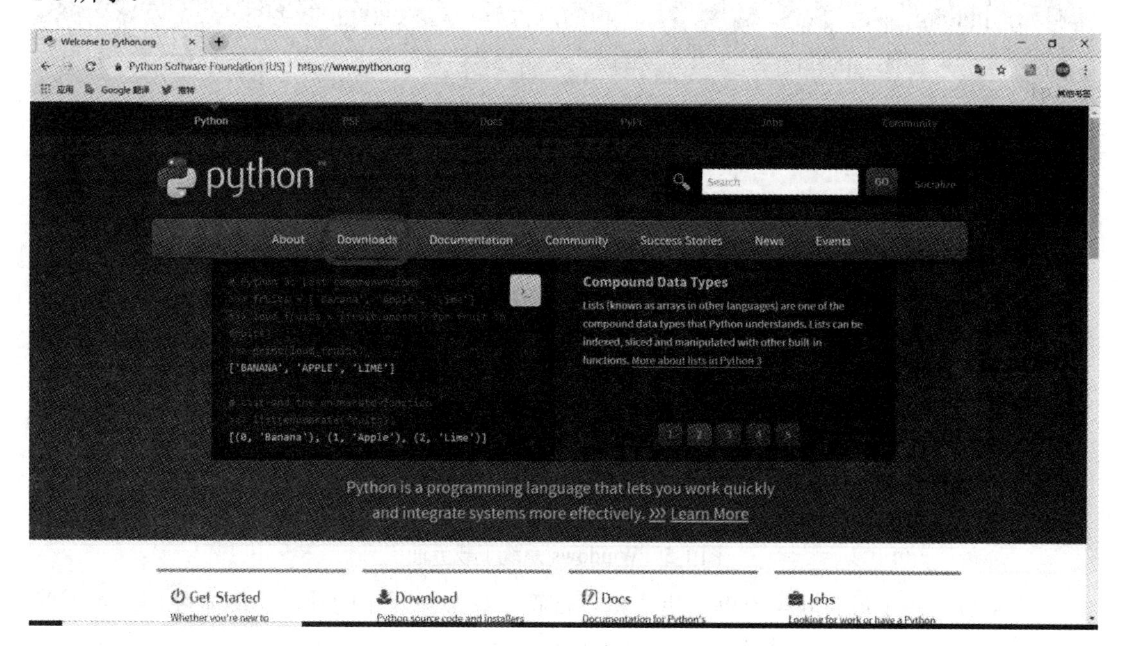

图 1-3　Python 官网

第 2 步：单击网页中的【Downloads】按钮，进入如图 1-4 所示的界面。

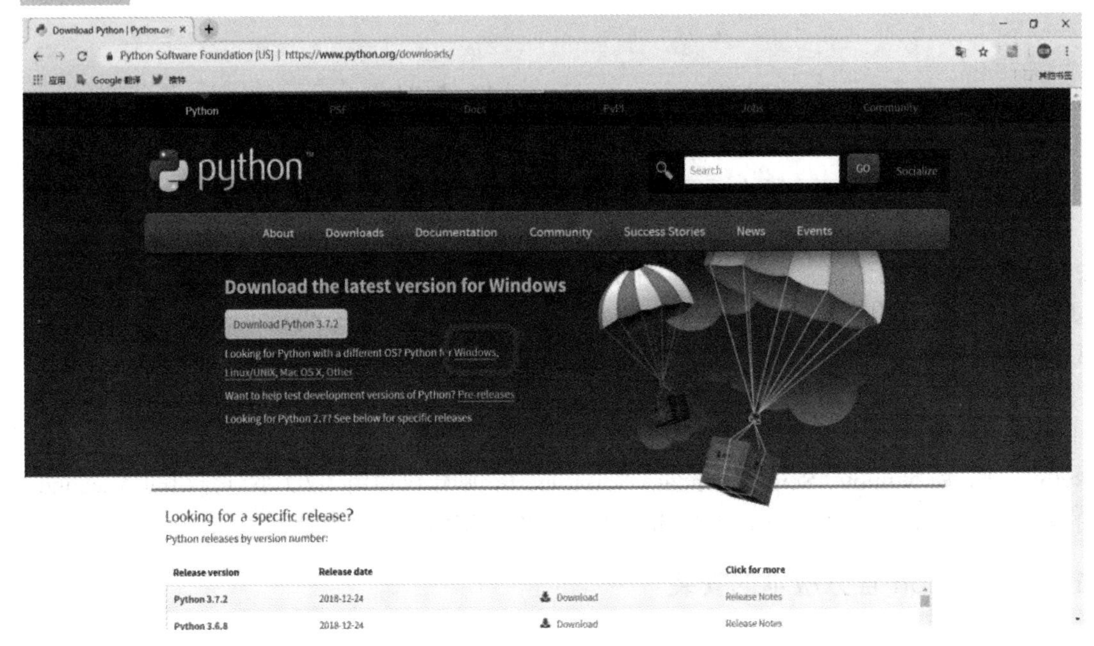

图 1-4 Python 下载界面

第 3 步：选择自己使用的操作系统(本书以 Windows 操作系统为例)，单击【Windows】，进入如图 1-5 所示的界面。

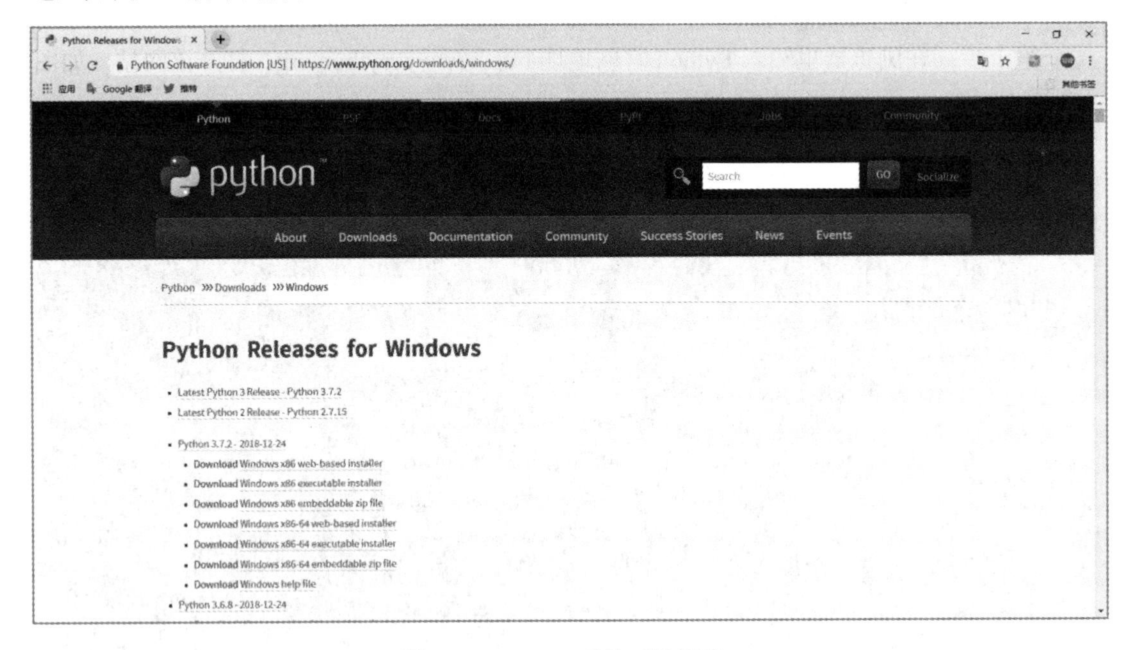

图 1-5 Windows 系统下载界面

第 4 步：由于最新版本不够稳定，所以推荐下载最新版本的前一个版本使用，本书建议使用 Python 3.6.8。点击【Download Windows x86-64 executable installer】，下载所需要的版本，如图 1-6 所示。

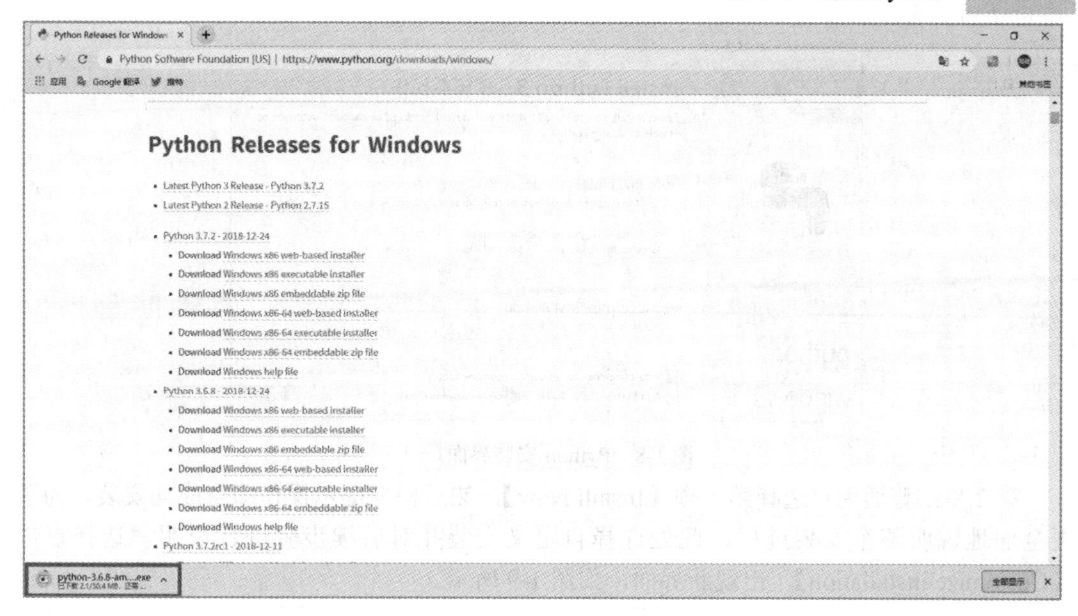

图 1-6　下载界面

第 5 步：等待几分钟后，软件下载成功，打开所在文件夹，找到 Python 安装图标，图标如图 1-7 所示。

图 1-7　Python 安装图标

2. Python 官方安装包的安装

从官方网站下载好 Python 的安装包之后，可以通过以下步骤进行安装。

第 1 步：双击前面下载的文件，或者在该文件上右击，在弹出的快捷菜单中点击【打开】选项，就会出现如图 1-8 的安装界面。如果该计算机曾经安装过 Python，则安装界面中的第一个选项将是【Upgrade Now】。

温馨提示：

强烈建议读者在安装的时候，勾选图 1-8 中箭头指向的选项“Add Python 3.6 to PATH”！该选项的含义是将 Python 的安装信息添加到系统环境变量中，这样比较方便以后在系统命令行中直接使用 Python 指令。如果此处不勾选，那么在安装成功之后需要手动将 Python 的安装信息添加到系统环境变量中，操作比较复杂。如果确实忘记勾选此选项，可以参考手动配置环境变量的方法进行手动添加。

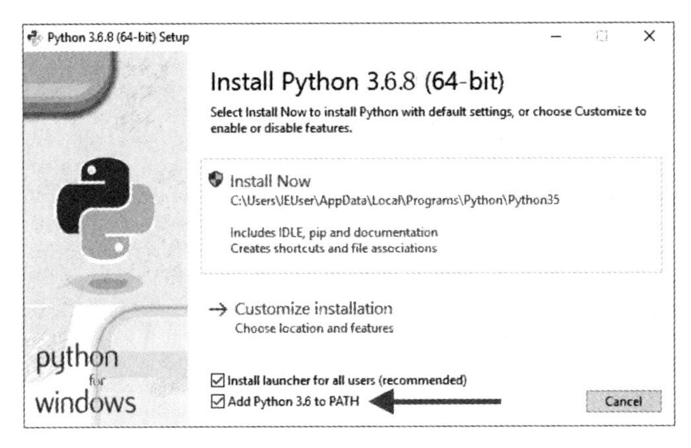

图 1-8 Python 安装界面(一)

第 2 步：普通用户选择第一项【Install Now】，然后根据提示操作即可成功安装。为了更全面地说明整个安装过程，此处选择自定义安装并对后续步骤进行说明。选择点击【Customize installation】，出现新界面，如图 1-9 所示。

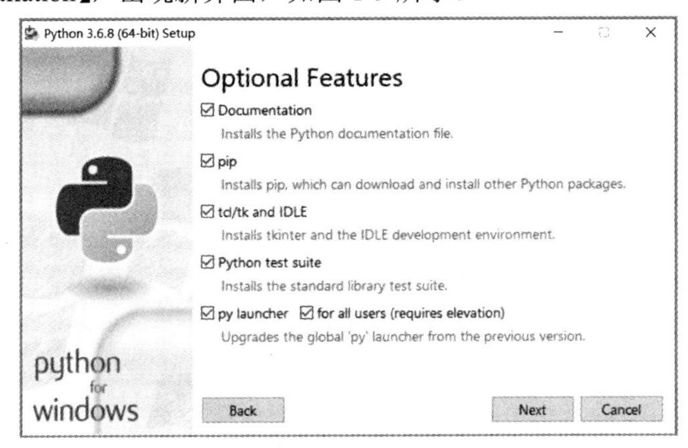

图 1-9 Python 安装界面(二)

第 3 步：勾选所有复选框，然后点击【Next】按钮，进入下一个界面，如图 1-10 所示。在此界面中对一些高级安装选项进行配置，通常可以根据如图 1-10 所示进行选择，也可以根据自己的需求更改软件所安装的路径。本书不更改安装路径。

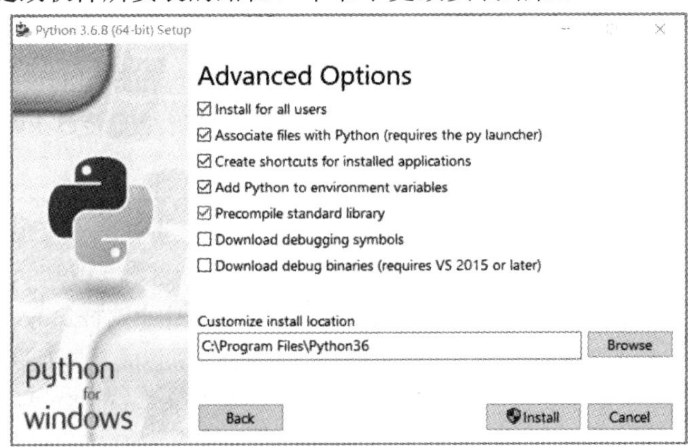

图 1-10 Python 安装界面(三)

第 4 步：点击【Install】按钮，进入安装步骤，显示安装进度，如图 1-11 所示。

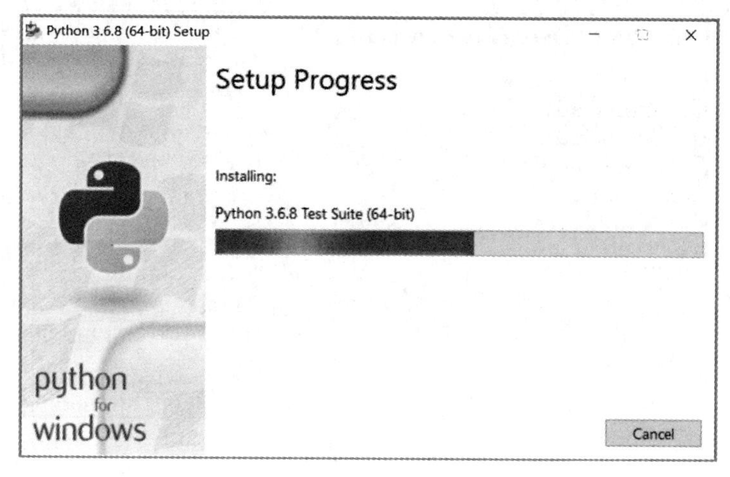

图 1-11　Python 安装界面(四)

第 5 步：等待几分钟后，安装完成，出现如图 1-12 所示的界面，单击【Close】按钮，即可完成安装。

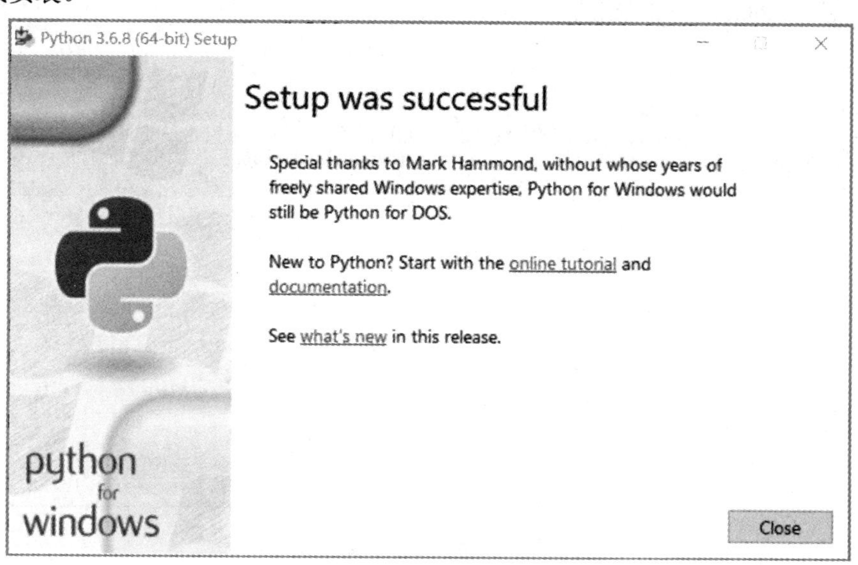

图 1-12　Python 安装界面(五)

第 6 步：同时按住【Win】+【R】打开【运行】界面，如图 1-13 所示。

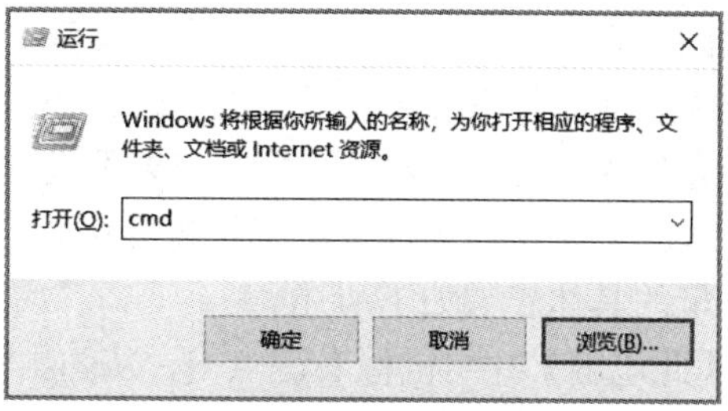

图 1-13　“运行”界面

第 7 步：在运行框里输入“cmd”，然后点击【确定】按钮。运行画面如图 1-14 所示。

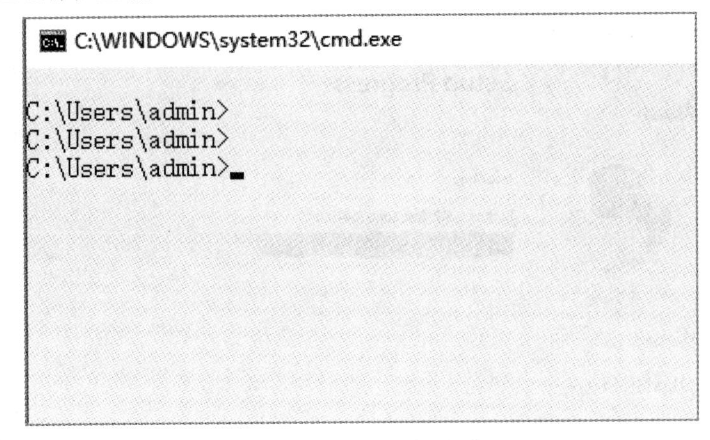

图 1-14　cmd 运行界面

第 8 步：输入“Python”，出现图 1-15 说明 Python 安装成功。

```
C:\WINDOWS\system32\cmd.exe - Python
Microsoft Windows [版本 10.0.17134.829]
(c) 2018 Microsoft Corporation。保留所有权利。

C:\Users\admin>color f0

C:\Users\admin>Python
Python 3.6.6 (v3.6.6:4cf1f54eb7, Jun 27 2018, 03:37:03) [MSC v.1900 64 bit (AMD64)] on win32
Type "help", "copyright", "credits" or "license" for more information.
>>>
```

图 1-15　Python 安装检测成功界面

3. 手动配置环境变量

Python 的安装实际上就是一个普通的 Windows 应用程序的安装，如果完全按照上述步骤进行操作，一般情况下都能够正常完成安装。但安装完成后，在 cmd 上运行 Python 时，可能会出现“Python 不是内部命令”的错误提示。这是因为在安装的过程中没有勾选添加环境变量选项所致，此时就需要手动设置环境变量。如果不设置环境变量，则在后续的使用过程中容易出错，导致 Python 在使用过程中出现错误环境。

设置 Python 的环境变量的具体步骤如下所述。

第 1 步：在桌面找到【此电脑】并用鼠标右键点击，从弹出的快捷菜单中选择【属性】命令，出现如图 1-16 所示的界面。

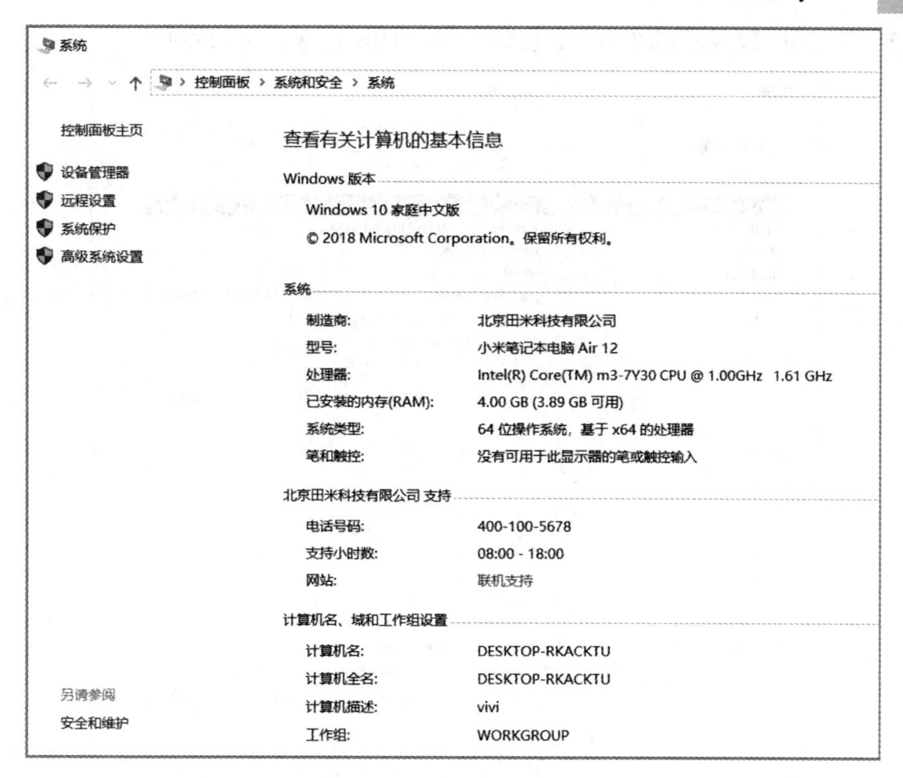

图 1-16　计算机属性界面

第 2 步：点击【高级系统设置】选项，弹出如图 1-17 所示的界面。

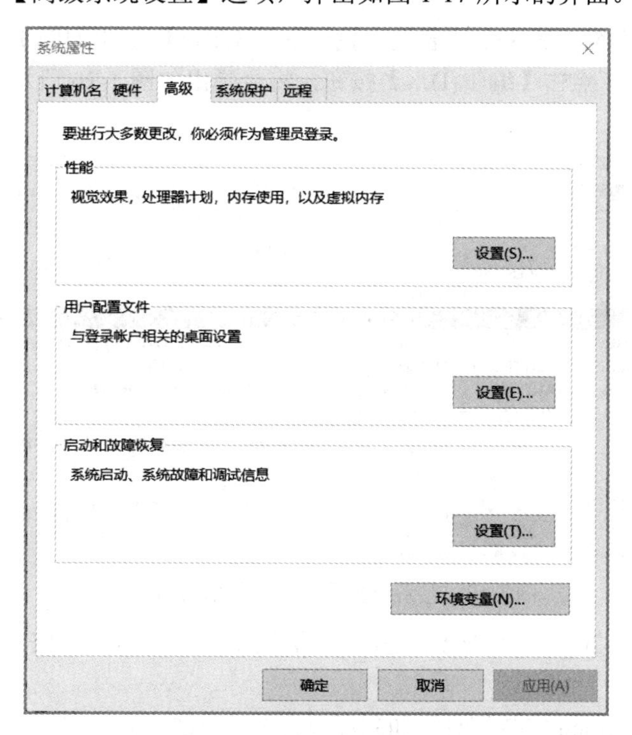

图 1-17　高级系统设置界面

第 3 步：点击【环境变量(N)…】按钮，弹出如图 1-18 所示的界面。

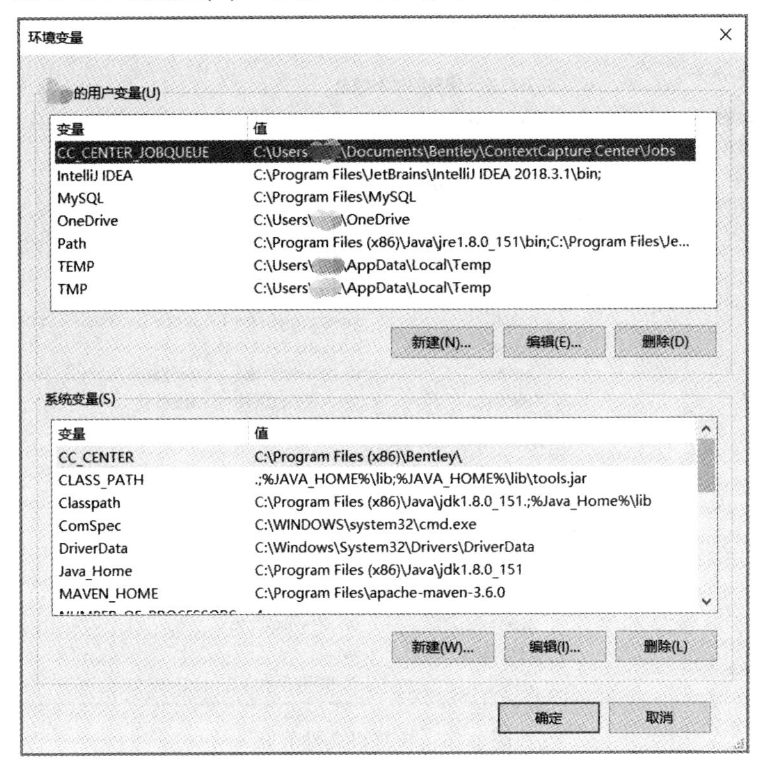

图 1-18 环境变量设置界面

第 4 步：在【系统变量(S)】列表框中找到变量【Path】选项(如图 1-19 所示)并且双击，或选中 Path 这一行，点击【编辑(I)…】按钮，将会弹出如图 1-20 所示的编辑环境变量的界面。

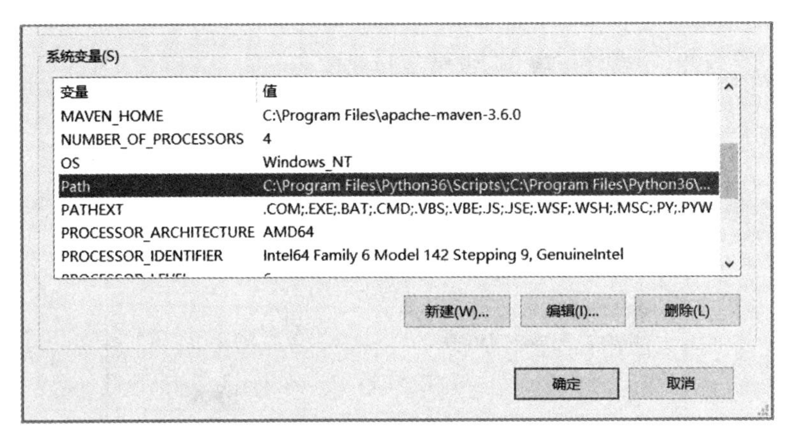

图 1-19 在系统变量中找到【Path】并双击

第 5 步：在图 1-20 中，点击【新建(W)…】按钮，输入 Python 路径并回车，环境变量即设置成功。

至此，手动将 Python 安装信息添加到环境变量的方法就介绍完了。如果一切顺利的话，就可以通过命令行或相应的编译环境进行 Python 代码的编写了。

图 1-20　编辑环境变量界面

1.2.2　Anaconda 的安装

Anaconda 是专注于数据分析的 Python 发行版本，包含了 Conda、Python 等 190 多个科学包及其依赖项。其中，Conda 是开源包和虚拟环境的管理系统。用户可以使用 Conda 来安装、更新、卸载工具包，并且它更加关注数据科学相关的工具包，在安装 Anaconda 时就预先集成了常用的 Numpy、Scipy、Pandas、Scikit-learn 等数据分析中常用的包。从省时省心角度出发，本书建议大家安装 Anaconda。本节将介绍 Anaconda 的下载、安装、配置以及运行。

1．Anaconda 的下载

Anaconda 的安装也包含了下载、安装和配置等过程。下面首先介绍 Anaconda 的下载过程。

第 1 步：在浏览器里输入 Anaconda 官网 https://www.anaconda.com，并且打开该网站，如图 1-21 所示(注：随着官网的更新，实际网页内容可能与书中插图不完全一致)。

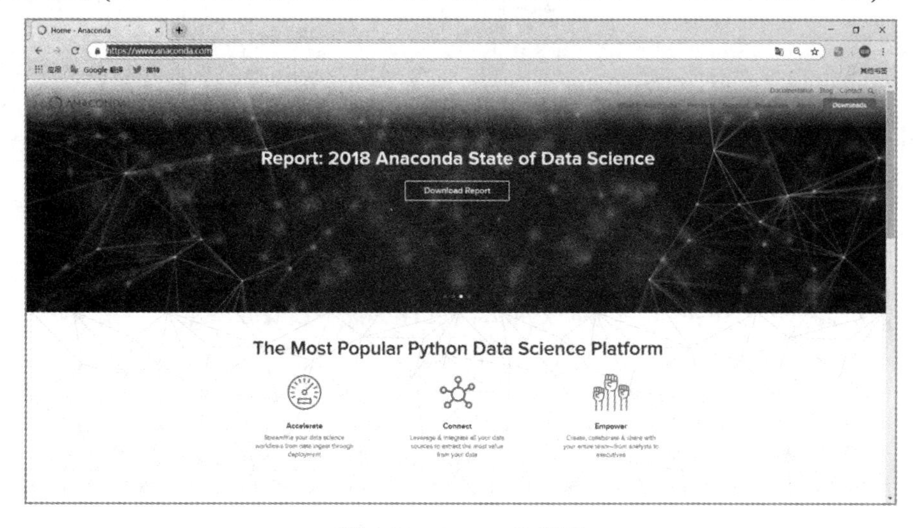

图 1-21　Anaconda 官网

第 2 步：单击网页中的【Download Report】按钮，进入如图 1-22 所示的界面。

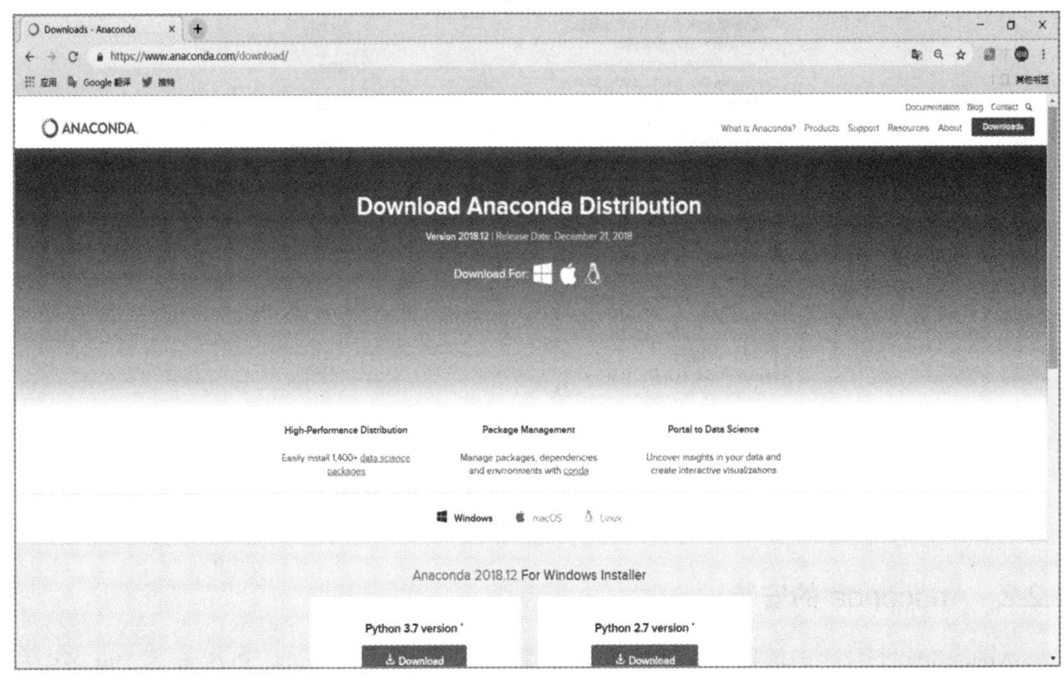

图 1-22　Anaconda 下载界面

第 3 步：选择自己使用的操作系统(本书以 Windows 操作系统为例)，单击【Windows】按钮，进入如图 1-23 所示的界面。

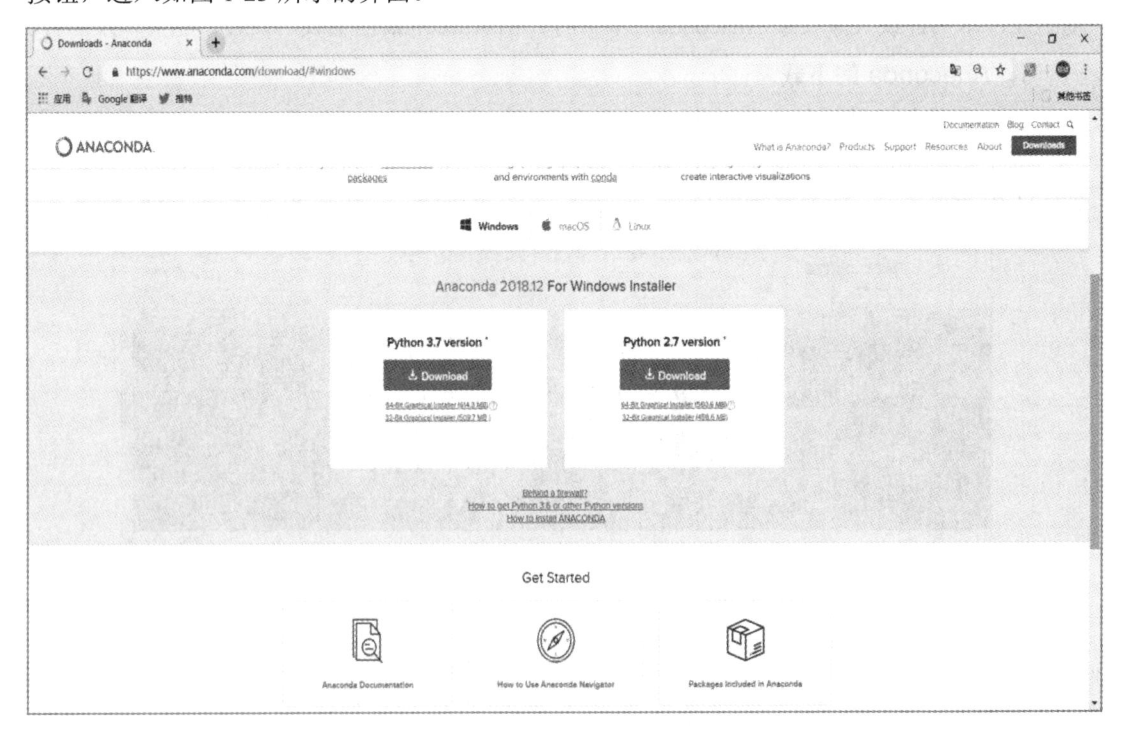

图 1-23　Windows 系统下载界面

第 4 步：这里选择 Python 3.7 version 版本，然后点击【Download】按钮，开始下载 Anaconda，界面如图 1-24 所示。

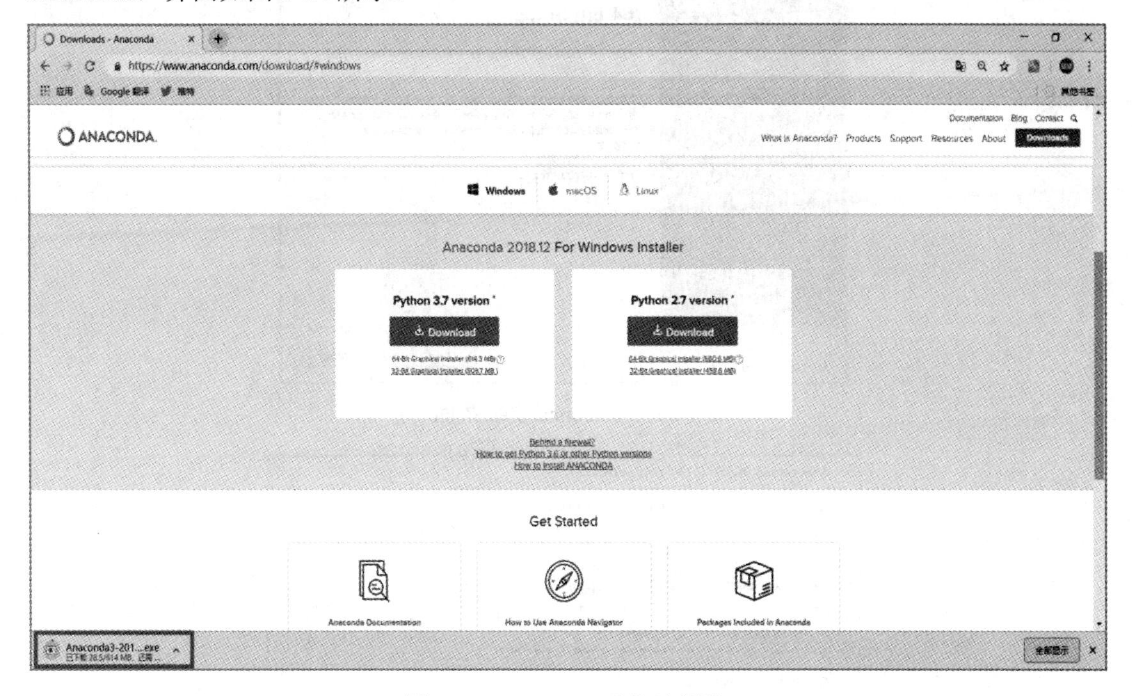

图 1-24　Anaconda 下载示意图

第 5 步：等待几分钟，软件下载成功，打开所在文件夹，找到 Anaconda 安装图标(见图 1-25)。

图 1-25　Anaconda 安装图标

2. Anaconda 的安装

Anaconda 的安装过程和普通 Windows 程序的安装过程非常类似，安装步骤如下：

第 1 步：双击图 1-25 所示的图标，或者右击该文件，在弹出的快捷菜单中选择【打开】选项，就会出现如图 1-26 所示的安装界面。

第 2 步：点击【Next>】按钮，出现如图 1-27 所示界面。

第 3 步：点击【I Agree】按钮同意使用协议，出现如图 1-28 所示界面。

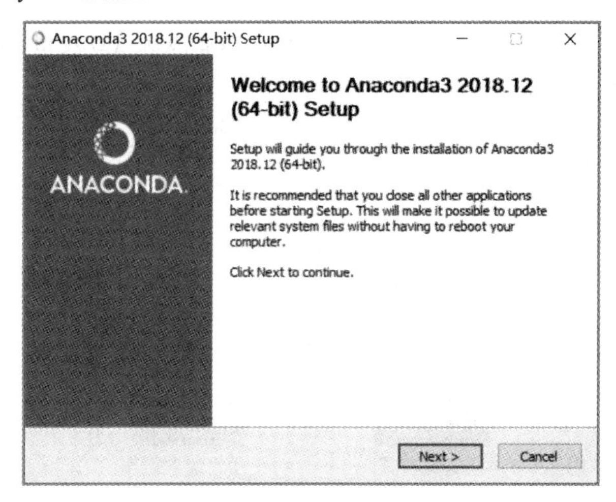

图 1-26 Anaconda 安装界面(一)

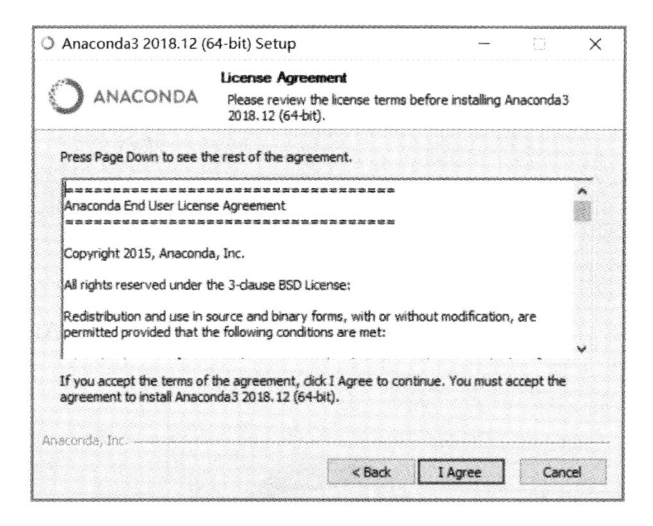

图 1-27 Anaconda 安装界面(二)

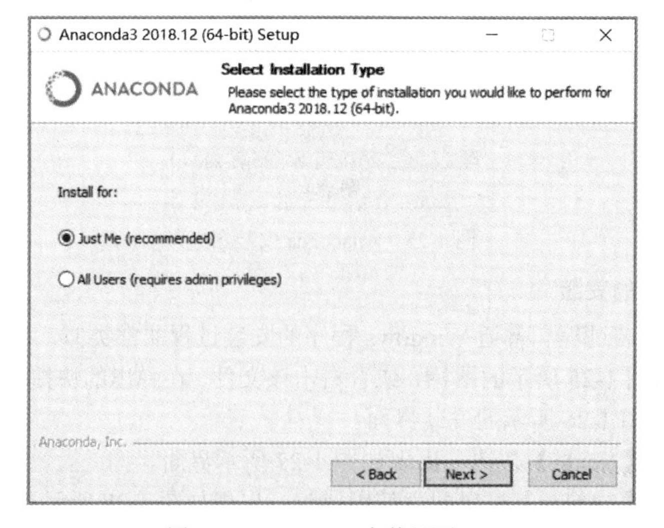

图 1-28 Anaconda 安装界面(三)

第 4 步：选择使用【Just Me】和【All Users】均可，然后点击【Next>】按钮，出现如图 1-29 所示界面。

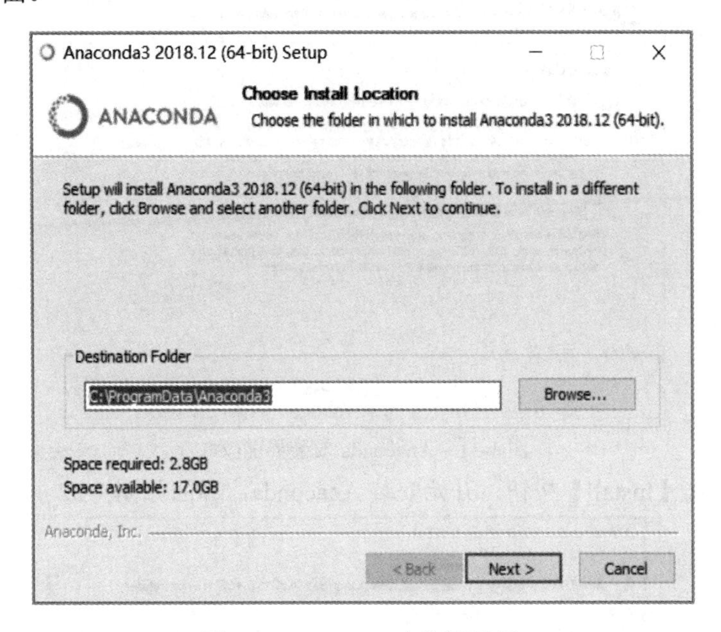

图 1-29　Anaconda 安装界面(四)

第 5 步：点击【Browse…】按钮，选择软件安装的位置，然后点击【Next>】按钮，出现如图 1-30 所示界面。

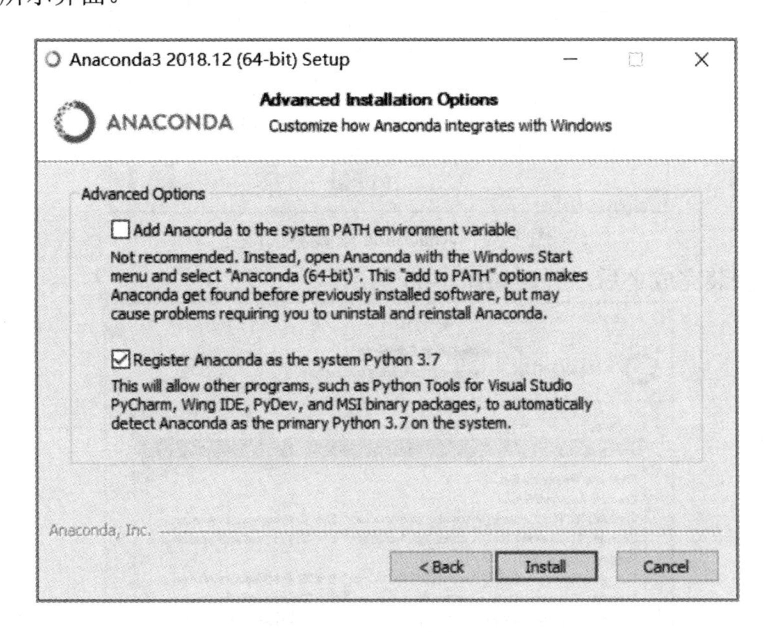

图 1-30　Anaconda 安装界面(五)

第 6 步：选择添加环境变量到系统中，界面如图 1-31 所示。强烈建议勾选此选项，否则需要参考后续介绍的“手动配置 Anaconda 的环境变量”一节手动进行环境变量配置。

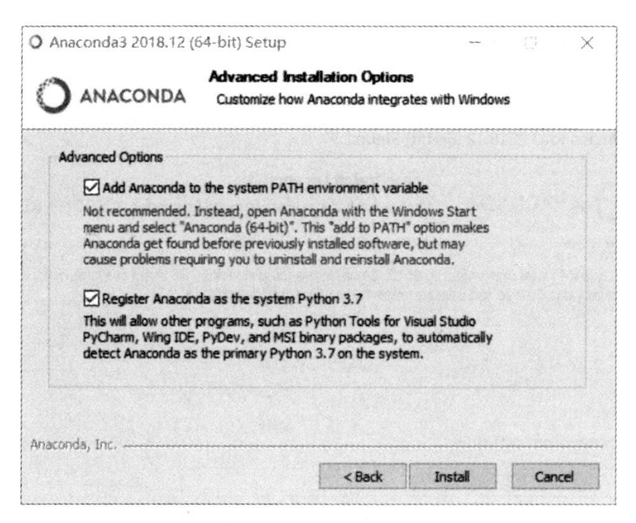

图 1-31 Anaconda 安装界面(六)

第 7 步：点击【Install】按钮，开始安装 Anaconda，界面如图 1-32 所示。

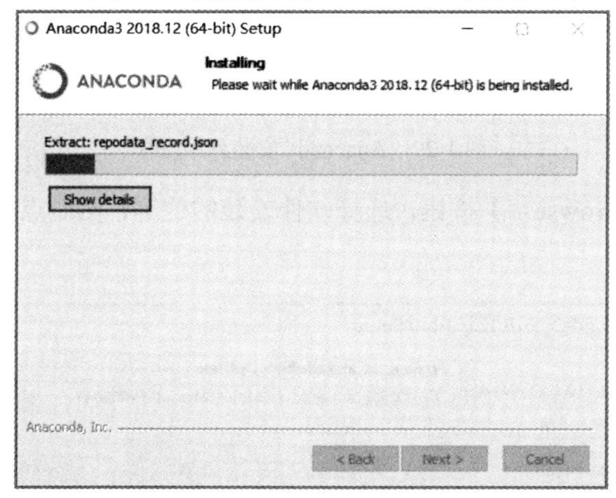

图 1-32 Anaconda 安装界面(七)

第 8 步：安装完成之后，界面如图 1-33 所示。

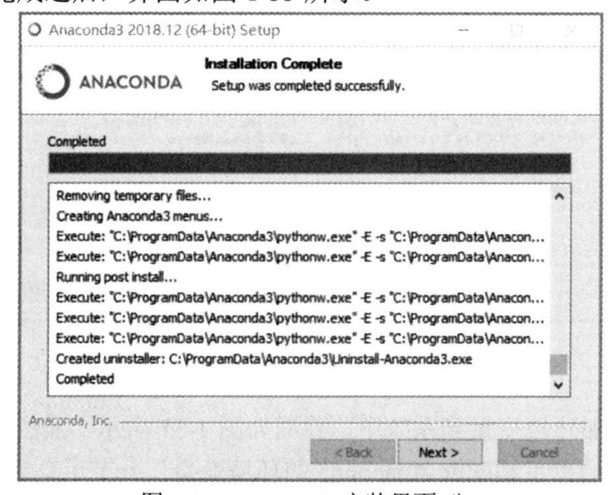

图 1-33 Anaconda 安装界面(八)

第 9 步：点击【Next>】按钮，弹出界面如图 1-34 所示。

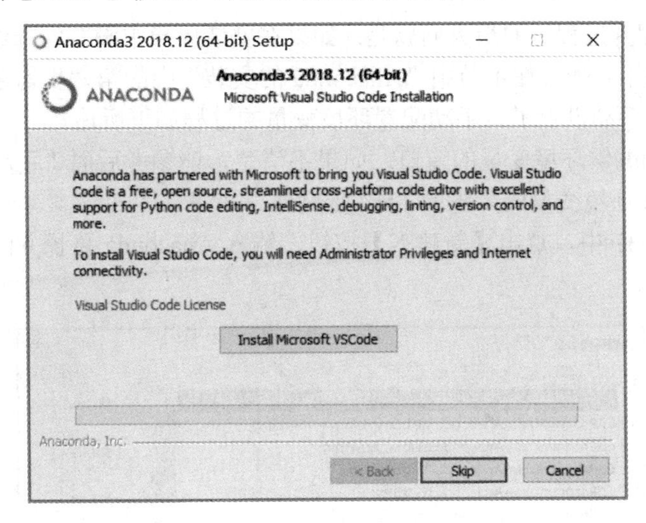

图 1-34　Anaconda 安装界面(九)

第 10 步：这一步为用户提供了安装 VSCode 的辅助功能。VSCode 是一款很好用的编辑器，用户可以根据自身需求选择安装，这里选择【Skip】跳过此步骤，完成安装，弹出界面如图 1-35 所示。

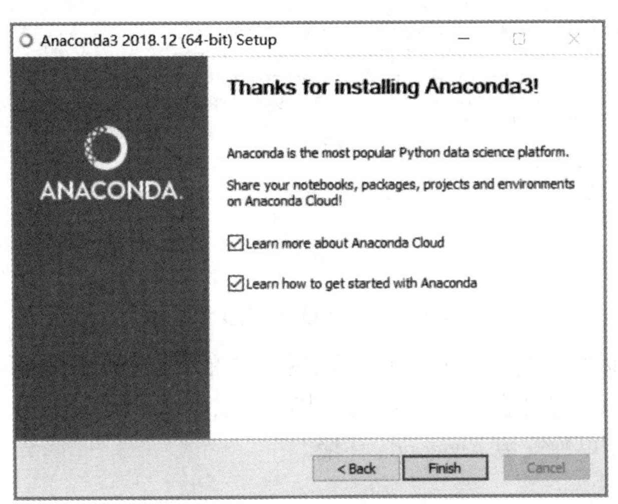

图 1-35　Anaconda 安装界面(十)

第 11 步：点击【Finish】按钮完成安装。完成安装之后，打开 cmd，输入“conda–V”，如果出现如图 1-36 所示的界面，则说明已经安装成功。

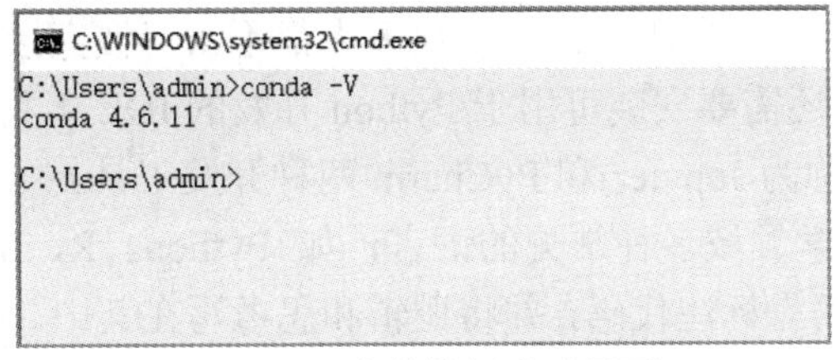

图 1-36　安装检测成功界面

3．手动配置 Anaconda 的环境变量

Anaconda 在配置过程中的最大问题是：如果在安装向导中没有勾选添加环境变量，则将导致命令无法使用。如果在本节中“Anaconda 的安装”中的第六步勾选了自动添加环境变量，则不需要再手动设置了。手动配置环境变量的过程如下所述。

第 1 步：找到编辑环境变量的窗口。如果不清楚，请参考后面“手动配置环境变量”一节中设置 Python 环境变量的步骤的 1～4 步操作。

第 2 步：图 1-37 中，点击【新建 N】按钮，输入 Anaconda 路径并回车，环境变量即设置成功。

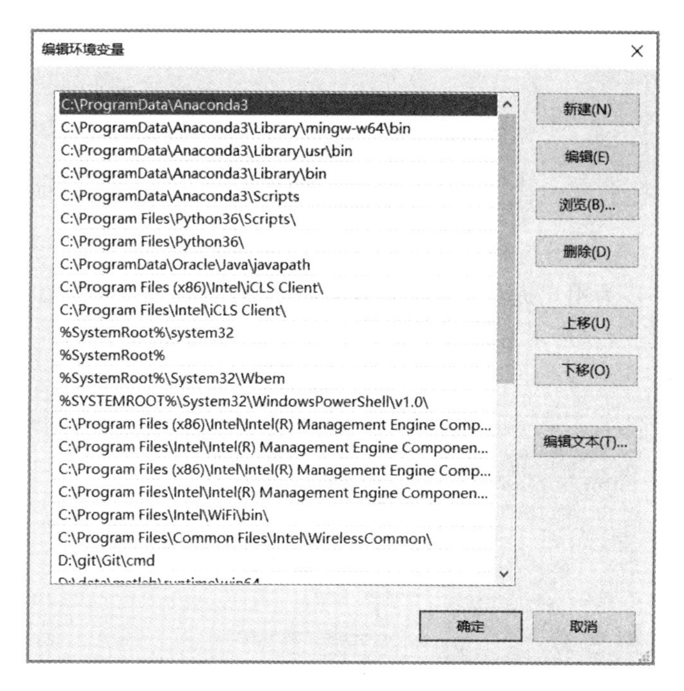

图 1-37　Anaconda 环境变量配置

至此，Python 运行环境在 Windows 操作系统中的安装就介绍完了。对于 Linux 或者 MacOS 操作系统而言，已经自带了 Python 环境，可以不用单独安装了。但如果想快速开始科学计算，则还需要单独安装 Anaconda 环境。

1.3　开发环境搭建

安装完成 Python 运行环境之后，就可以通过命令行来编写 Python 程序了，不过这种方法和其他编程语言的使用习惯相差很大，很多人都不太习惯直接在命令行中进行 Python 代码的编写，因此，用户还需要安装可用于 Python 开发的 IDE 工具。本书主要使用 Jupyter Notebook(有时候将其简称为 Jupyter)和 PyCharm 两种开发工具。

Jupyter 支持数据科学领域多种常见的语言，如 Python、R、Scala、Julia 等，用户能够使用 Markdown 标记语言标注代码，并将逻辑和思考写在其中。这和 Python 内部注释部分不同，这种呈现形式对于数学展示十分友好。Jupyter 常用于数据清洗、数据转换、统计

建模和机器学习。它能够用图显示单元代码的输出，相比 PyCharm 更为轻便。

PyCharm 是一个功能完备的代码编辑器。它具有齐全的代码编辑选项，集成了众多人性化的工具(github、maven 等)。除此之外，PyCharm 还能进行服务端开发。

读者可根据自身需求选择安装类型。下面将详细介绍 Jupyter Notebook 和 Pycharm 两种工具的安装、配置以及运行。

1.3.1　Jupyter Notebook 的安装

Jupyter Notebook 是一种基于网页的可用于交互计算的应用程序。其主要功能有：

(1) 可以在浏览器内编辑代码，具有自动语法突显、代码缩进以及制表等功能。

(2) 能够直接在浏览器内执行代码，运行结果可以直接在代码下面显示。

(3) 可以使用多种媒体来显示运行结果，如 HTML、LateX、PNG、SVG 等。

(4) 可以使用 Markdown 标记性语言对代码进行注释。

> **温馨提示：**
>
> Jupyter Notebook 官网链接：
>
> https://jupyter-notebook.readthedocs.io/en/stable/notebook.html

1. Jupyter Notebook 的下载和安装

安装 Jupyter Notebook 的时候，会使用到一个工具——pip，如果完全是按照前文的方法来安装的 Python 环境，那么就已经安装好了 pip 工具，否则还需要单独下载并安装 pip 工具。接下来我们将详细介绍如何安装 pip 工具，并通过 pip 命令安装 Jupyter Notebook。其具体步骤如下：

第 1 步：打开网站 https://pypi.org/project/pip/，界面如图 1-38 所示。

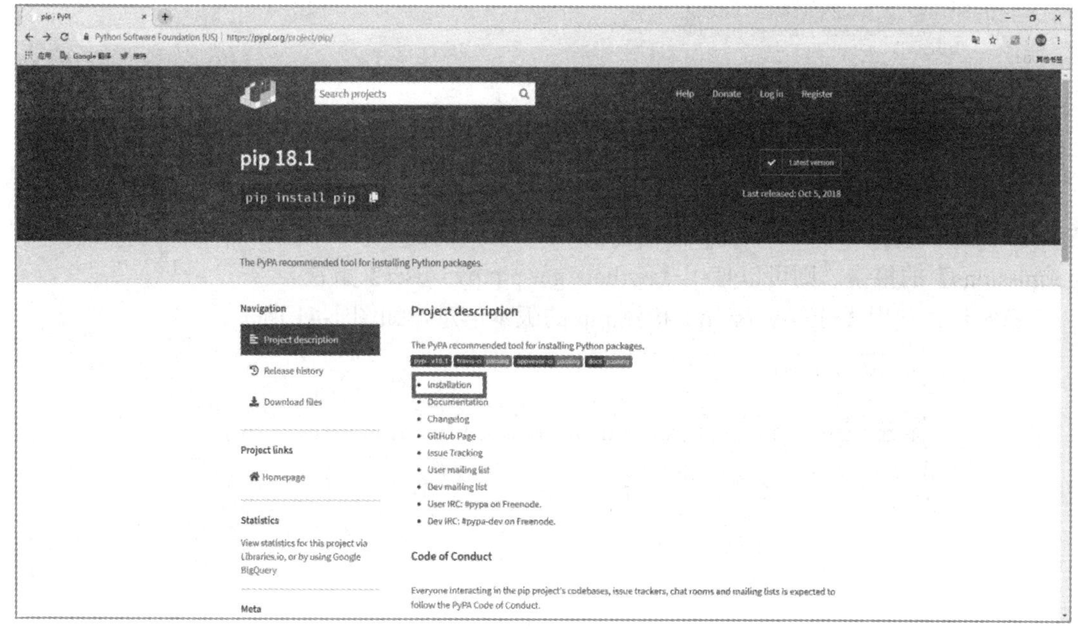

图 1-38　pip 官网

第 2 步：点击【Installation】，弹出界面如图 1-39 所示。

Installation

Do I need to install pip?

pip is already installed if you are using Python 2 >=2.7.9 or Python 3 >=3.4 downloaded from python.org or if you are working in a Virtual Environment created by virtualenv or pyvenv. Just make sure to upgrade pip.

Installing with get-pip.py

To install pip, securely download get-pip.py. [1]:

```
curl https://bootstrap.pypa.io/get-pip.py -o get-pip.py
```

Then run the following:

```
python get-pip.py
```

Warning: Be cautious if you are using a Python install that is managed by your operating system or another package manager. get-pip.py does not coordinate with those tools, and may leave your system in an inconsistent state.

图 1-39 get-pip.py 下载界面

第 3 步：打开【cmd】，先后输入“curl https://bootstrap.pypa.io/get-pip.py -o get-pip.py”“python get-pip.py”，如图 1-40 所示。

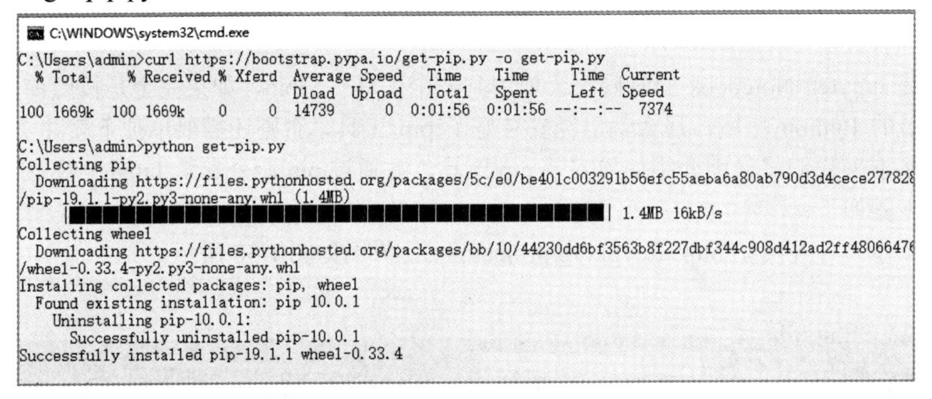

图 1-40 cmd 界面

第 4 步：输入【python .get-pip.py】命令，若出现【could not install packages due to an Environment Error: [WinError 5] 拒绝访问 Consider using the `--user` option or check the permissions】的报错，则可以使用【python .get-pip.py --user】解决。

第 5 步：使用【pip --version】检测 pip 的版本信息，如图 1-41 所示。

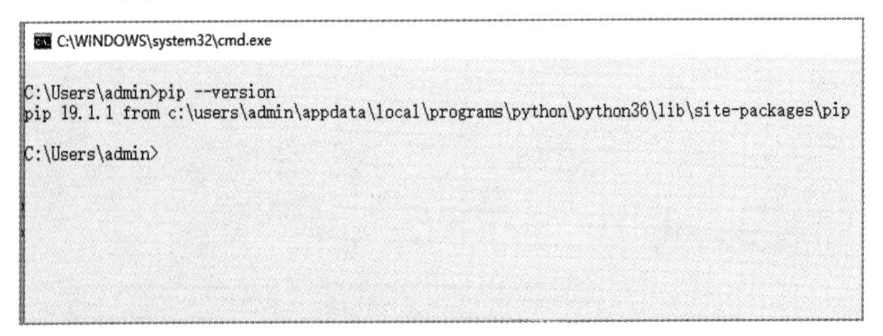

图 1-41 版本检测界面

第 6 步：查看 Python 的帮助文档，打开 cmd，输入 pip，如图 1-42 所示。

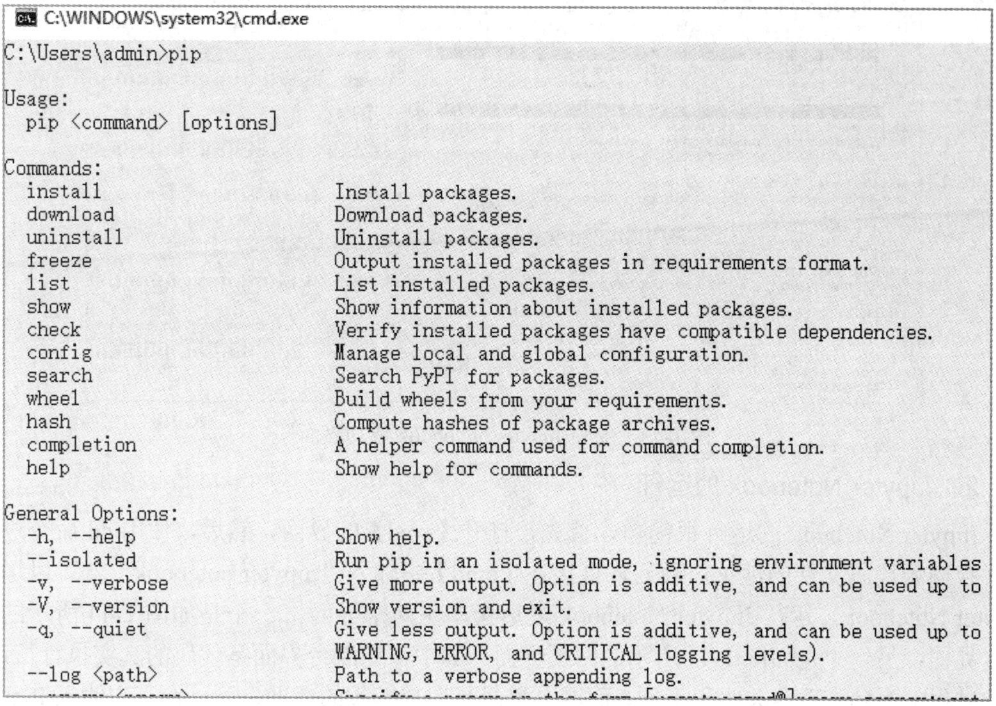

```
C:\WINDOWS\system32\cmd.exe
C:\Users\admin>pip

Usage:
  pip <command> [options]

Commands:
  install                     Install packages.
  download                    Download packages.
  uninstall                   Uninstall packages.
  freeze                      Output installed packages in requirements format.
  list                        List installed packages.
  show                        Show information about installed packages.
  check                       Verify installed packages have compatible dependencies.
  config                      Manage local and global configuration.
  search                      Search PyPI for packages.
  wheel                       Build wheels from your requirements.
  hash                        Compute hashes of package archives.
  completion                  A helper command used for command completion.
  help                        Show help for commands.

General Options:
  -h, --help                  Show help.
  --isolated                  Run pip in an isolated mode, ignoring environment variables
  -v, --verbose               Give more output. Option is additive, and can be used up to
  -V, --version               Show version and exit.
  -q, --quiet                 Give less output. Option is additive, and can be used up to
                              WARNING, ERROR, and CRITICAL logging levels).
  --log <path>                Path to a verbose appending log.
```

图 1-42 pip 帮助文档

根据 pip 帮助文档，可以知道 pip 的常用命令。常用命令如下所示，代码中的【xxx】即为待安装包的名称。

```
#安装名为 xxx 的包
pip install xxx
#升级包,可以使用-U 或者--upgrade
pip install –U xxx
#卸载名为 xxx 的包
pip uninstall xxx
#列出已经安装的包
pip list
```

第 7 步：至此，pip 已经安装好了，可以直接在 cmd 中使用【pip install jupyter】命令进行 Jupyter Notebook 的安装，pip 命令将自动下载 Jupyter Notebook 的安装包并进行安装，安装成功的界面如图 1-43 所示。

> 温馨提示：
>
> 此处只是介绍了通过 pip 工具进行 Jupyter Notebook 的安装，实际上 Python 中的所有第三方包都可以通过 pip 进行安装，安装方法完全类似。正文中的各大案例也广泛使用了第三方包(或称为库)，读者在实现的时候如果提示不存在调用的包，请自行利用此处介绍的方法，通过 pip 指令进行手动安装，下文中不再赘述第三方包的安装方法。

```
C:\WINDOWS\system32\cmd.exe - pip  install jupyter
  Downloading https://files.pythonhosted.org/packages/23/96/d828354fa2dbdf216eaa7b7de0db692f12c234f7ef888cc14980ef40d1d2
/attrs-19.1.0-py2.py3-none-any.whl
Collecting pyrsistent>=0.14.0 (from jsonschema!=2.5.0,>=2.4->nbformat->notebook->jupyter)
  Downloading https://files.pythonhosted.org/packages/68/0b/f514e76b4e074386b60cfc6c8c2d75ca615b81e415417ccf3fac80ae0bf6
/pyrsistent-0.15.2.tar.gz (106kB)
    |████████████████████████████████| 112kB 24kB/s
Collecting parso>=0.3.0 (from jedi>=0.10->ipython>=5.0.0->ipykernel->jupyter)
  Downloading https://files.pythonhosted.org/packages/68/59/482f5a00fe3da7f0aaeedf61c2a25c445b68c9124437195f6e8b2beddbc0
/parso-0.5.0-py2.py3-none-any.whl (94kB)
    |████████████████████████████████| 102kB 19kB/s
Building wheels for collected packages: prometheus-client, pandocfilters, backcall, pyrsistent
  Building wheel for prometheus-client (setup.py) ... done
  Stored in directory: C:\Users\admin\AppData\Local\pip\Cache\wheels\1c\54\34\fd47cd9b308826cc4292b54449c1899a30251ef3b5
06bc91ea
  Building wheel for pandocfilters (setup.py) ... done
  Stored in directory: C:\Users\admin\AppData\Local\pip\Cache\wheels\39\01\56\f1b08a6275acc59e846fa4c1e1b65dbc1919f20157
d9e66c20
  Building wheel for backcall (setup.py) ... done
  Stored in directory: C:\Users\admin\AppData\Local\pip\Cache\wheels\98\b0\dd\29e28ff615af3dda4c67cab719dd51357597eabff9
26976b45
  Building wheel for pyrsistent (setup.py) ... done
  Stored in directory: C:\Users\admin\AppData\Local\pip\Cache\wheels\6b\b9\15\c8c6a1e095a370e8c3273e65a5c982e5cf355dde16
d77502f5
Successfully built prometheus-client pandocfilters backcall pyrsistent
Installing collected packages: ipython-genutils, six, decorator, traitlets, parso, jedi, pickleshare, wcwidth, prompt-to
olkit, backcall, colorama, pygments, ipython, tornado, pyzmq, jupyter-core, python-dateutil, jupyter-client, ipykernel,
qtconsole, pywinpty, terminado, attrs, pyrsistent, jsonschema, nbformat, entrypoints, testpath, MarkupSafe, jinja2, mist
une, webencodings, bleach, pandocfilters, defusedxml, nbconvert, Send2Trash, prometheus-client, notebook, jupyter-consol
e, widgetsnbextension, ipywidgets, jupyter
```

图 1-43 安装 Jupyter Notebook 成功界面

2. Jupyter Notebook 的运行

Jupyter Notebook 的运行很简单，首先，打开【cmd】的界面，然后，使用 cd 命令进入想要存储源代码文件的地址，最后，直接在【cmd】中输入“jupyter notebook”就可以运行 Jupyter Notebook。运行 Jupyter Notebook 之后会产生两个界面，一个是如图 1-44 所示的控制台界面，另一个是如图 1-45 所示的网页界面。其中，控制台界面是代码的真实执行窗口，运行过程中不允许手动关闭和干预，而网页界面是用户编程的界面，可以在其中输入 Python 源代码。

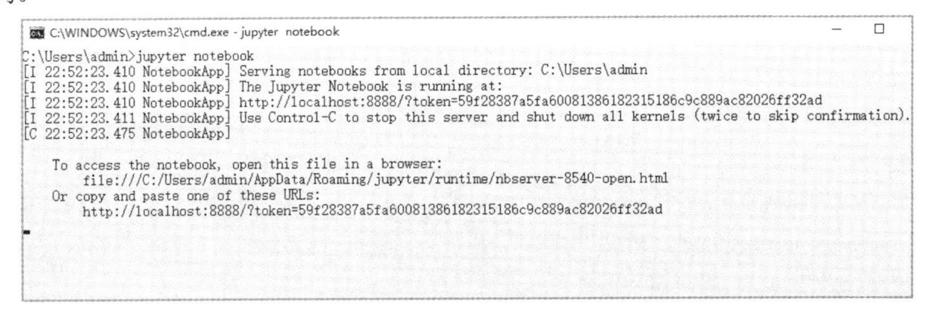

图 1-44 Jupyter Notebook 的控制台界面

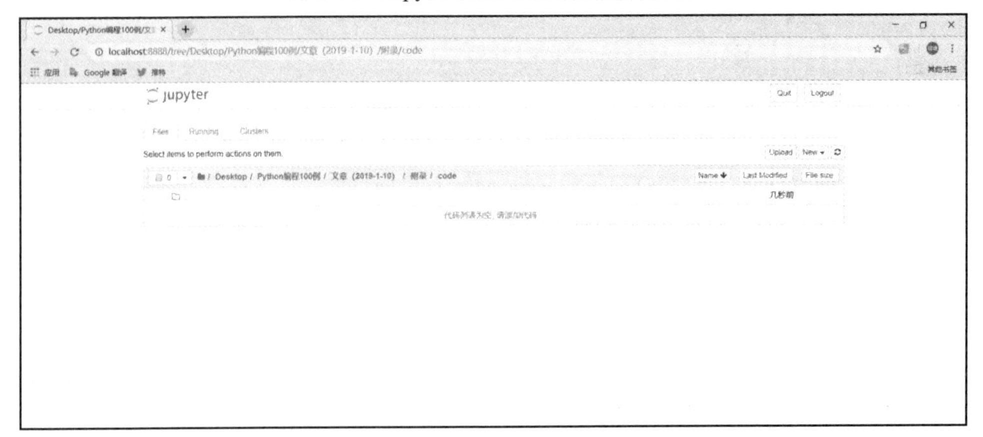

图 1-45 Jupyter Notebook 的网页界面

至此，Jupyter Notebook 的开发环境就安装完成了，读者可以在 Jupyter Notebook 中进行源代码的编辑和运行了。

> **温馨提示：**
>
> 如果 Python 的运行环境是按照 1.2.1 小节中的官方方式进行安装的，就需要参考本节手动进行 Jupyter Notebook 的安装。如果是直接安装的 Anaconda，那么 Jupyter Notebook 也一并集成在其中了，不需要单独安装了，可以直接通过 Anaconda 菜单运行，也可以用本节介绍的方法运行。

1.3.2　PyCharm 的安装

PyCharm 是一种可以进行 Python 程序设计的 IDE，带有一整套可以帮助用户在使用 Python 语言开发时提高其效率的工具，比如，调试、语法高亮、Project 管理、代码跳转、智能提示、自动完成、单元测试、版本控制等。此外，该 IDE 提供了一些高级功能，用于支持 Django 框架下的专业 Web 开发。

1．PyCharm 的下载

PyCharm 作为一个普通的 Windows 应用程序，同样需要手动进行下载和安装，下面是下载的详细步骤。

第 1 步：在浏览器里输入 PyCharm 官网地址 https://www.jetbrains.com/pycharm/，其界面如图 1-46 所示。

图 1-46　PyCharm 官网

第 2 步：点击【DOWNLOAD NOW】按钮，出现如图 1-47 所示界面。

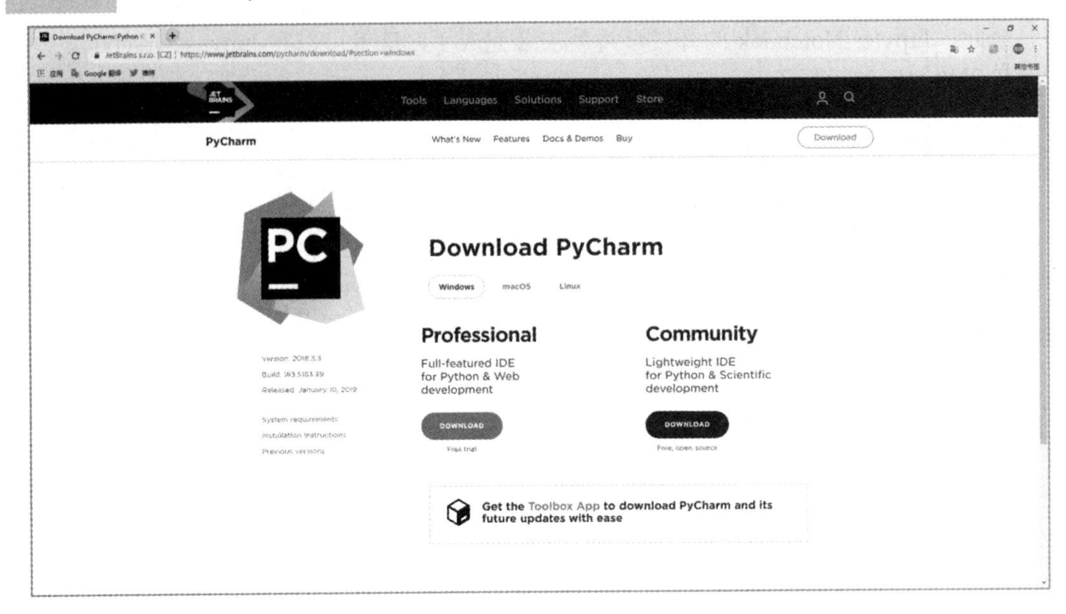

图 1-47 PyCharm 下载界面(一)

第 3 步：PyCharm 分为专业版(Professional)和社区版(Community)，专业版是提供给企业进行商业应用开发的，是收费版本。社区版是一个免费版本，主要提供给学生和广大科研人员研究使用，两个版本的功能相差不大，主要在于对应用的优化程度不同。本书使用社区版就足够使用了，所以选择社区版下面的【Download】按钮进行下载，下载界面如图 1-48 所示。

图 1-48 PyCharm 下载界面(二)

第 4 步：等待几分钟，完成下载，打开相应的存储文件，找到 PyCharm 安装图标，如图 1-49 所示。

图 1-49　PyCharm 安装图标

2. PyCharm 的安装

PyCharm 的安装比较简单，基本上一直点下一步按钮就能够成功，具体步骤如下所述。

第 1 步：双击图 1-49 所示的图标，出现如图 1-50 所示的界面。

图 1-50　PyCharm 安装界面(一)

第 2 步：点击【Next>】按钮，界面如图 1-51 所示。

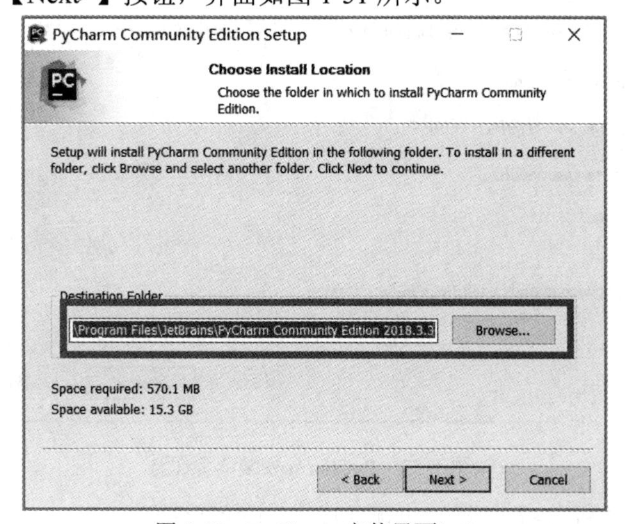

图 1-51　PyCharm 安装界面(二)

第 3 步：点击【Browse…】选择自定义安装的位置，然后点击【Next>】，界面如图 1-52 所示。

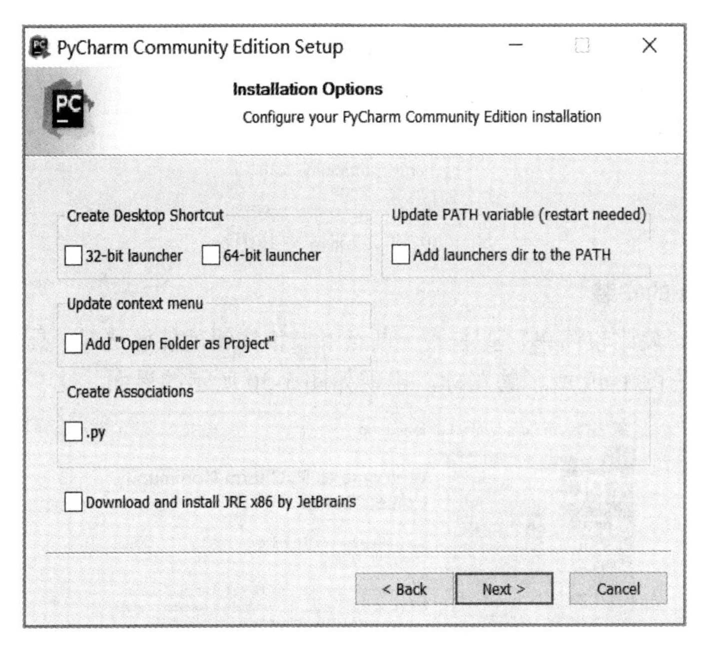

图 1-52　PyCharm 安装界面(三)

第 4 步：勾选相应的选项，如图 1-53 所示。

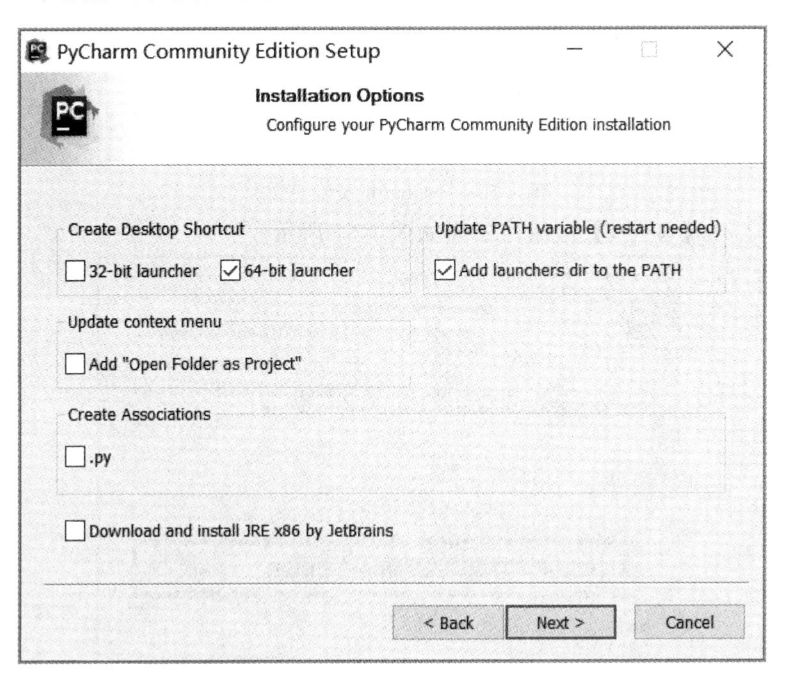

图 1-53　PyCharm 安装界面(四)

第 5 步：点击【Next>】按钮，出现如图 1-54 所示界面。

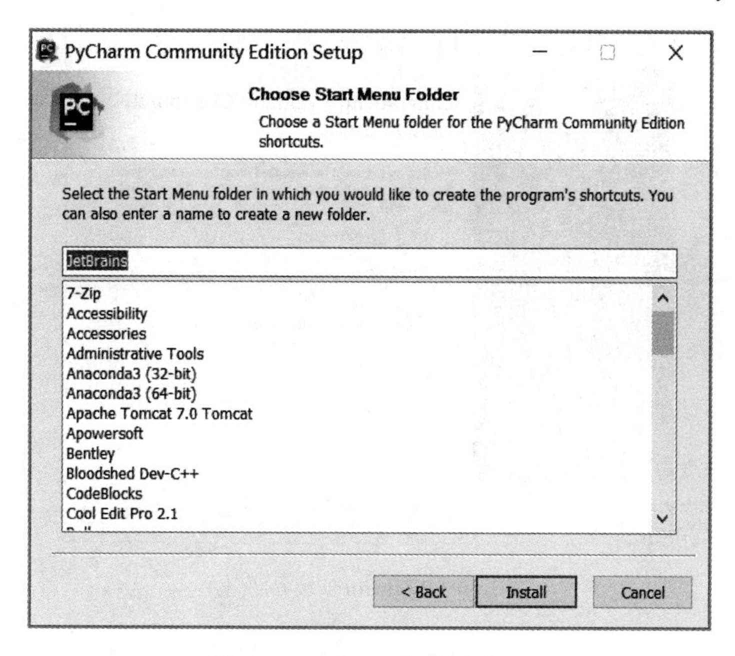

图 1-54　PyCharm 安装界面(五)

第 6 步：点击【Install】按钮，开始进行安装，安装界面如图 1-55 所示。

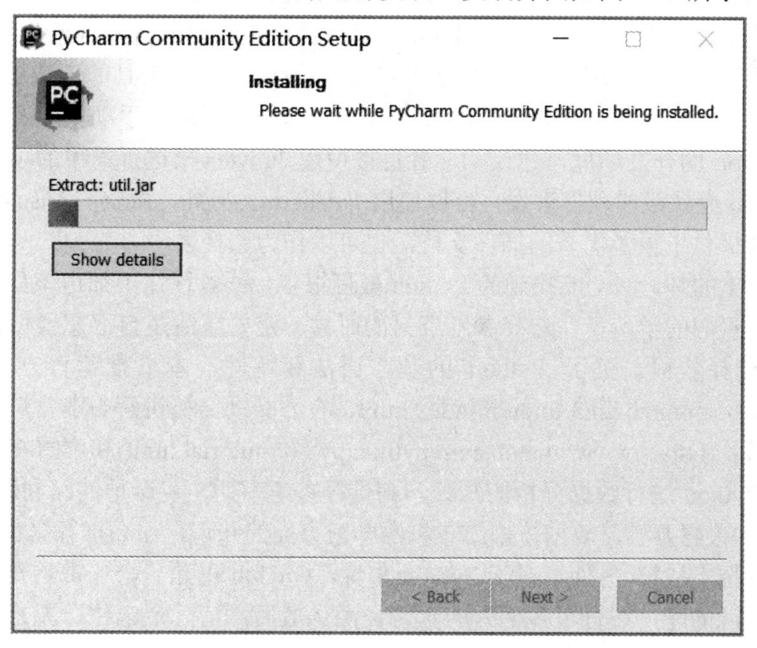

图 1-55　PyCharm 安装界面(六)

第 7 步：等待几分钟，加载完成，如图 1-56 所示。

第 8 步：点击【Finish】按钮，完成安装。

至此，PyCharm 的安装过程就完成了，之后即可通过开始菜单或者桌面快捷方式运行 PyCharm，进行 Python 项目开发。

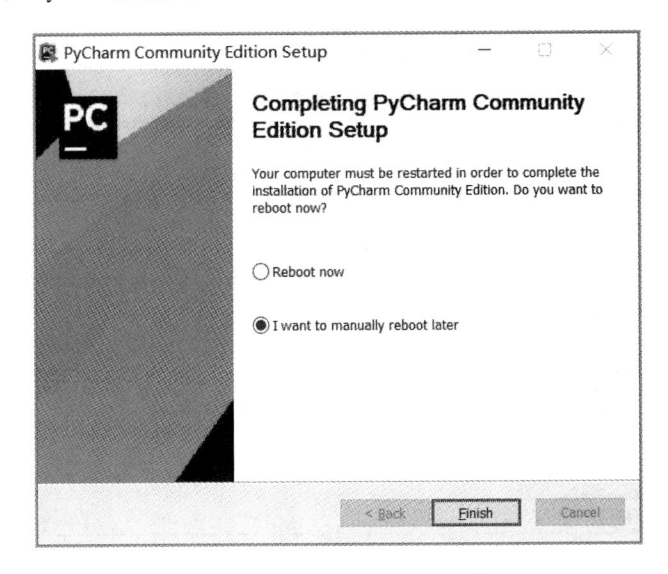

图 1-56 PyCharm 安装界面(七)

本章小结

本章介绍了什么是 Python，以及 Python 语言的产生和发展情况，还介绍了 Python 的特点及常见的使用场景。另外详细介绍了 Python 环境以及 IDE 工具的安装过程。强烈建议读者直接通过安装 Anaconda 来安装 Python 环境，这样可以避免手动安装各种常见的工具包。对于 Python 的开发环境，建议初学者直接使用 Jupyter 来进行简单的项目开发。如果要进行大型的、企业级的项目开发，可以使用 PyCharm。另外，微软的 Visual Code 也针对 Python 的开发提供了很多优秀的插件支持，也可以作为选择之一。

还需要指出的是，网上能找到的 Python 教程很多，读者往往不知道该如何选择。本书推崇以任务为目的的学习，在选择参考资料的时候一定要想清楚自己想要做什么，然后再有针对性地选择教程。关于 Python 的基本语法和特性，本书推荐官方的帮助文档：https://docs.python.org/zh-cn/3/tutorial/index.html，官方帮助文档讲解得非常清楚。除此之外也推荐菜鸟教程(https://www.runoob.com/python/python-tutorial.html)和廖雪峰老师的网站。如果想学习 Python 进行数据分析的知识，则推荐参考韦斯·麦金尼的《利用 Python 进行数据分析》。如果想要学习数据挖掘或者机器学习方面的知识，那么推荐张良均的《Python 数据分析与挖掘实战》。另外，对于 Python 来说，GitHub 也是一个非常重要的网站，不仅包含了很多开源的库，还有很多优秀的学习资源。最后，请一定记住，无论你的学习目的是什么，动手练习始终是最重要的一件事情。

思考题

(1) Python 语言有哪些特点？它可以用来做什么？
(2) 尝试利用本章介绍的方法搭建 Python 的编译环境。

第 2 章　Python 语法基础

了解了 Python 的产生、发展以及一些基本特性之后，本章将介绍 Python 的基本语法，包括 Python 的数据类型、基本运算以及基本的编程方法。学习完本章之后，读者就可以编写出简单的 Python 程序了。

2.1　第一个 Python 程序

通过第 1 章介绍的方法安装好 Python 的编程环境之后，就可以进行 Python 的程序设计了。绝大多数的程序设计都是从输出一行“Hello World”开始的，我们也首先来尝试利用 Python 输出一行“Hello World”。

2.1.1　技术要点

在将要完成的案例中，需要用到 Python 的输出函数 print。Python 中的 print 函数用于打印输出，其语法为

```
print(*objects ,sep =' ', end = '\n' , file = sys.stdout )
```

参数说明：

(1) objects：复数，表示可以一次输出多个对象。输出多个对象时，需要用“ ,”分隔。

(2) sep：用来间隔多个对象，默认值是一个空格。

(3) end：用来设定结尾，默认值是换行符\n，可以换成其他字符串。

(4) file ：要写入的文件对象。

温馨提示：

print 在 Python 3.x 版本中是一个函数，但是在 Python 2.x 版本中不是一个函数，只是一个关键字。在 Python 2.x 中，如果想让 print 语句输出的内容在一行上显示，可以在其后面直接加上逗号，但是在 Python 3.x 中，使用 print()函数时，不能直接加上逗号，需要加上“,end=‘分隔符’”。

下面将分别利用 Jupyter Notebook 和 PyCharm 两种工具进行代码编写。在实际学习过程中，对于小型项目，直接在 Jupyter 中编写即可，对于大一点的项目，可以用 PyCharm 来编写。

2.1.2　利用 Jupyter Notebook 实现

Jupyter Notebook 是基于网页的用于交互计算的应用程序。它可以直接在网页页面中编

写和运行代码，代码的运行结果也会直接在代码块下方显示。在编程过程中，代码外的文档可以在同一个页面中进行编写，这样便于作及时的说明和解释。

以下为在 Jupyter Notebook 中实现输出的详细步骤：

第 1 步：使用 1.3.1 小节中介绍的方法启动 Jupyter Notebook，进入如图 2-1 所示的网页界面。然后点击界面中的【New】按钮，选择【Python3】建立一个 Python 3 的源文件。

图 2-1 浏览器界面以及 Jupyter Notebook 新建源文件界面

第 2 步：新建源文件之后，浏览器将会自动打开一个新的页面，如图 2-2 所示，在新页面的 Cell 中输入如下代码。

```
print("Hello World!")
```

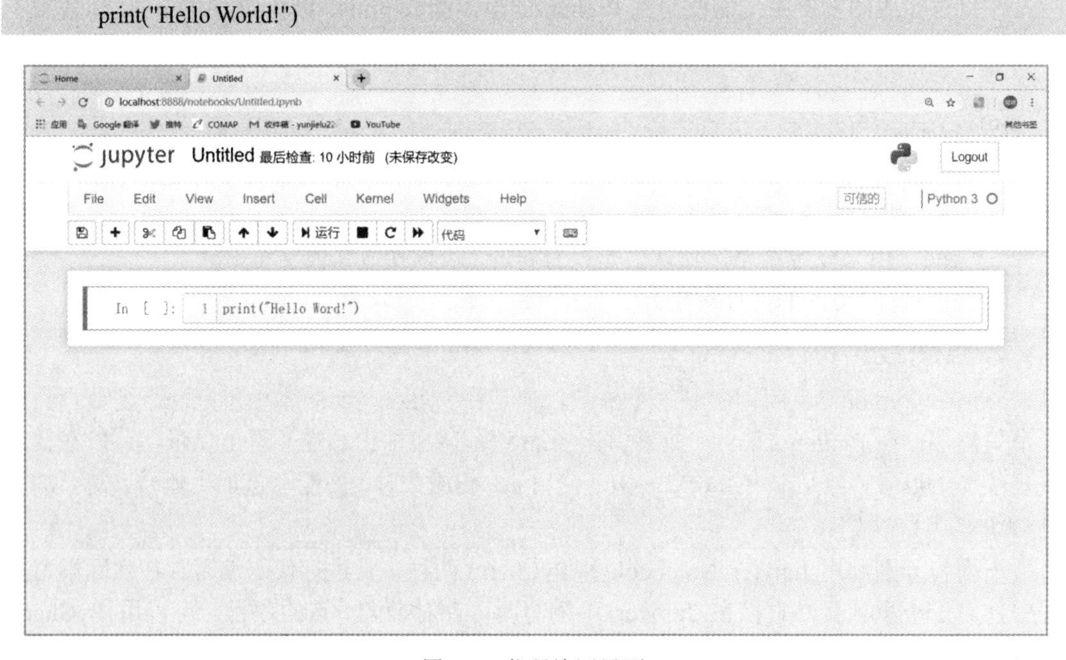

图 2-2 代码编写界面

第 3 步：点击【运行】按钮运行程序，也可以使用快捷键【Shift+Enter】运行代码，如图 2-3 所示。之后就可以在当前 Cell 下方看到输出结果了。

图 2-3　代码运行界面

> **温馨提示：**
> 使用 Jupyter 编程中的常用快捷键如下：
> 保存代码：【Ctrl+S】；关闭页面：【Esc】；注释一行或多行：【Ctrl+/】。

2.1.3　利用 PyCharm 实现

PyCharm 具有代码分析辅助功能，可以补全代码、高亮显示语法以及给出错误提示，并且支持 Python 网络框架 Django、Web2py 以及 Flask 框架，对网络编程比较友好，是一个和 Visual Studio 类似的集成开发环境。

以下为在 PyCharm 中编程的详细步骤：

第 1 步：根据 1.3.2 小节介绍的方法安装好 PyCharm 之后，双击快捷方式，运行 PyCharm 编译器，运行结果如图 2-4 所示。

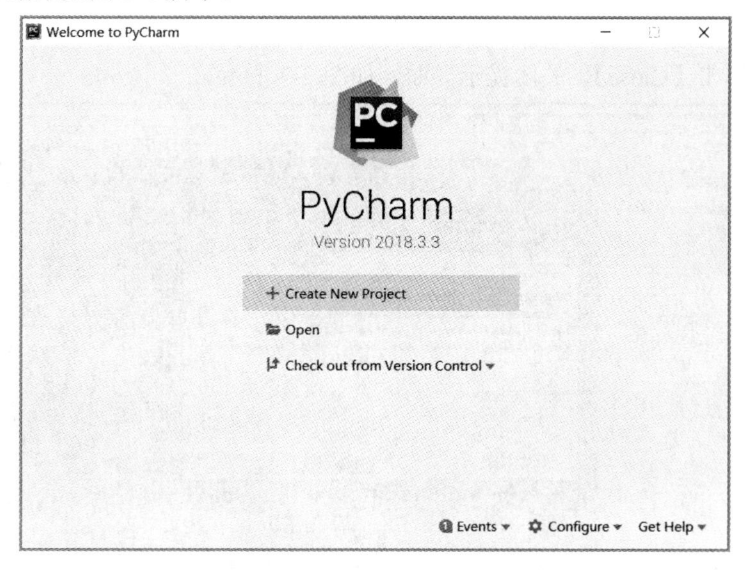

图 2-4　PyCharm 运行界面

第 2 步：点击【Create New Project】后创建新的项目，如图 2-5 所示。

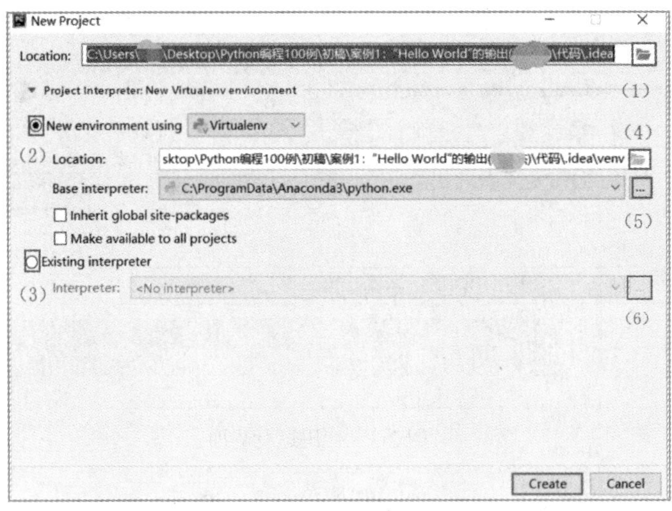

图 2-5　创建新项目界面

图 2-5 中，可以使用图标(1)选择项目所存在的位置；通过勾选(2)或者(3)选择程序的运行环境。如果勾选的是(2)表示创建新的虚拟环境，并且可以单击图标(4)更改虚拟环境所存在的位置；如果计算机里存在多个关于 Python 的环境，可以单击图标(5)选择所基于的环境(如本文主要选择的环境是 Anaconda 3)。如果勾选的是(3)则是直接利用已经存在的配置好的虚拟环境。可以使用同样的方法，点击图标(6)选择相应的环境。

第 3 步：完成上述步骤后，单击按钮【Create】，创建新的项目，出现【Create Project】对话框，单击【Yes】，如图 2-6 所示。

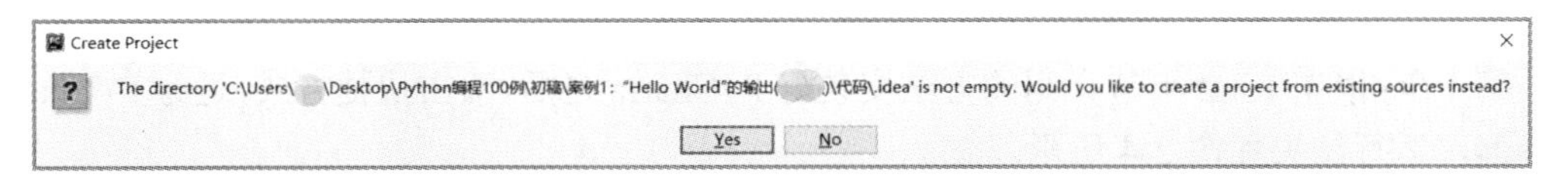

图 2-6　选择界面

第 4 步：单击【Close】，关闭提示界面，如图 2-7 所示。

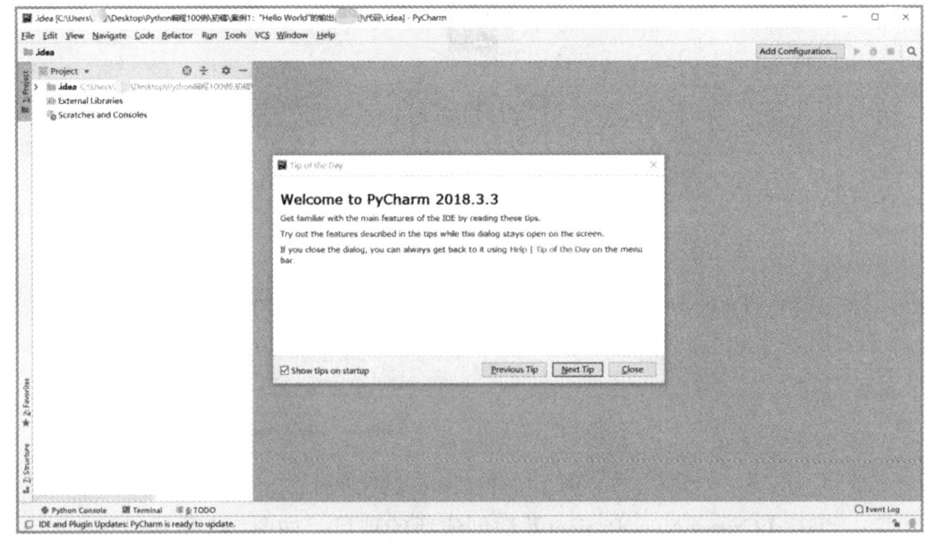

图 2-7　运行界面

第 5 步：右键单击项目(如本案例中的【代码】)，单击【New】选项，找到【Python file】，创建新的源文件，如图 2-8 所示。

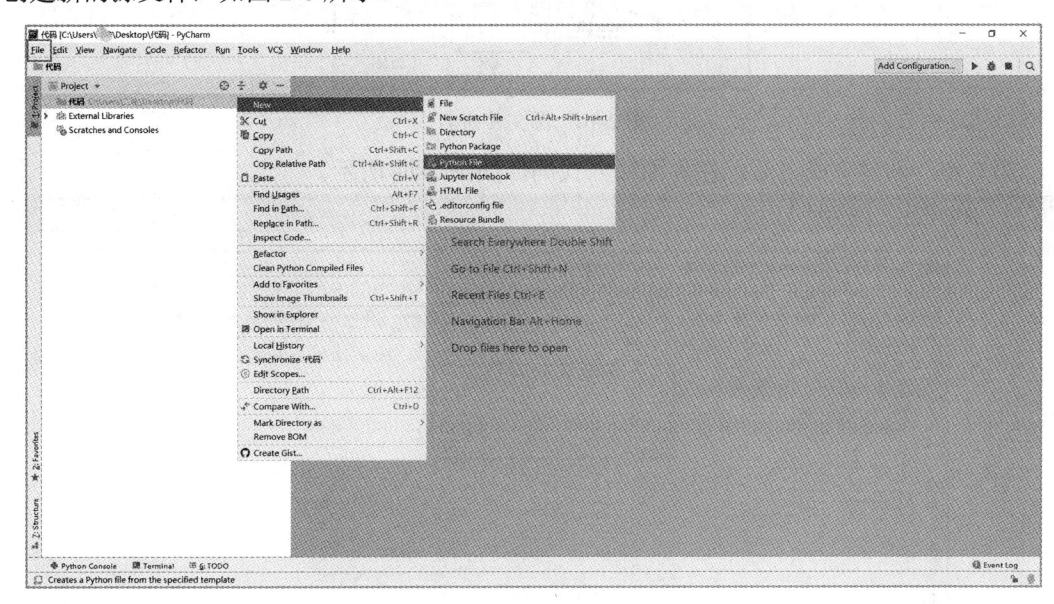

图 2-8　创建源文件方法(一)

第 6 步：除了上述方法之外，还可以选择【File】菜单，单击【New】选项，使用与上述相同的步骤创建新的源文件，如图 2-9 所示。同样也可以使用快捷键【Alt+Insert】创建新的源文件。

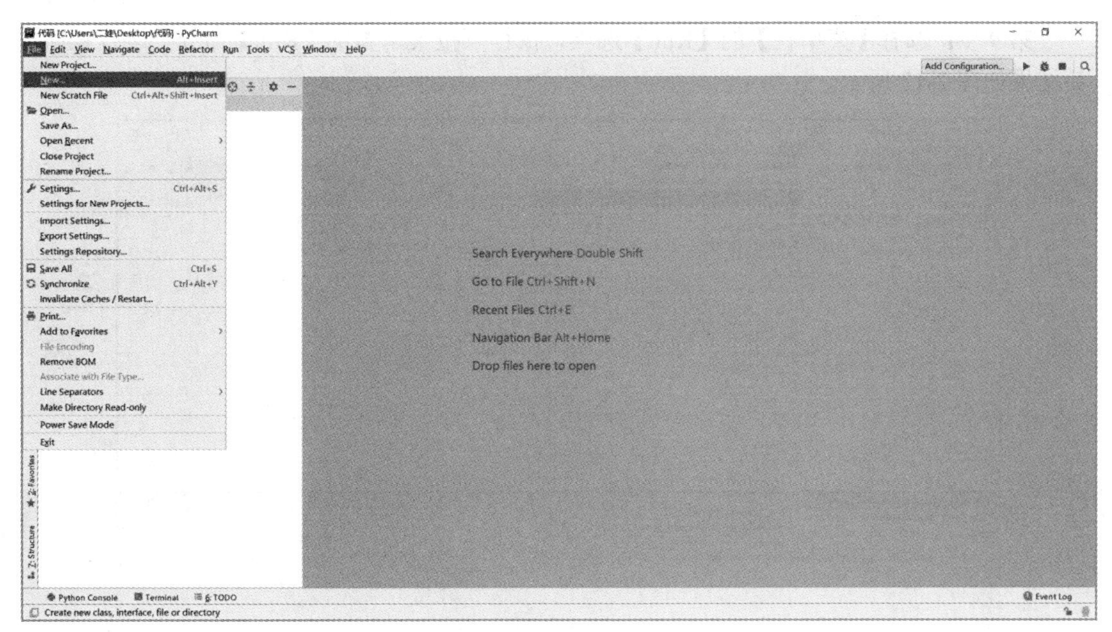

图 2-9　创建源文件方法(二)

第 7 步：对创建的源文件进行命名，命名完成之后单击【OK】按钮，完成命名，如图 2-10 所示。

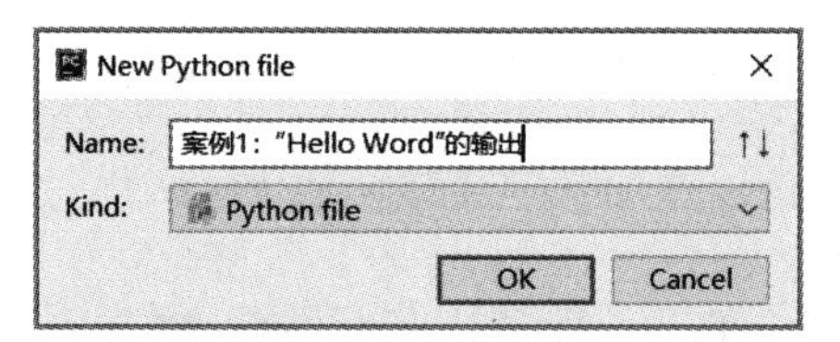

图 2-10　源文件命名

第 8 步：创建完成之后，在界面输入代码，如图 2-11 所示。

```
print("Hello World")
```

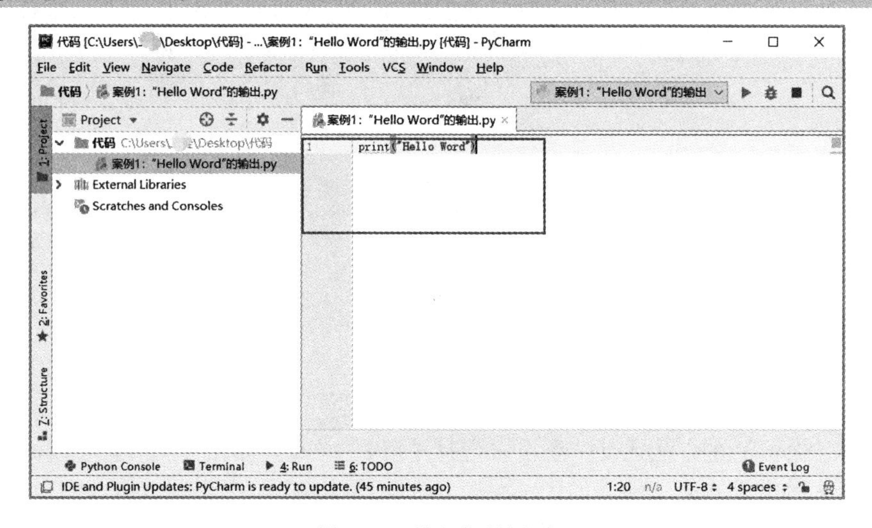

图 2-11　输入代码界面

第 9 步：选择【菜单栏】的【Run】选项，执行下拉菜单里的【Run】命令，运行程序，其结果如图 2-12 所示。

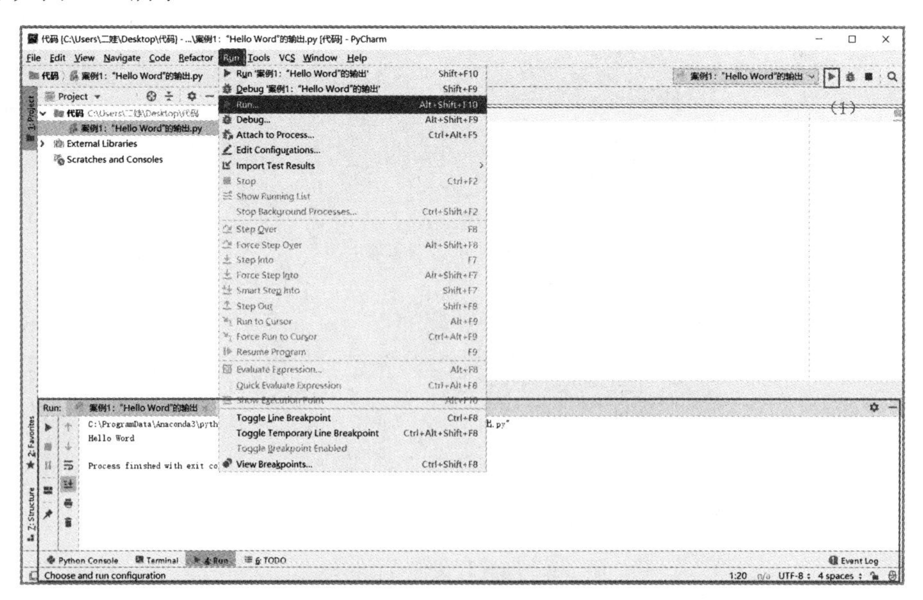

图 2-12　运行结果展示

🔔 **温馨提示：**

除了上述的运行方式以外，还可以单击图 2-12 中右上角的标记(1)的【运行】▶按钮运行程序，同样也可以使用快捷键【Alt+Shift+F10】运行程序。

本例通过实现最基础的“Hello World”文字的输出，向大家介绍了常用于 Python 程序设计的两大编程环境：Jupyter Notebook 和 PyCharm。一般来说，Jupyter Notebook 更加简单直接，支持分段运行代码，通常用于科学研究和课堂教学。而 PyCharm 功能强大，和其他语言的集成开发环境风格更加接近，更多地用在大型应用项目研发当中。本书涉及的案例都可以使用这两种编程环境来实现，读者根据本案例介绍的基本操作即可完成源代码的创建和运行。因此，除特殊情况外，下文中将不再说明案例具体使用的编程环境。另外，本书涉及的案例都是基于 Python 3.x 来完成的。

2.2　Python 的基本语法

2.1 节的案例编写了 Python 的第一个程序，这一节将介绍 Python 的基本语法。

2.2.1　编码问题

默认情况下，Python 3 的源码文件以 UTF-8 编码，所有字符串都是 Unicode 字符串。当然也可以为源码文件指定不同的编码。需要强调的是，Python 中容易出现乱码的问题，此时可以通过显式指定编码类型的方式来解决。同样，如果代码中包含了中文注释，强烈建议在代码最开始加上编码的说明，否则容易报错。具体方式如下：

```
#为了告诉 Python 解释器，需按照 utf-8 编码读取源代码，否则，在源代码中写的中文输
#出可能出现乱码
# _*_ coding:utf-8 _*_
#coding=utf-8    //上一行代码也可以写成这种形式
```

2.2.2　Python 的标识符和保留字

Python 中的标识符是用于识别变量、函数、类、模块以及其他对象的名字，标识符可以包含字母、数字及下画线(_)，但是必须以一个非数字字符开始。字母仅仅包括 ISO-Latin 字符集中的 A－Z 和 a－z。标识符对大小写敏感，因此，FOO 和 foo 是两个不同的对象。特殊符号，如$、%、@等，不能用在标识符中。另外，如 if、else、for 等单词是保留字，也不能将其用作标识符。Python 中的保留字如表 2-1 所示。

表 2-1　Python 中的保留字及其含义

保留字	说　明
and	用于表达式运算，逻辑与操作
as	用于类型转换
assert	断言，用于判断变量或条件表达式的值是否为真

续表

保留字	说　明
break	中断循环语句的执行
class	用于定义类
continue	继续执行下一次循环
def	用于定义函数或方法
del	删除变量或序列的值
elif	条件语句，与 if、else 结合使用
else	条件语句，与 if、elif 结合使用，也可用于异常和循环语句
except	except 包含捕获异常后的操作代码块，与 try、finally 结合使用
exec	用于执行 Python 语句
for	for 循环语句
finally	用于异常语句，出现异常后，始终要执行 finally 包含的代码块，与 try、except 结合使用
from	用于导入模块，与 import 结合使用
globe	定义全局变量
if	条件语句，与 else、elif 结合使用
import	用于导入模块，与 from 结合使用
in	判断变量是否在序列中
is	判断变量是否为某个类的实例
lambda	定义匿名变量或匿名函数
not	用于表达式运算、逻辑非操作
or	用于表达式运算、逻辑或操作
pass	空的类、方法、函数的占位符
print	打印语句
raise	异常抛出操作
return	用于从函数返回计算结果
try	try 包含可能会出现异常的语句，与 except、finally 结合使用
while	while 的循环语句
with	简化 Python 的语句
yield	用于从函数依次返回值

2.2.3　Python 的注释

Python 中单行注释以 # 开头，比如，如下代码中：

```
#第一个注释
print ("Hello World!") # 第二个注释
```

有两个地方都是注释，上述代码的输出为 Hello World!

如果需要进行多行注释，可以使用多个 # 号，可以使用一对三个单引号('''…'''),或者一对三个双引号("""…""")。比如，下面的代码：

```
# 第一个注释
# 第二个注释

'''
第三个注释
第四个注释
'''

"""
第五个注释
第六个注释
"""
print ("Hello World!")
```

上述代码的输出仍然只是“Hello World!”。

🔔 **温馨提示：**

Python 中针对引号的使用区分得不严格，比如，表示字符串的时候，可以使用单引号，也可以使用双引号。但需要注意的是，单引号和双引号必须成对出现，不能混合使用，不能一半是单引号，另一半却是双引号。

2.2.4　行与缩进

Python 最具特色的就是使用缩进来表示代码块，而不是使用大括号。缩进的空格数是可变的，但是同一个代码块的语句必须包含相同的缩进空格数。通常建议用一个 Tab 键表示一级代码块。

比如，以下是正确的代码块：

```
if True:
    print ("Yes")
else:
    print ("No")
```

以下是错误的代码块：

```
if True:
    print ("Answer")
    print ("Yes")
else:
    print ("Answer")
  print ("No")      # 缩进不一致，会导致运行错误
```

最后一行代码缩进不一致，不管多缩进一格，还是少缩进一格都会出现"IndentationError: unindent does not match any outer indentation level"的错误。

缩进相同的一组语句构成一个代码块，称之代码组。像 if、while、def 和 class 这样的复合语句，首行以关键字开始，以冒号(:)结束，该行之后的一行或多行代码构成代码组。首行及后面的代码组称为一个子句(clause)。比如：

```
if expression :
    suite
elif expression :
    suite
else :
    suite
```

2.2.5 Python 中多行语句的表示

Python 通常是一行写完一条语句，但如果语句很长，可以使用反斜杠(\)来实现多行语句，而在 []、{}或()中的多行语句，则不需要使用反斜杠(\)，比如：

```
total = num_one + \
        num_two + \
        num_three
total = ['num_one', 'num_two', 'num_three',
        'num_four', 'num_five']
```

2.2.6 Python 中模块的引用

在 Python 中用 import 或者 from…import 来导入相应的模块(也叫作包或者库)。具体方法有以下几种形式：

(1) 将整个模块(somemodule)导入： import somemodule。

(2) 从某个模块中导入某个函数： from somemodule import somefunction。

(3) 从某个模块中导入多个函数： from somemodule import firstfunc, secondfunc。

(4) 将某个模块中的全部函数导入： from somemodule import *。

比如：

```
#导入 sys 模块
import sys
print('===============Python import mode==========================')
print ('命令行参数为:')
for i in sys.argv:
    print (i)
```

```
print ('\n python 路径为',sys.path)
```

或者是：

```
#导入 sys 模块的 argv,path 成员
from sys import argv,path  #  导入特定的成员
print('==========python from import======================================')
print('path:',path) # 因为已经导入 path 成员，所以此处引用时不需要加 sys.path
```

2.3　变量与基本数据类型

了解了 Python 的一些基本语法之后，本节将介绍 Python 中的变量和基本的数据类型。

2.3.1　变量

Python 中的变量不需要声明。每个变量在使用前都必须赋值，变量赋值以后该变量才会被创建。也不需要为变量指定类型，默认会把第一次为变量赋值的类型作为变量类型。可以使用等号(=)来给变量赋值。等号运算符左边是一个变量名，右边是存储在变量中的值。

```
Number1= 100                #整型变量
Number2= 1000.0             #浮点型变量
str= "Python"               #字符串

print (Number1)
print (Number2)
print (str)
```

上述代码的输出结果为

```
100
1000.0
Python
```

可以同时为多个变量赋值。比如，下面语句可以实现将三个变量都赋值为 1：

```
a = b = c = 1
```

也可以为多个对象指定多个变量。比如，下面的代码可以实现两个整型对象 1 和 2 分配给变量 a 和 b，字符串对象“Python”分配给变量 c：

```
a, b, c = 1, 2, "Python"
```

2.3.2　标准数据类型

Python 3 中有六个标准的数据类型，分别是 Number(数字)、String(字符串)、List(列表)、Tuple(元组)、Set(集合)和 Dictionary(字典)。其中，不可变的数据类型有三个，分别是 Number、String 和 Tuple，可变的数据类型也有三个：List、Dictionary、Set。下面将依次介绍这六种

数据类型。

1. Number(数字)

Python 3 支持四种数字类型，分别是 int(整型)、float(浮点型)、bool(布尔类型)以及 complex(复数类型)。

在 Python 3 中，只有一种整数类型 int，表示为长整型，没有 Python 2 中的 long。复数由实数部分和虚数部分构成，可以用 a + bj，或者 complex(a,b)表示，复数的实部 a 和虚部 b 都是浮点型，比如 1 + 2j、1.1 + 2.2j。

Python 内置的 type()函数可以用来查询变量所指的对象类型。还可以用 isinstance 来判断某个变量是否为指定的类型。

```
a, b, c, d = 20, 5.5, True, 4+3j
print(type(a), type(b), type(c), type(d))
isinstance(a, int)
```

上述代码的输出为

```
<class 'int'> <class 'float'> <class 'bool'> <class 'complex'>
True
```

Python 中针对数值类型的基本运算和其他语言没有太大区别，比如：

```
print(5 + 4)        #加法
print(4.3 - 2)      #减法
print(3 * 7)        #乘法
print(2 / 4)        #除法，得到一个浮点数
print(2 // 4)       #除法，得到一个整数，不能整除时向小取整
print(17 % 3)       #取余
print(2 ** 5)       #乘方
```

上述代码的运算结果分别为 9、2.3、21、0.5、0、2、32。需要注意的是：

(1) 数值的除法包含两个运算符：/ 返回一个浮点数，// 返回一个整数。

(2) 在混合计算时，Python 会把整型转换为浮点型。

2. String(字符串)

Python 中的字符串用单引号 ' 或双引号 " 括起来，同时使用反斜杠 \ 转义特殊字符。字符串可以用下标进行截取(也叫切片)，在数据分析中经常用到此操作。截取的语法格式为

```
变量[头下标:尾下标]
```

字符串索引和截取序号说明如图 2-13 所示。Python 中字符串可以从前往后索引和截取，也可以从后往前索引和截取。当下标或者序号是负数时，表示从后往前索引。从前往后索引时下标从 0 开始，从后往前索引时下标从−1 开始。比如，对于图 2-13 来说，假设 str= “abcdef”，那么 str[0]和 str[-6]的值都是“a”。需要注意的是，字符串截取的时候，截取的结果是不包括尾下标对应的值的，比如，str[2:5]表示取出从第三个字符到第五个字符(下标 2 对应第三个字符，尾下标是 5，表示取 4 对应的字符，不包含 5 对应的字符)，这种“前

闭后开”的截取方式也被称为“栅栏式索引”。

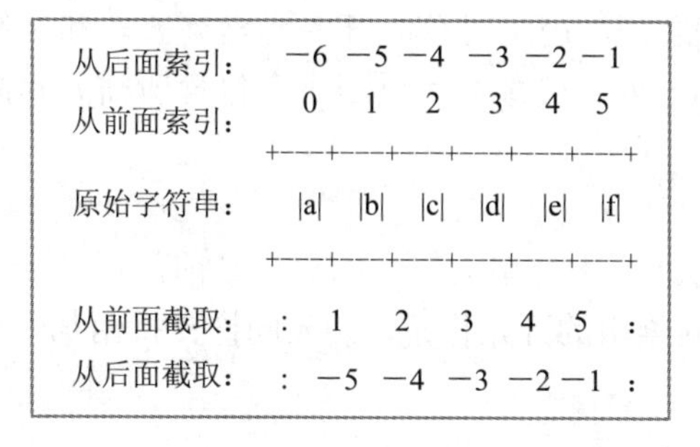

图 2-13 字符串索引和截取序号说明

字符串还可以用加号+表示连接，用星号 * 表示复制当前字符串，与之结合的数字为复制的次数。比如：

```
str = 'abcdef'

print (str)                  #输出字符串
print (str[0:-1])            #输出第一个到倒数第二个的所有字符
print (str[0])               #输出字符串第一个字符
print (str[2:5])             #输出从第三个开始到第五个的字符
print (str[2:])              #输出从第三个开始以后的所有字符
print (str * 2)              #输出字符串两次，也可以写成 print (2 * str)
print (str + "TEST")         #连接字符串
```

上述代码的输出为

```
abcdef
abcde
a
cde
cdef
abcdefabcdef
abcdefTEST
```

Python 支持格式化字符串的输出，字符串格式化使用与 C 中 sprintf 函数的语法类似。比如，print ("我叫 %s 今年 %d 岁!" % ('小明', 10))的输出为：我叫 小明 今年 10 岁!

关于 Python 中的字符串类型，还有一些需要注意的问题：

(1) 反斜杠可以用来转义，使用 r 可以让反斜杠不发生转义。反斜杠还可以作为续行符，表示下一行是上一行的延续。

(2) Python 没有单独的字符类型，一个字符就是长度为 1 的字符串。

(3) Python 中的字符串不能改变，向一个索引位置赋值会导致错误。

3. List(列表)

List(列表)是 Python 中使用最频繁的数据类型。列表可以完成大多数集合类的数据结构。列表中元素的类型可以不相同，它支持数字，字符串甚至可以包含列表(即支持列表嵌套)。

列表是写在方括号[]之间、用逗号分隔开的元素列表。和字符串一样，列表同样可以被索引和截取(也叫切片)，列表被截取后返回一个包含所需元素的新列表。列表截取的语法格式如下：

```
列表变量[头下标:尾下标]
```

列表的索引和截取方式与字符串类似，同样也是前闭后开的栅栏式截取，索引值以 0 为开始值，−1 为从后向前索引的开始位置。列表同样支持用加号+表示连接，用星号*表示重复。如图 2-14 所示。

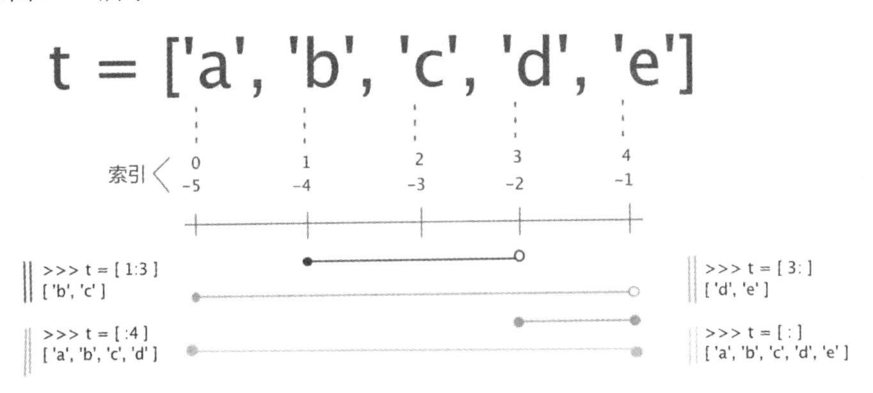

图 2-14　列表索引示意

```
list = [ 'abcd', 786 , 2.23, 'Python', 70.2 ]
tinylist = [123, 'Python']

print (list)                #输出完整列表
print (list[0])             #输出列表第一个元素
print (list[1:3])           #从第二个元素开始输出到第三个元素
print (list[2:])            #输出从第三个元素开始的所有元素
print (tinylist * 2)        #输出两次列表
print (list + tinylist)     #连接列表
```

上述代码的执行结果为

```
['abcd', 786, 2.23, 'Python', 70.2]
abcd
[786, 2.23]
[2.23, 'Python', 70.2]
[123, 'Python', 123, 'Python']
['abcd', 786, 2.23, 'Python', 70.2, 123, 'Python']
```

Python 列表的截取可以接收第三个参数，参数作用是截取的步长，如果第三个参数为负数表示逆向读取，比如：

```
lst=['a','b','c','d','e','f','g']
newl=lst[1:4:2]
```

```
print(newl)
```

上述代码表示在 lst 中的索引 1 到索引 4 的位置并设置步长为 2(间隔一个位置)来截取元素，输出结果为

```
['b', 'd']
```

再比如，下面的代码段可以用来实现字符串中的单词反向：

```
def reverseWords(input):
    #通过空格将字符串分隔，把各个单词分隔为列表
    inputWords = input.split(" ")

    #翻转字符串
    #假设列表 list = [1,2,3,4],
    # list[0]=1, list[1]=2 ，而 -1 表示最后一个元素 list[-1]=4 ( 与 list[3]=4 一样)
    # inputWords[-1::-1] 有三个参数
    #第一个参数 -1 表示最后一个元素
    #第二个参数为空，表示移动到列表末尾
    #第三个参数为步长，-1 表示逆向
    inputWords=inputWords[-1::-1]

    #重新组合字符串
    output = ' '.join(inputWords)

    return output

if __name__ == "__main__":
    input = 'I like python'
    rw = reverseWords(input)
    print(rw)
```

上述代码的输出结果为

```
python like I
```

与 Python 字符串不一样的是，列表中的元素是可以改变的，List 内置了很多函数和方法，表 2-2 和表 2-3 列举了其中一些，更详细的介绍可以参考 Python 的官方手册。

表 2-2　列表的函数

函　数	描　述
len(list)	列表元素个数
max(list)	返回列表元素最大值
min(list)	返回列表元素最小值
list(seq)	将元组转换为列表

表 2-3 列表的方法

方 法	描 述
list.append(obj)	在列表末尾添加新的对象
list.count(obj)	统计某个元素在列表中出现的次数
list.extend(seq)	在列表末尾一次性追加另一个序列中的多个值(用新列表扩展原来的列表)
list.index(obj)	从列表中找出某个值第一个匹配项的索引位置
list.insert(index, obj)	将对象插入列表
list.pop([index=-1])	移除列表中的一个元素(默认最后一个元素)，并且返回该元素的值
list.remove(obj)	移除列表中某个值的第一个匹配项
list.reverse()	反向列表中元素
list.sort(key=None, reverse=False)	对原列表进行排序
list.clear()	清空列表
list.copy()	复制列表

4. Tuple(元组)

Python 中的 Tuple(元组)与列表类似，不同之处在于元组的元素不能修改。元组写在小括号()里，元素之间用逗号隔开。元组中的元素类型可以不相同。元组与字符串类似，可以被索引且下标索引从 0 开始，−1 为末尾开始的位置。元组也可以进行截取，方式和字符串以及列表相似，此处不再赘述。其实，可以把字符串看作一种特殊的元组。虽然 tuple 的元素不可改变，但它可以包含可变的对象，比如 list 列表。另外构造包含 0 个或 1 个元素的元组时，需要用到一些额外的语法规则。

```
tuple = ( 'abcd', 786 , 2.23, 'Python', 70.2    )
newtuple = (123, 'Python')

print (tuple)                #输出完整元组
print (tuple[0])             #输出元组的第一个元素
print (tuple[1:3])           #输出从第二个元素开始到第三个元素
print (tuple[2:])            #输出从第三个元素开始的所有元素
print (new tuple * 2)        #输出两次元组
print (tuple + newtuple)     #连接元组

tup1 = ()                    #构建一个空元组
tup2 = (20,)                 #构建只有一个元素的元组，需要在元素后添加逗号
print(tup1)
print(tup2)
```

上述代码的输出为

```
('abcd', 786, 2.23, 'Python', 70.2)
abcd
(786, 2.23)
(2.23, 'Python', 70.2)
(123, 'Python', 123, 'Python')
('abcd', 786, 2.23, 'Python', 70.2, 123, 'Python')
()
(20,)
```

5. Set(集合)

Set(集合)是由一个或数个形态各异的大小整体组成的，构成集合的事物或对象称作元素或成员。集合的基本功能是进行成员关系测试和删除重复元素。可以使用大括号{ }或者 set() 函数创建集合。

```
parame = {value01,value02,...}
```

或者

```
set(value)
```

> **温馨提示：**
> 创建一个空集合必须用 set() 而不是 { }，因为 { } 是用来创建一个空字典的。

通过下面这段代码来熟悉集合的常见使用方式：

```
student = {'小李', '小张', '小明', '小王', '小刚', '小周'}
print(student)      #输出集合，重复的元素被自动去掉

#成员测试
if '小明' in student :
    print('小明 在集合中')
else :
    print('小明 不在集合中')

# set 可以进行集合运算
a = set('abcdefghijk')
b = set('fsalre')

print(a)
print(a - b)        # a 和 b 的差集
print(a | b)        # a 和 b 的并集
print(a & b)        # a 和 b 的交集
print(a ^ b)        # a 和 b 中不同时存在的元素
```

上述代码的输出结果为

```
{'小周', '小李', '小王', '小明', '小张', '小刚'}
小明 在集合中
{'h', 'b', 'a', 'g', 'j', 'i', 'e', 'f', 'k', 'c', 'd'}
{'h', 'b', 'g', 'j', 'i', 'k', 'c', 'd'}
{'r', 'h', 'b', 'a', 'g', 'j', 's', 'i', 'e', 'f', 'l', 'k', 'c', 'd'}
{'a', 'e', 'f'}
{'r', 's', 'g', 'b', 'j', 'h', 'i', 'l', 'k', 'c', 'd'}
```

Python 为集合提供了一些内置的方法来完成针对集合元素的操作，如表 2-4 所示。

表 2-4　集合的内置函数清单

方　法	描　述
add()	为集合添加元素
clear()	移除集合中的所有元素
copy()	拷贝一个集合
difference()	返回多个集合的差集
difference_update()	移除集合中的元素，该元素在指定的集合也存在
discard()	删除集合中指定的元素
intersection()	返回集合的交集
intersection_update()	删除此集合中不存在于其他指定集合中的项目
isdisjoint()	判断两个集合是否包含相同的元素，如果没有则返回 True，否则返回 False
issubset()	判断指定集合是否为该方法参数集合的子集
issuperset()	判断该方法的参数集合是否为指定集合的子集
pop()	随机移除元素
remove()	移除指定元素
symmetric_difference()	返回两个集合中不重复的元素集合
symmetric_difference_update()	移除当前集合中与另外一个指定集合相同的元素，并将另外一个指定集合中不同的元素插入到当前集合中
union()	返回两个集合的并集
update()	用此集合和其他集合的并集来更新集合

6. Dictionary(字典)

Dictionary(字典)是 Python 中另一个非常有用的内置数据类型。字典是一种映射类型，字典用{ }标识，它是一个无序的键(key)：值(value)的集合。键(key)必须使用不可变类型。在同一个字典中，键(key)必须是唯一的。可以用下面的方式创建字典：

```
d = {key1 : value1, key2 : value2 }
```

字典中的数据可以通过键来获取。比如：

```
dict = {'Name': '小明', 'Age': 20, 'Class': 'First'}
print ("dict['Name']: ", dict['Name'])
print ("dict['Age']: ", dict['Age'])
```

上述代码输出结果为

```
dict['Name']:  小明
dict['Age']:  20
```

向字典添加新内容的方法是增加新的键/值对，比如：

```
dict = {'Name': '小明', 'Age': 20, 'Class': 'First'}

dict['Age'] = 18                    #更新 Age
dict['School'] = "**大学"           #添加信息

print ("dict['Age']: ", dict['Age'])
print ("dict['School']: ", dict['School'])
```

上述代码的输出结果为

```
dict['Age']:  18
dict['School']:  **大学
```

可以删除单一的元素，也可以清空字典，清空只需一项操作，删除一个字典用 del 命令。

```
dict = {'Name': '小明', 'Age': 18, 'Class': 'First'}

del dict['Name']   #删除键 'Name'
dict.clear()       #清空字典
del dict           #删除字典
```

上述代码执行之后，dict 这个字典就会被删除，之后再访问它就会报错了。

温馨提示：

- 列表是有序的对象集合，字典是无序的对象集合。两者之间的区别在于，字典当中的元素是通过键来存取的，而不是通过偏移来存取。
- 字典中不允许同一个键出现两次。创建时如果同一个键被赋值两次，后一个值会覆盖前一个值。
- 字典值可以是任何的 Python 对象，既可以是标准的对象，也可以是用户定义的，但键必须使用不可变类型。因此，键可以用数字，字符串或元组充当，而用列表就不行。

Python 中内置了一些用于字典处理的函数和方法，如表 2-5 和表 2-6 所示。

表 2-5 字典的函数

函　数	描　述
len(dict)	计算字典元素个数，即键的总数
str(dict)	输出字典，以可打印的字符串表示
type(variable)	返回输入的变量类型，如果变量是字典就返回字典类型

表 2-6　字典的方法

方　　法	描　　述
radiansdict.clear()	删除字典内所有元素
radiansdict.copy()	返回一个字典的浅复制
radiansdict.fromkeys()	创建一个新字典，以序列 seq 中元素作字典的键，val 为字典所有键对应的初始值
radiansdict.get(key, default=None)	返回指定键的值，如果值不在字典中返回 default 值
key in dict	如果键在字典 dict 里则返回 true，否则返回 false
radiansdict.items()	以列表返回可遍历的(键, 值) 元组数组
radiansdict.keys()	返回一个迭代器，可以使用 list() 来转换为列表
radiansdict.setdefault(key, default=None)	和 get()类似, 但如果键不存在于字典中，将会添加键并将值设为 default
radiansdict.update(dict2)	把字典 dict2 的键/值对更新到 dict 里
radiansdict.values()	返回一个迭代器，可以使用 list() 来转换为列表
pop(key[,default])	删除字典给定 key 所对应的值，返回值为被删除的值。key 值必须给出。若 key 不存在，则返回 default 值
popitem()	随机返回并删除字典中的最后一对键和值

7. Python 中的数据类型转换

有时候在程序中需要对数据内置的类型进行转换，表 2-7 列举出一些内置的数据类型转换函数，这些函数返回一个新的对象，表示转换的值。

表 2-7　数据类型转换函数清单

函　　数	描　　述
int(x [,base])	将 x 转换为一个整数
float(x)	将 x 转换到一个浮点数
complex(real [,imag])	创建一个复数
str(x)	将对象 x 转换为字符串
repr(x)	将对象 x 转换为表达式字符串
eval(str)	用来计算在字符串中的有效 Python 表达式，并返回一个对象
tuple(s)	将序列 s 转换为一个元组
list(s)	将序列 s 转换为一个列表
set(s)	转换为可变集合
dict(d)	创建一个字典。d 必须是一个 (key, value)元组序列
frozenset(s)	转换为不可变集合
chr(x)	将一个整数转换为一个字符
ord(x)	将一个字符转换为它的整数值
hex(x)	将一个整数转换为一个十六进制字符串
oct(x)	将一个整数转换为一个八进制字符串

2.4　流 程 控 制

Python 中的流程控制语句和其他语言中的类似，也包含了条件语句和循环语句，下面分别进行介绍。

2.4.1　条件语句

Python 中的条件控制语句和其他语言中的类似，是通过一条或多条语句的执行结果(True 或者 False)来决定执行的代码块的，包括了 if、if…else 和 if…elif…else 等几种形式，具体形式如下：

```
if condition_1:
    statement_block_1
elif condition_2:
    statement_block_2
else:
    statement_block_3
```

其中，如果"condition_1"为 True，将执行"statement_block_1"块语句；如果"condition_1"为 False，将判断"condition_2"；如果"condition_2"为 True，将执行"statement_block_2"块语句；如果"condition_2"为 False，将执行"statement_block_3"块语句。

温馨提示：

(1) Python 中用 elif 代替了 else if，所以 if 语句的关键字为：if…elif…else。
(2) 每个条件后面要使用冒号：表示接下来是满足条件后要执行的语句块。
(3) 使用缩进来划分语句块，相同缩进数的语句在一起组成一个语句块。
(4) 在 Python 中没有 switch…case 语句。

以下是一段条件语句的简单代码：

```
var1 = 100
if var1:
    print ("1 - if 表达式条件为 true")
    print (var1)

var2 = 0
if var2:
    print ("2 - if 表达式条件为 true")
    print (var2)
print ("Good bye!")
```

上述代码的执行结果为

```
1 - if 表达式条件为 true
100
Good bye!
```

从结果可以看到，第一个条件满足，因此执行了第一个 if 内的语句，由于变量 var2 为 0，所以对应的第二个 if 内的语句没有执行。

Python 中的条件语句可以嵌套使用，在嵌套 if 语句中，可以把 if…elif…else 结构放在另外一个 if…elif…else 结构中，比如：

```
if 表达式 1:
    语句
    if 表达式 2:
        语句
    elif 表达式 3:
        语句
    else:
        语句
elif 表达式 4:
    语句
else:
    语句
```

下面利用条件语句编写一个猜数字的游戏，程序随机产生一个 0～300 之间的整数，玩家竞猜，系统给出“猜中”“太大了”或“太小了”的提示。具体代码如下：

```
from random import randint
x = randint(0, 300)
digit = int(input('请输入一个 0~300 之间的数字: '))
if digit == x :
    print('恭喜你，猜中了!')
elif digit > x:
    print('太大了，请重新再猜.')
else:
    print('太小了，请重新再猜.')
```

大家运行上述代码可以发现，这个游戏只能进行一次，不能重复输入数字进行竞猜，如果想做到重复输入数字，就需要用到下一节介绍的循环语句。

2.4.2　循环语句

Python 中的循环语句包括 while 和 for 两种，下面分别介绍。

1. while 循环语句

while 循环语句的语法为

```
while expression:
```

```
        suite_to_repeat
```

其中，expression 是一个条件表达式，当 expression 值为 True 时执行 suite_to_repeat 代码块。下面的代码实现了 1 到 100 的累加：

```
n = 100
sum = 0
counter = 1
while counter <= n:
    sum = sum + counter
    counter += 1
print("1 到 %d 之和为: %d" % (n,sum))
```

上述代码的输出结果为

```
1 到 100 之和为: 5050
```

在编写 while 循环的时候同样需要注意冒号和缩进。另外，在 Python 中没有 do…while 循环。

2．for 循环

Python 中的 for 循环语句的语法为

```
for iter_var in iterable_object:
    suite_to_repeat
```

for 循环可以明确循环的次数，可以用来实现遍历一个数据集内的成员，通常在列表解析中使用或者生成器表达式中使用，其中，iterable_object 表示可迭代的数据类型，比如，String、List、Tuple、Dictionary 甚至是 File。

```
languages = ["C", "C++", "C#", "Python","Java"]
for x in languages:
    print (x)
```

上述代码将循环遍历 languages 列表中的每一项元素，并将其打印输出，具体的结果为

```
C
C++
C#
Python
Java
```

Python 中有一个 range()函数通常和 for 循环一起使用，range()函数主要用来产生一组数列，它的语法有下面三种形式：

```
range (start, end, step=1)
range (start, end)
range (end)
```

其中，start 表示起始值，end 表示终止值，step 表示步长。需要特别强调的是，在使用 range 函数的时候，range 函数产生的数列是包括起始值但不包括终止值的，和之前列表的截取类

似，也是一种前闭后开的栅栏式索引方法。另外缺省的步长值为 1。比如，以下三个定义：

```
print(list(range(3,11,2)))
print(list(range(3,11)))
print(list(range(11)))
```

上述代码生成的列表分别为

```
[3, 5, 7, 9]
[3, 4, 5, 6, 7, 8, 9, 10]
[0, 1, 2, 3, 4, 5, 6, 7, 8, 9, 10]
```

下面为一个将 range 函数用在 for 循环中的例子：

```
for i in range(3,11,2):
    print(i, end = ' ')
```

其输出为 3 5 7 9。

利用 for 循环来改写之前猜数字的游戏：

```
x = randint(0, 300)
for count in range(5):
    digit = int(input('请输入一个 0~300 之间的数字: '))
    if digit == x :
        print('恭喜你，猜中了!')
    elif digit > x:
        print('太大了，请重新再猜.')
    else:
        print('太小了，请重新再猜.')
```

在之前的代码上加入了 for 循环，range 函数产生了 5 个数，这次这个猜数字游戏就可以玩 5 次了。

3．循环中的 break、continue 和 else

Python 中的 break 和 continue 的含义和其他语言中的类似，break 语句用于终止当前循环，转而执行循环之后的语句。下面的代码分别利用 break 语句和 while 循环以及 for 循环实现了输出 2～100 之间的素数：

```
#用 while 循环实现
from math import sqrt
j = 2
while j <=100:
    i = 2
    k= sqrt(j)
    while i <= k:
        if j%i == 0: break
        i = i+1
```

```
        if i > k:
            print(j, end = ' ')
        j += 1

#用 for 循环实现
from math import sqrt
for i in range(2,101):
    flag = 1
    k = int(sqrt(i))
    for j in range(2,k+1):
        if i%j == 0:
            flag = 0
            break
    if(flag ):
        print(i, end = ' ')
```

分别执行上述两段代码，其结果都是：

```
2 3 5 7 11 13 17 19 23 29 31 37 41 43 47 53 59 61 67 71 73 79 83 89 97
```

continue 语句用于停止当前轮次的循环，重新进入下一轮循环(如果循环条件还满足的话)。比如下面的代码：

```
sumA = 0
i = 1
while i <= 5:
    sumA += i
    i += 1
    if i == 3:
        continue
    print('i={},sum={}'.format(i,sumA))
```

上述代码的输出结果为

```
i=2,sum=1
i=4,sum=6
i=5,sum=10
i=6,sum=15
```

Python 的循环还支持 else 语句，如果循环代码从 break 处终止，则会跳出循环，如果正常结束循环，则执行 else 中的代码。

接下来再改写一下之前的猜数字游戏，实现“猜中数字游戏才结束”的效果，同时如果不想玩了还可以通过输入非 y 字符结束游戏。

```
from random import randint
x = randint(0, 300)
```

```
go = 'y'
while (go == 'y'):
    digit = int(input('请输入一个 0~300 之间的数字: '))
    if digit == x :
        print('恭喜你，猜中了!')
        break
    elif digit > x:
        print('太大了，请再猜！')
    else:
        print('太小了，请再猜！')
    print('如果想继续游戏请按 y.')
    go = input()
else:
    print('再见!')
```

上述代码的运行结果如图 2-15 所示。

```
请输入一个0~300之间的数字：150
太大了，请再猜！
如果想继续游戏请按y.
y
请输入一个0~300之间的数字：100
太小了，请再猜！
如果想继续游戏请按y.
y
请输入一个0~300之间的数字：120
太大了，请再猜！
如果想继续游戏请按y.
y
请输入一个0~300之间的数字：110
太大了，请再猜！
如果想继续游戏请按y.
y
请输入一个0~300之间的数字：103
恭喜你，猜中了！
```

图 2-15　猜数字游戏

2.5　函数、模块和包

Python 中不仅包含了大量的第三方模块和包，也支持自定义函数，这一节将介绍自定义函数、模块和包的实现方法。

2.5.1　函数

函数是组织好的、可重复使用的、用来实现单一或相关联功能的代码段。函数能提高应用的模块性和代码的重复利用率。前面已经用过了 Python 提供的许多内建函数，比如 print()。用户也可以自己创建函数，这被叫作用户自定义函数。

1. 函数的定义和调用

用户自定义函数必须遵循如下一些规则：

(1) 函数代码块以 def 关键词开头，后接函数标识符名称和圆括号()。

(2) 任何传入参数和自变量必须放在圆括号中间，圆括号之间可以用于定义参数。

(3) 函数的第一行语句可以选择性地使用文档字符串，用于存放函数说明。

(4) 函数内容以冒号起始，并且缩进。

(5) return [表达式]结束函数，选择性地返回一个值给调用方。不带表达式的 return 相当于返回 None。

定义函数的一般语法为

```
def 函数名(参数列表):
    函数体
```

比如，定义了名为 addMe2Me 的函数，该函数实现传入的参数加上自己本身：

```
def addMe2Me(x):
    'apply operation + to argument'
    return (x+x)
```

函数定义好之后，就可以通过函数名对其进行调用了，调用方式是函数名加上一对小括号，括号之间是所有可选的参数，即使没有参数，小括号也不能省略。比如上述 addMe2Me 函数，可以通过 addMe2Me(5)进行调用，输出结果为 10。

2. 函数的参数传递

1) 默认参数

函数的参数可以有一个默认值，如果提供默认值，在函数定义中，默认参数以赋值语句的形式提供。比如：

```
def f(x = True):
    '''whether x is a correct word or not'''
    if x:
        print('x is a correct word')
    print('OK')
```

上述函数 f()在定义的时候指定了默认参数 True，那么调用的时候 f()和 f(False)都是可以的。若调用的时候没有传入参数，则直接使用默认参数。需要注意的是，默认参数一般需要放置在参数列表的最后。

2) 关键字参数

关键字参数是让调用者通过使用参数名区分参数的。允许改变参数列表中的参数顺序。比如下面的函数：

```
def f(x , y):
    '''x and y both correct words or not '''
    if y:
        print(x, 'and y both correct ')
    print(x, 'is OK')
```

以下的调用方式都是正确的：

```
f(68, False)
f(y = False, x = 68)
```

以下调用方式会报错(SyntaxError: non-keyword arg after keyword arg)：

```
f(y = False, 68)
f(x = 68, False)
```

3) 传递函数

函数可以像参数一样传递给另外一个函数，比如，定义了两个函数：

```
def addMe2Me(x):
    return x+x
def self(f, y):
    print(f(y))
```

可以这样来调用：

```
self(addMe2Me, 2.2)
```

输出结果为 4.4。

2.5.2　模块和包

Python 的代码可以直接用 Python 解释器来编程，但是如果退出解释器之后再进入，那么之前定义的所有的方法和变量就都消失了。为此，Python 提供了一个办法，把这些定义存放在文件中，被一些脚本或者交互式的解释器实例使用，这个文件被称为模块。

1. 模块的定义和使用

模块是一个包含所有用户定义的函数和变量的文件，其后缀名是 .py。模块可以被别的程序引入，以使用该模块中的函数等功能。这也是使用 Python 标准库的方法。

如果想使用 Python 源文件编写的模块，只需在另一个源文件里执行 import 语句，将其导入即可。比如下面的代码：

```
import sys
print('命令行参数如下:')
for i in sys.argv:
    print(i)
print('\n\nPython 路径为：', sys.path, '\n')
```

上述代码执行结果如图 2-16 所示。

```
命令行参数如下:
C:\Users\guoyi\Anaconda3\lib\site-packages\ipykernel_launcher.py
-f
C:\Users\guoyi\AppData\Roaming\jupyter\runtime\kernel-8fd1f2a6-3135-4f43-98f6-8ea6f8d49e30.json


Python 路径为： ['D:\\pythonwork\\Python数据分析代码', 'C:\\Users\\guoyi\\Anaconda3\\python37.zip', 'C:\\Users\\guoyi\\Anaconda3\\DLLs', 'C:\\Users\\guoyi\\Anaconda3\\lib', 'C:\\Users\\guoyi\\Anaconda3', '', 'C:\\Users\\guoyi\\Anaconda3\\lib\\site-packages', 'C:\\Users\\guoyi\\Anaconda3\\lib\\site-packages\\win32', 'C:\\Users\\guoyi\\Anaconda3\\lib\\site-packages\\win32\\lib', 'C:\\Users\\guoyi\\Anaconda3\\lib\\site-packages\\Pythonwin', 'C:\\Users\\guoyi\\Anaconda3\\lib\\site-packages\\IPython\\extensions', 'C:\\Users\\guoyi\\.ipython']
```

图 2-16　执行结果

其中，import sys 引入 Python 标准库中的 sys.py 模块，这是引入某一模块的方法。sys.argv 是一个包含命令行参数的列表。sys.path 包含了一个 Python 解释器自动查找所需模块路径的列表。自定义的模块也可以和上述代码一样通过 import 导入之后使用。

不管执行了多少次 import，一个模块只会被导入一次。这样可以防止导入模块被一遍又一遍地执行。当使用 import 语句的时候，如果模块在当前的搜索路径就会被导入。搜索路径是一个解释器会先进行搜索所有目录的列表，是在 Python 编译或安装的时候确定的，被存储在 sys 模块中的 path 变量中。

除了直接使用 import 语句之外，Python 中还可以使用 from … import 语句进行模块导入。from…import 语句可以从模块中导入一个指定的部分到当前命名空间中，语法如下：

```
from modname import name1[, name2[, …nameN]]
```

2. 编写模块的技巧

模块除了方法定义，还可以包括可执行的代码。这些代码一般用来初始化这个模块。这些代码只有在第一次被导入时才会被执行。

每个模块有各自独立的符号表，在模块内部将所有的函数当作全局符号表来使用。所以，模块的作者可以放心大胆地在模块内部使用这些全局变量，而不用担心把其他用户的全局变量搞混淆。

模块中同样可以通过 import 导入其他模块。一个模块被另一个程序第一次引入时，其主程序将运行。如果希望在模块被引入时，模块中的某一程序块不执行，那么可以用 __name__属性来使该程序块仅在该模块自身运行时执行。

比如将如下代码保存到 nametest.py 文件中：

```
if __name__ == '__main__':
    print('程序自身在运行')
else:
    print('我来自另一模块')
```

若在 Python 环境中直接执行 python nametest.py，则会输出“程序自身在运行”，当执行 import nametest，则会输出“我来自另一模块”。

内置的函数 dir()可以找到模块内定义的所有名称，并以一个字符串列表的形式返回。如果没有给定参数，那么 dir()函数会罗列出当前定义的所有名称。

3. 包

包是一种管理 Python 模块命名空间的形式，采用“点模块名称”。比如，一个模块的名称是 A.B，表示一个包 A 中的子模块 B。就好像使用模块的时候，不用担心不同模块之间的全局变量相互影响一样，采用点模块名称这种形式也不用担心不同库之间的模块重名的情况。这一点和.NET 中的命名空间非常类似。

举一个具体的例子来说明，假设我们需要设计一套统一处理声音文件和数据的模块(或者称之为一个包)，有以下一些问题需要考虑：现在有很多种不同类型的音频文件格式，所以需要有一组不断增加的模块，用来在不同的格式之间转换；针对这些音频数据，还有很多不同的操作(比如混音、添加回声、增加均衡器功能、创建人造立体声效果)，所以还需要一组可以不断得到扩充的模块来处理这些操作。这种情况下，可以采用如下的包结构(实际上就是文件目录结构)：

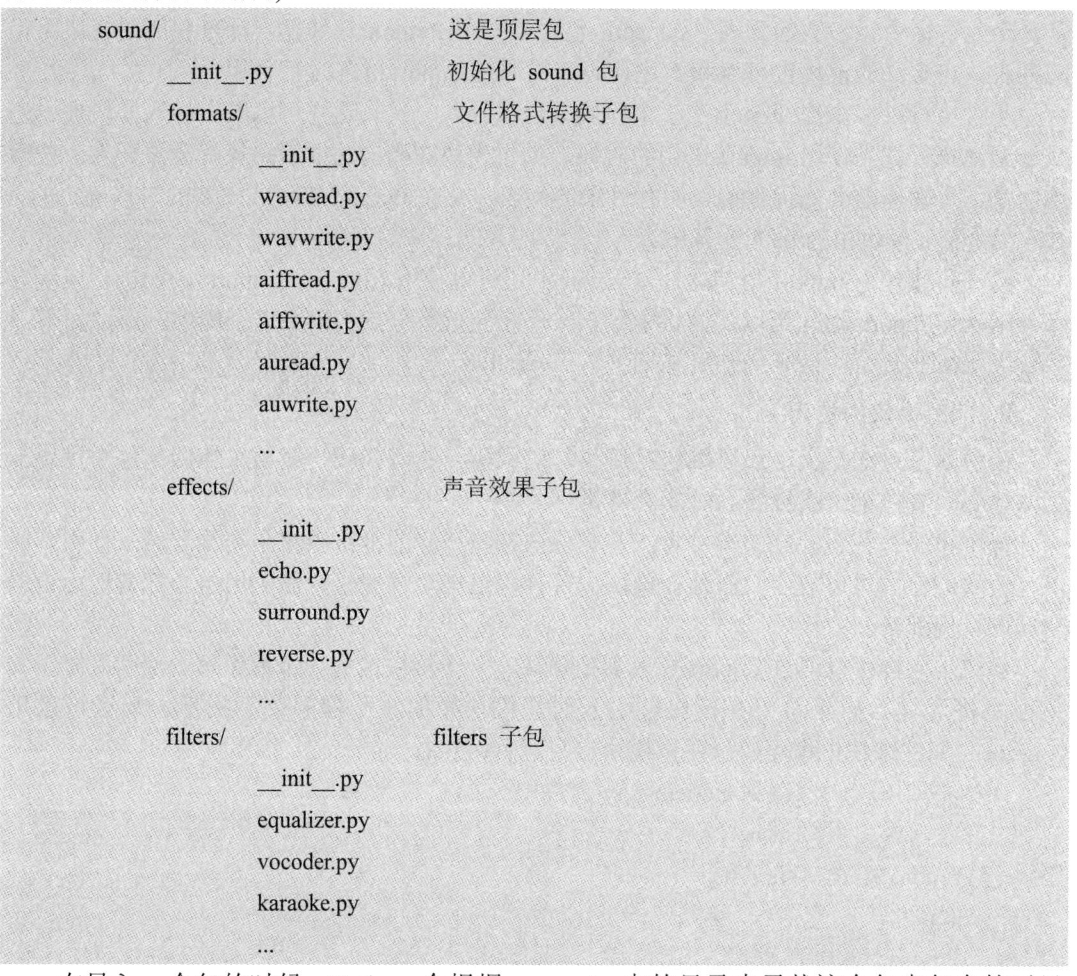

```
sound/                          这是顶层包
      __init__.py               初始化 sound 包
      formats/                  文件格式转换子包
              __init__.py
              wavread.py
              wavwrite.py
              aiffread.py
              aiffwrite.py
              auread.py
              auwrite.py
              ...
      effects/                  声音效果子包
              __init__.py
              echo.py
              surround.py
              reverse.py
              ...
      filters/                  filters 子包
              __init__.py
              equalizer.py
              vocoder.py
              karaoke.py
              ...
```

在导入一个包的时候，Python 会根据 sys.path 中的目录来寻找这个包中包含的子目录。目录只有包含一个叫作__init__.py 的文件才会被认作一个包，主要是为了避免一些无效的名字(比如 string)不小心影响搜索路径中的有效模块。最简单的情况，放一个空的__init__.py 文件就可以了。当然这个文件中也可以包含一些初始化代码。

用户可以每次只导入一个包里面的特定模块。下面列举出一些导入包中模板的方法，以及相应的调用方式。

```
#下面这样会导入子模块 sound.effects.echo，但必须使用全名去访问
#比如 sound.effects.echo.echofilter(input, output, delay=0.7, atten=4)
import sound.effects.echo

#下面这样也会导入子模块: echo，并且不需要那些冗长的前缀，可以这样使用:
#echo.echofilter(input, output, delay=0.7, atten=4)
from sound.effects import echo

#下面这样将直接导入一个函数或者变量，之后可以直接使用导入的函数或者变量
```

```
#比如：echofilter(input, output, delay=0.7, atten=4)
from sound.effects.echo import echofilter
```

2.6 异常处理

即使 Python 程序的语法是正确的，在运行它的时候，也有可能发生错误。运行期间检测到的错误被称为异常。如果不对程序代码做任何的异常捕捉和处理，那么程序在运行过程中出现异常的时候就会停止执行，甚至造成程序的崩溃。

Python 中可以使用 try…except 来捕捉和处理异常，其执行过程如图 2-17 所示。

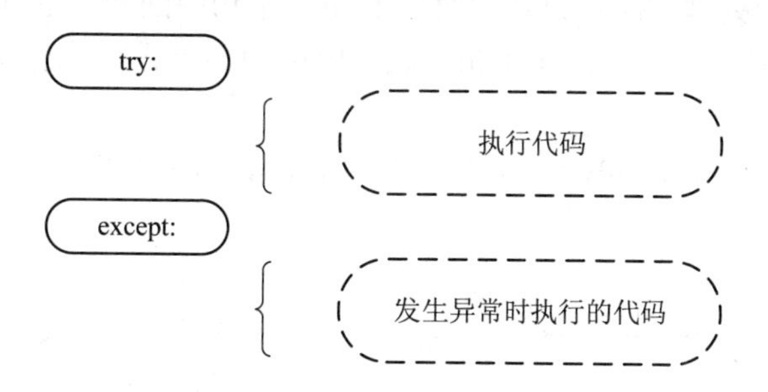

图 2-17　try…except 执行方式

try…except 在执行的时候，首先会执行 try 子句(在关键字 try 和关键字 except 之间的语句)。如果没有异常发生，则忽略 except 子句，try 子句执行后结束。如果在执行 try 子句的过程中发生了异常，那么 try 子句余下的部分将被忽略。如果异常的类型和 except 之后的名称相符，那么对应的 except 子句将被执行。如果一个异常没有与任何的 except 匹配，那么这个异常将会传递给上层的 try 中。

Python 中默认提供了很多异常类型，如表 2-8 所示。

表 2-8　异常类型

类　名	描　述
BaseException	所有异常的基类
Exception	常规异常的基类
AttributeError	对象不存在此属性
IndexError	序列中无此索引
IOError	输入/输出操作失败
KeyboardInterrupt	用户中断执行(通常输入 Ctr-C)
KeyError	映射中不存在此键
NameError	找不到名字(变量)
SyntaxError Python	语法错误
TypeError	对类型无效的操作
ValueError	传入无效的参数
ZeroDivisionError	除(或取模)运算的第二个参数为 0

比如，下面的代码让用户输入一个合法的整数，如果用户输入的不是合法的整数，将会抛出异常。

```
while True:
    try:
        x = int(input("请输入一个数字: "))
        break
    except ValueError:
        print("您输入的不是数字，请再次尝试输入！")
```

一个 try 语句可能包含多个 except 子句，分别用来处理不同的特定的异常。最多只有一个分支会被执行。处理程序将只针对对应的 try 子句中的异常进行处理，而不是其他的 try 处理程序中的异常。一个 except 子句可以同时处理多个异常，这些异常将被放在一个括号里成为一个元组。

异常处理中还有一个 finally 语句，里面将保存无论是否发生异常都将执行最后的代码，如图 2-18 所示。

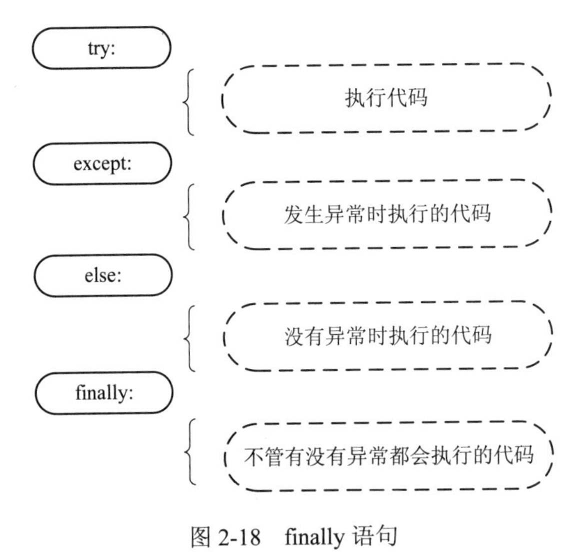

图 2-18 finally 语句

```
try:
    Test()
except AssertionError as error:
    print(error)
else:
    try:
        with open('logfile.log') as file:
            rd = file.read()
    except FileNotFoundError as fnferror:
        print(fnferror)
finally:
```

```
print('这句话无论异常是否发生都会执行，通常进行资源释放操作。')
```

比如，上面代码的最后一句，无论是否发生异常都会执行，通常在 finally 中执行一些资源释放操作。

本 章 小 结

本章从 Python 编译环境的使用开始介绍，依次介绍了 Python 的常见编程方法，Python 的基本语法，变量的使用以及基本的数据类型，还介绍了流程控制方法以及函数和模块的定义和使用方法，通过本章的学习，相信大家已经能够自己编写一些简单的 Python 应用程序，逐渐体会到 Python 的优美语法和强大功能了。

思 考 题

(1) 在任意一种 Python 编译环境中，使用 print()函数编写出自己的姓名、电话以及通信地址，输出结果如图 2-19 所示。

```
姓名：Python
电话：1234567
地址：中国四川省成都市
```

图 2-19　思考题(1)的结果示意图

(2) 利用 Python 编程实现，从键盘输入两个整数，求这两个整数的和、差、积、商(尝试用一般除法和整除两种方式)并输出。(提示：注意 input()函数的返回类型)

(3) 编写一个程序，让用户输入苹果个数和单价，然后计算出价格总额。运用 try-except 语句让程序可以处理非数字输入的情况，如果是非数字输入，打印消息并允许用户再次输入，直到输入正确的类型值并计算出结果后退出。参考输出结果如图 2-20 所示。

```
Enter count: 20
Enter price for each one: four
Error, please enter numeric one.
Enter count: twenty
Error, please enter numeric one.
Enter count: 20
Enter price for each one: 4
The price is 80.
```

图 2-20　思考题(3)参考输出结果

(4) 将一个正整数分解质因数。例如：输入 90，打印出 90=2*3*3*5。

(5) 按公式 $C = 5 / 9 \times (F - 32)$，将华氏温度转换成摄氏温度，并产生一张华氏 0～300 度与对应的摄氏温度之间的对照表(每隔 20 度输出一次)。

(6) 验证命题：如果一个三位整数是 37 的倍数，则这个整数循环左移后得到的另两个三位数也是 37 的倍数。(注意验证命题的结果输出方式，只要输出命题为真或假即可，而非每一个三位数都有一个真假的输出)。

(7) 验证哥德巴赫猜想之一：2000 以内的正偶数(大于等于 4)都能够分解为两个质数之和。每个偶数表达形式如 4=2+2 的形式，输出时每行显示 6 个式子。

(8) 编程寻找第 n 个默尼森数。P 是素数且 M 也是素数，并且满足等式 M=2^P−1，则称 M 为默尼森(monisen)数。例如，P=5，M=2**P-1=31，5 和 31 都是素数，因此，31 是默尼森数。本题要求 input 一个值 k(k<9)，输出第 k 个默尼森数。比如输入 4，则输出为 127。

第 3 章　Python 面向对象程序设计

面向对象(Object Oriented)缩写为 OO，是一种程序设计思想。面向对象编程(Object Oriented Programming，OOP)主要针对大型软件设计而提出，可以使软件设计更加灵活，并能更好地进行代码复用。面向对象技术是一种从组织结构上模拟客观世界的方法，Python 也是一种面向对象的编程语言，本章将介绍用 Python 进行面向对象程序设计的方法。

3.1　面向对象的基本概念

本节将通过一个有趣的故事来探索面向对象程序设计的基本思想。这个故事基于这样一个问题，中国古代伟大的四大发明是火药、指南针、造纸术和活字印刷术。其中，前三个发明都是从无到有的一种技术创造，而第四个发明仅仅是技术上的改进，竟能位列四大发明之一，这是怎么回事呢？

3.1.1　面向对象程序设计的基本思想

据说三国时期有这样一个故事。有一次曹操带领百万大军攻打东吴，大军在长江的赤壁驻扎，气势正盛，不可一世，眼看就要灭掉东吴，统一天下了，曹操非常高兴，于是找个机会大宴文武百官。在酒席期间，曹操诗兴大发，不自觉地自吟起来："喝酒唱歌，人生真爽。……"。文武百官马屁拍得很顺，齐呼："丞相好诗！"有一个臣子为了讨好曹操，更是立即命令印刷工匠将丞相的这首诗刻版印刷，以便流传天下。

经过一晚上的奋战，如图 3-1 所示的样张很快就出来了，于是该大臣立即将其拿给曹操过目。

图 3-1　原始刻版的样张

曹操一看，总感觉哪里不合适，说："喝与唱，此话过俗，应改为'对酒当歌'较好！"于是该大臣只好命工匠重新制作。工匠眼看连夜刻版的工作成果彻底白费，心中叫苦不迭，但也没有别的办法，只得照办，之前的设计作废，重新再来，于是就得到了如图 3-2 所示的样张。

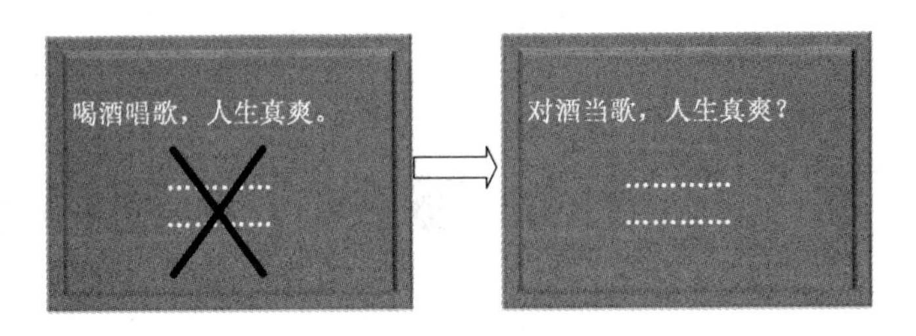

图 3-2　第一次修改之后的样张

再次请曹操过目样张，曹操细细一品之后，觉得还是不好，说："人生真爽太过直接，应改为问句才够意境，因此应改为'对酒当歌，人生几何？…………'！"当大臣转告工匠的时候，工匠几乎晕倒！但也不得不再次废掉以前的工作，重新作出修改，于是又得到如图 3-3 所示的样张。

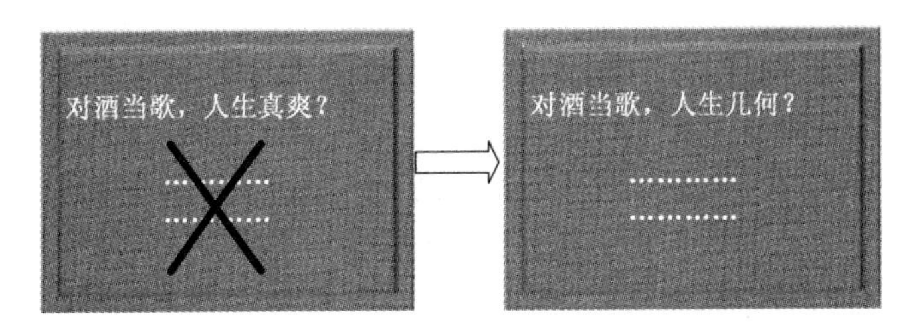

图 3-3　第二次修改之后的样张

可惜三国时期活字印刷还没有被发明，所以类似的事情应该时有发生。如果有了活字印刷术，那么只需更改四个字就可以了(见图 3-4)，实在是非常有用的方法。

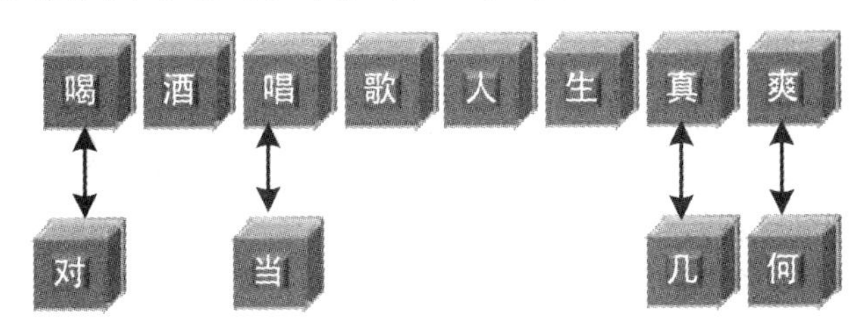

图 3-4　引入活字印刷之后的样张示意图

上述故事节选自程杰编写的《大话设计模式》，其中，详细介绍了面向对象程序设计的思想。我们来总结一下这个问题，在引入活字印刷术之后，第一，要对样张作出修改，只需要更改需要更换的字就可以了，这个特性叫作可维护；第二，这些字并不是用完这次就再也没有别的地方可以用了，完全可以在后来的印刷中重复使用，这个特性叫作可复用；第三，这首诗如果需要增加字，只需要另外刻字加入就可以了，不需要推翻重来，这个特性是可扩展；第四，字的排列其实有可能是竖排，也有可能是横排，这个时候只需要将活字移动就可满足排列需求，这个特性叫作灵活性。而在活字印刷术之前，上面的四种特性都无法满足，要修改，必须重刻，要加字，必须重刻，要重新排列，必须重刻，印完这本书后，此版已无任何再利用的价值，十分浪费。

在实际的软件开发过程中很可能遇到和上述故事相似的问题，经常会遇到客户(如曹操)对需求不断提出更改的情况，如果程序设计的方法选择不当，则遇到这样的情况时将对整个项目的进展产生重大影响。

其实，客户的要求也并不过分(改几个字而已)，但面对已完成的程序代码，却需要全部推翻重新来过，这对于程序员来说算得上是梦魇。出现这种问题的根本原因就是原先所写的程序不容易维护，灵活性差，不容易扩展，更谈不上复用。因此，面对需求变化，不能灵活应对，只有加班加点，对程序动大手术。

如果采用面向对象的思想来完成这样的工作，情况就大不一样了。在面向对象的编程思想中，需要考虑如何通过封装、继承和多态把程序的耦合度降低(传统印刷术的问题就在于所有的字都刻在同一版面上，其耦合度太高)，需要利用恰当的设计模式使得程序更加灵活，容易修改，并且易于复用，这样上述所有问题都将变得轻松容易许多。

再次回顾中国古代的四大发明，其中，火药、指南针、造纸术应该都是科技的进步，伟大的创造或发现，而唯有活字印刷，实在是思想的成功，是面向对象思想的胜利。

3.1.2　面向对象程序设计的基本特性

面向对象程序设计是一种程序设计范型，同时也是一种程序开发的方法。它将对象(对象指的是类的实例)作为程序的基本单元，将程序和数据封装其中，以提高软件的重用性、灵活性和扩展性。

要解释清楚面向对象程序设计思想，必须先搞清楚另外一种程序设计的方法——面向过程的程序设计方法(又叫作结构化程序设计)。大家利用 C 语言编写的程序是面向过程的。面向过程(Procedure Oriented)是一种以过程为中心的编程思想。面向过程的编程思想也可称为面向记录的编程思想，它不支持丰富的面向对象特性(比如继承、多态)，并且不允许混合持久化状态和域逻辑。

面向过程就是分析出解决问题所需要的步骤，然后用函数一步一步地实现这些步骤，使用的时候一个一个依次调用就可以了；面向对象就是把构成问题的事务分解成各个对象，建立对象不是为了完成一个步骤，而是为了描述某个事物在解决问题的整个步骤中的行为。面向过程就像一个细心的管家，事无巨细地都要考虑到；而面向对象就像一个家用电器，你只需要知道它的功能，不需要知道它的工作原理。面向过程是一种以事件为中心的编程思想，即分析出解决问题所需的步骤，然后用函数来实现这些步骤，并按顺序调用；面向对象是以“对象”为中心的编程思想。

下面以五子棋程序为例进行简要说明。如图 3-5 所示，面向过程的设计思想就是首先分析问题的步骤：

(1) 开始游戏。

(2) 黑子先走。

(3) 绘制画面。

(4) 判断输赢。

(5) 轮到白子。

(6) 绘制画面。

(7) 判断输赢。

(8) 返回步骤(2)。

(9) 输出最后结果。

然后分别用函数来实现上面的每个步骤，问题就解决了。这就是面向过程的程序设计思想。

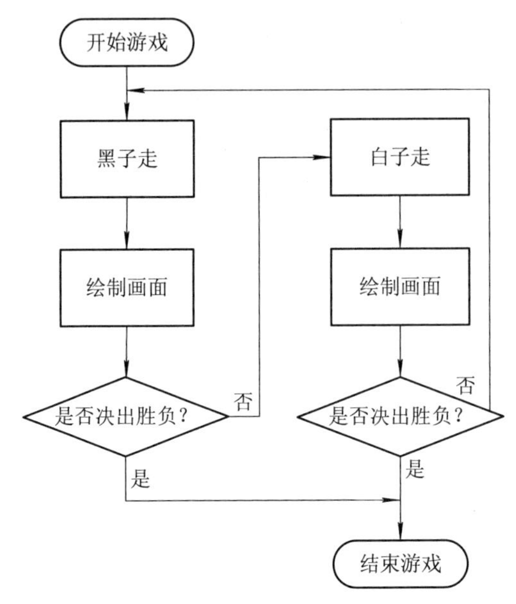

图 3-5 面向过程的五子棋游戏流程图

而面向对象设计则是采用另外的思路来解决问题。整个五子棋规则可以分为：

(1) 黑白双方，两方的行为是一模一样的。

(2) 棋盘系统，负责绘制画面。

(3) 规则系统，负责判断犯规、输赢等。

第一类对象(玩家对象)负责接收用户的输入，并告知第二类对象(棋盘对象)棋子布局的变化，棋盘对象接收到棋子的变化后就要负责在屏幕上显示出这种变化，同时利用第三类对象(规则系统)来对棋局进行判定。

可以明显地看出，面向对象是以功能(而不是步骤)来划分问题的。同样是绘制棋局，这样的行为在面向过程的设计中分散在了多个步骤中，很可能出现不同的绘制版本，因为通常设计人员会考虑实际情况进行各种简化。而面向对象的设计中，绘图只可能在棋盘对象中出现，从而保证了绘图的统一。

功能上的统一保证了面向对象设计的可扩展性。比如，要加入悔棋的功能，如果要改动面向过程的设计，那么从输入到判断再到显示这一连串步骤都要改动，甚至步骤之间的顺序都要进行大规模调整。如果是面向对象的话，只要改动棋盘对象就可以了，棋盘系统保存了黑白双方的棋谱，简单回溯就可以了，而显示和规则判断则不用顾及，同时整个对象功能的调用顺序都没有变化，改动是局部的。

再比如，要把这个五子棋游戏改为围棋游戏，如果当初采用的是面向过程的设计，那么五子棋的规则就分布在程序的每一个角落，要改动还不如重写。但是如果当初采用的是面向对象的设计，那么只用改动规则对象就可以了。五子棋和围棋的区别不就是规则么？

当然，针对棋盘大小这样的小改动就更不是问题了，直接在棋盘对象中进行一些小改动就可以了。而下棋的大致步骤从面向对象的角度来看没有任何变化。

面向对象的基本思想是使用对象、类、继承、封装和消息等基本概念来进行程序设计，从现实世界中客观存在的事物出发来构造软件系统，并且在系统构造中尽可能运用人类的自然思维方式。面向对象的程序设计方法采用数据抽象与隐藏、层次结构体系、动态绑定等机制，提供一种模拟人类认知方式的软件建模方法，带来了系统的安全性、可扩充性、代码重用、易维护等优良特性。从理论上来讲，面向对象的程序包括四个基本特征：抽象、封装、继承与派生、多态。有时候也会把面向对象的程序设计的基本特征描述为封装、继承和多态三个，因为抽象和封装可以理解为相似的概念，而继承和派生也是相对而言的。为了尽量把面向对象的特性描述得更具体，此处还是按照四大特性进行介绍。

1. 抽象

为了更好地说明抽象的概念，先来讨论一个现实中总是无法避免的学科——数学。面对着纷繁复杂的世间万物，数学不去研究各种事物的独特特性，而只是抽取它们在某些方面的特性(主要是数量方面的特性)，深刻揭示了世间万物在“数”方面表现出的共同规律。因此可以说，数学是一门抽象的学科，而抽象则正是数学的本质。

同样地，在使用面向对象的方法设计一个软件系统时，首先就要区分出现实世界中事物所属的类型，分析它们拥有哪些性质与功能，再将它们抽象为在计算机虚拟世界中才有意义的实体——类，在程序运行时，由类创建出对象，用对象之间的相互合作关系来模拟真实世界中事物的相互关联。

比如，对圆这一对象的抽象：

数据抽象——半径 radius；

方法抽象——求面积 GetArea()。

对一个问题可能有不同的抽象结果，这取决于程序员看问题的角度和解决问题的需求。可以说，从真实世界到计算机虚拟世界的转换过程中，抽象起了关键的作用。

2. 封装

封装就是把对象的数据和方法结合成一个独立的单位，并尽可能隐蔽对象的内部细节。封装这一特性不仅大大提高了代码的易用性，还使得类的开发者可以方便地更换新的算法，这种变化不会影响使用类的外部代码。

通俗地说，封装就是包起外界不需要知道的东西，只向外界展露可供展示的东西。在面向对象的理论中，封装这个概念拥有更为宽广的含义。小到一个简单的数据结构，大到一个完整的软件子系统，静态的(如某软件系统要收集的数据信息项)、动态的(如某个工作处理流程)都可以封装到一个类中。

封装的作用包括：

(1) 彻底消除了传统结构方法中数据与操作分离所带来的种种问题，提高了程序的复用性和可维护性。

(2) 把对象的私有数据和公共数据分离开，保护了私有数据，减少了模块间可能的干扰，达到了降低程序复杂性、提高可控性的目的。

(3) 增强了使用的安全性，使用者不必了解很多实现细节，只需要通过设计者提供的外部接口来操作它。

(4) 容易实现高度模块化，从而产生软件构件，利用构件快速地组装程序。

具备这种“封装”的意识，是掌握面向对象分析与设计技巧的关键。

3. 继承和派生

一个类中包含了若干数据成员和成员函数。在不同的类中，数据成员和成员函数是不相同的。但有时两个类的内容基本相同或有一部分相同。

(1) 一个新类从已存在的类那里获得该类已有的特性叫作类的继承。已存在的类叫作父类，也叫作基类，产生的新类叫作子类或派生类。

(2) 从一个已有的类那里产生一个新类的过程叫作类的派生。已存在的类叫作父类，也叫作基类，产生的新类叫作派生类或子类。

类的继承和派生是同一概念，前者是从子类的角度来说的，后者是从父类的角度来说的。通常说子类继承了父类，父类派生了子类。

图 3-6 是描述各级学生的类的继承关系图。从图 3-6 中可以看出基类与派生类的关系。

(1) 派生类是基类的具体化，基类是派生类的抽象。

(2) 一个派生类的对象也是一个基类的对象，具有基类的一切属性和方法。

(3) 派生类除了具有基类的一切属性和方法外，还可以有自己特有的属性和方法。

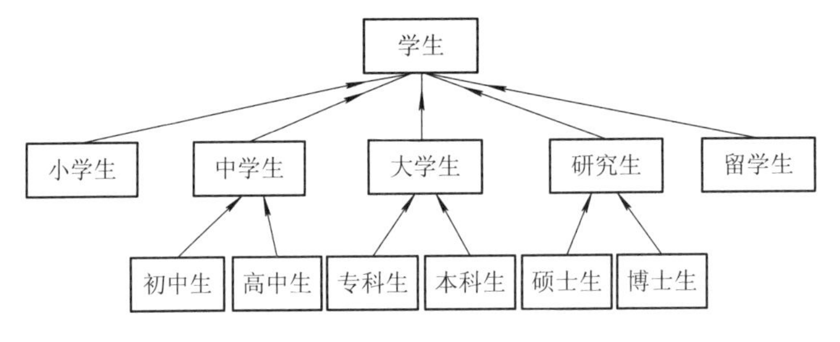

图 3-6 学生类的继承关系图

有了继承，软件的重用就成为可能。假设现在要开发一个 X 项目，架构设计师发现以前完成的 Y 项目中有部分类完全可以在 X 项目中重用，但需要增强这些类的功能以便适用于 X 项目。如果从 Y 项目中直接抽取这些类的源代码并加以修改，虽然可以满足 X 项目的需要，但需要维护两套功能类似的类代码，加大了管理的成本。在这种情况下，选择从 Y 项目的类中用继承的方法派生出新类，将新类用在 X 项目中是一个可选的方案，这样既满足了新项目的需要，又避免了大量的重复代码与双倍的代码维护成本。

4. 多态

简单来说，多态具有表现多种形态的能力的特征，在 OO 中是指语言具有根据对象的类型以不同方式(特别是重载方法和继承类这种形式)进行处理的能力。多态被认为是面向对象语言的必备特性。

下面举例来说明面向对象的多态性。比如，给小明一支钢笔和给小明一支铅笔，虽然本身是两件不同的事情，但可以统一说成“给小明一支笔”。用后者来代替前者，虽然在语义上稍显模糊，但其适用性更广了。除了钢笔和铅笔之外，还可以表示毛笔、中性笔、粉笔等。

这种用一个比较抽象的事物来取代具体事物的表达方法，在面向对象软件中用“多态”这一特性来模拟。在编程中使用多态的方法，可以在代码中本应使用某一具体子类的地方使用较为抽象的基类对象。这种方法带来的好处是多态的代码具有多重角色的特性，即在不同的条件下，同样的代码可以完成不同的功能。

适当地在开发中应用多态特性，可以开发出可扩充性很强的系统。

总体而言，面向对象的程序设计思想和面向过程的程序设计思想可以简单地做如下比较：

(1) 面向过程的程序设计的比较：

- 优点：性能比面向对象的程序设计高，因为类调用时需要实例化，开销比较大，消耗资源多。比如，单片机、嵌入式开发等一般采用面向过程的程序设计来开发，性能是最重要的因素。
- 缺点：没有面向对象的程序那么易维护，易复用，易扩展。

(2) 面向对象的程序设计的比较：

- 优点：易维护，易复用，易扩展，由于面向对象的程序设计有封装、继承、多态性的特性，因此可以设计出低耦合的系统，使系统更加灵活，更加易于维护。
- 缺点：性能比面向过程的程序设计低。

用面向过程的方法写出来的程序是一份蛋炒饭，而用面向对象的方法写出来的程序是一份盖浇饭。所谓盖浇饭，就是在一碗白米饭上面加上一份盖菜，你喜欢什么菜，就可以加上什么菜。

蛋炒饭制作的细节不用去深究，但最后一道工序肯定是把米饭和鸡蛋混在一起炒匀。而盖浇饭，则是把米饭和盖菜分别做好，如果需要一份红烧肉盖饭，就加一份红烧肉；如果需要一份青椒土豆丝盖浇饭，就加一份青椒土豆丝。

蛋炒饭的好处就是入味均匀，吃起来香。如果恰巧你不爱吃鸡蛋，只爱吃青菜的话，那么唯一的办法就是全部倒掉，重新做一份青菜炒饭。盖浇饭就没这么麻烦，只需要把上面的盖菜拨掉，更换一份盖菜。但盖浇饭的缺点是入味不均匀，可能没有蛋炒饭那么香。

到底是蛋炒饭好还是盖浇饭好呢？其实这类问题都很难回答，非要比较的话，就必须设定一个场景，否则只能说各有所长。如果大家都不是美食家，没那么多讲究，那么从饭馆角度来讲，做盖浇饭显然比蛋炒饭更有优势，它可以搭配出很多组合，而且不会浪费。

盖浇饭的好处就是“菜”“饭”分离，从而提高了制作盖浇饭的灵活性。饭不满意就换饭，菜不满意就换菜。用软件工程的专业术语就是“可维护性比较好”，“饭”和“菜”的耦合度比较低。蛋炒饭将“蛋”“饭”搅和在一起，想换“蛋”“饭”中的任何一种都很困难，耦合度很高，以至于“可维护性”比较差。软件工程追求的目标之一就是可维护性。可维护性主要表现在三个方面：可理解性、可测试性和可修改性。面向对象的好处之一就是显著地改善了软件系统的可维护性。

3.2 类 和 对 象

前面已经提到了不少关于面向对象的术语，从本节开始将逐步详细介绍面向对象程序设计的基础知识及其在 Python 语言程序中的实现方式。下面首先从类和对象开始介绍。

在客观世界中，任何事物都是由各种各样的实体组成的，在计算机里同样需要通过对客观事物进行抽象处理来表示。在用面向对象的方法来解决现实世界的问题时，首先，需要将物理世界存在的实体抽象成概念世界的抽象数据类型，这个抽象数据类型包括了实体中与需要解决的问题相关的数据和操作；然后，用面向对象的工具(比如 C++、C#、Java 和 Python 等语言)将这个抽象数据类型用计算机逻辑表达出来，即构造计算机能够理解和处理的类；最后，将类实例化，就得到了现实世界实体的映射——对象。在程序中对对象进行操作，就可以模拟现实世界中实体的问题并且解决它。具体的映射关系如图 3-7 所示。

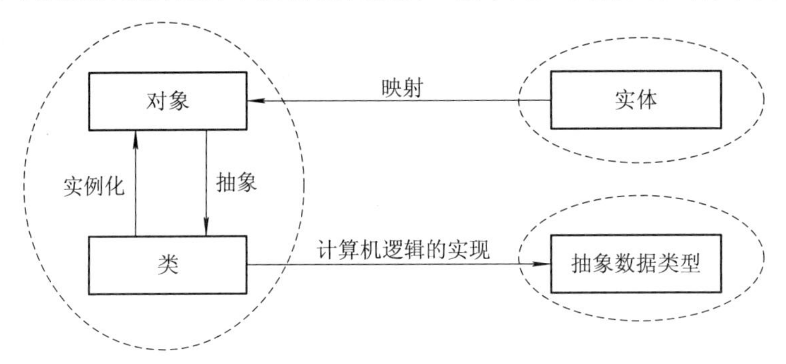

图 3-7　实体、对象和类的相互关系

例如，现实生活中的“笔”这个概念就是一个类，而具体的某一支笔就是属于“笔”这个类的一个对象(实体)。类是现实世界或思维世界中的实体在计算机中的反应，它将数据以及这些数据上的操作封装在一起；而对象则是类的实例，它是构成系统的一个基本单位，是由数据和被允许的操作组成的封装体。类是面向对象编程的基本单元。

3.2.1　类的定义

Python 中提供了很多标准的类，用户可以在开发程序的过程中直接使用。另外，用户也可以在 Python 中自己定义类。类使用 class 关键字来定义，可以包含数据成员、方法成员以及嵌套的类型成员。类的定义方法如下：

```
class ClassName
    '''类的帮助信息'''
    statement
```

其中，ClassName 用于指定类名，一般使用大写字母开头；statement 表示类体，主要由类变量(或类成员)、方法和属性等语句组成。如果在定义类时，没有想好类的具体功能，则也可以在类体中直接使用 pass 语句代替。

例如，下面的示例定义了一个矩形类(Rectangle)，它包含两个数据成员，分别表示矩形的长和宽，还包括一个用于求面积的方法成员。

```
class Rectangle:
    '''这是一个矩形类'''
    longside = 0.0 #这是矩形的长
    wideside = 0.0 #这是矩形的宽
```

```
    #求矩形的面积
    def Getarea(self):
        return self.longside*self.wideside
```

3.2.2　对象的创建和使用

class 语句本身并不创建该类的任何实例，所以在类定义完成后，可以创建类的实例，然后通过实例化类的对象来访问类的成员，即实例化该类的对象。比如：

```
r = Rectangle()
r.longside = 2
r.wideside = 3


print("该矩形的面积为：",r.Getarea())
```

上面的代码生成了一个名为 r 的矩形对象，并设置其长和宽的数值，然后输出面积。

> 温馨提示：
>
> Python 对于变量类型的管理非常智能，上面代码中最后一行打印输出语句中，前半部分是字符串，而后半部分中 Getarea 方法返回的是 double 类型。这种输出方式在其他语言中通常会报错，但是在 Python 中可以正常运行，这也为程序员带来了很多方便。

可以通过 Python 内置的函数 type()或直接通过属性.__class__来获取类型(即对象的类)。在获得类型之后，就可以利用属性.__ name__获取类的名字。比如，上面代码定义的对象 r，可以通过 type(r)获得其类型为__main__.Rectangle，通过 r.__class__也可以得到同样的结果。通过 r.__class__ .__name__可以获得该类的名称为 Rectangle。

> 温馨提示：
>
> Python 类也是对象。它们是 type 类的实例，即 type(Rectangle)的执行结果为 type。

3.3　属性和方法

3.2 节介绍了 Python 中面向对象的实现基础，即类和对象的实现和使用方法。当封装好一个类之后，就可以通过类中的属性和方法来访问类的资源了。

3.3.1　访问机制

Python 是一门面向对象的语言，面向对象的第一个要素就是封装。通过封装可以将类中的属性和方法等资源分为不同的访问级别，分别对应不同的外部访问权限。最基本的可以分为公有成员和私有成员，公有成员可以被外界访问，私有成员不能被外界访问，这就是封装中最关键的概念——访问控制。

访问控制通常有三种级别：私有、受保护和公有。

(1) 私有(Private)：只有类自身内部可以访问。

(2) 受保护(Protected)：只有类自身和子类可以访问。

(3) 公有(Public)：任何类都可以访问。

Python 和 Java、C++、 C#不同，它没有访问控制符(private、public、protected)，所以 Python 的访问控制也是很容易被忽视和搞错的。

1. 公有(Public)

在 Python 类中，默认情况下定义的属性都是公有属性。比如下面的代码：

```
#定义类
class Tool(object):
    bar = 123
    def __init__(self, bob):
        self.bob = bob

print(Tool.bar)   # 输出为 123

tmptool = Tool (456)
print(tmptool.bob)   # 输出为 456
```

上面类 Tool 中的 bar 属性就是类属性，__init__方法中定义的 bob 是实例属性，bar 和 bob 都是公有属性，外部可以访问，print 类中的 bar 和实例中的 bob 分别输出了对应的值。

2. 受保护(Protected)

受保护属性或方法只能在类内部或其派生类中访问。就好像一个武林门派的武功绝学，只有自己和自己的亲传弟子才可以使用。

在 Python 中定义一个受保护属性或方法，只需要在其名字前加一个下画线即可。在上面的类定义中，将 Tool 方法中的 bob 和 bar 改为_bob 和_bar，它们就变成了受保护属性，代码如下：

```
class Tool(object):
    _bar = 123
    def __init__(self, bob):
        self._bob = bob

class SonTool (Tool):
    def print_bob(self):
        print(self._bob)
    @classmethod
    def print_bar(cls):
        print(cls._bar)

SonTool.print_bar()   # 类方法，输出为 123

son = SonTool (456)
son.print_bob()   # 实例方法，输出为 456
```

上面的代码中定义了一个类 SonTool，该类继承自 Tool。由于受保护的对象只能在类的内部和子类中被访问，不能直接调用 print(SonTool._bar)或 print(son._bob)来输出这两个属性的值，所以定义了 print_bar 和 print_bob 方法，实现在子类中输出。这段代码也正常地输出了_bar 和_bob 的值。

温馨提示：

将上面代码中的输出部分改为 print(SonTool._bar)，我们会发现也能输出 123，好像并没有受到访问限制。实际上，Python 中用加下画线来定义受保护变量，是一种约定的规范，而不是语言层面真的实现了访问控制，所以，我们定义的保护变量依然可以在外部被访问到(这是个 feature，不是 bug)。

3．私有(Private)

Python 定义私有属性或方法的时候，需要在名称前加两个下画线。将前面的代码修改后运行我们会发现下面代码中的任何一个 print 都会报错。

```
class Tool (object):
    __bar = 123
    def __init__(self, bob):
        self.__bob = bob

class SonTool (Tool):
    def print_bob(self):
        print(self.__bob)    # Error

    @classmethod
    def print_bar(cls):
        print(cls.__bar)    # Error

print(SonTool.__bar)    # Error

son = SonTool (456)
print(son.__bob)    # Error
```

运行上述代码，可能会得到如图 3-8 所示的错误提示，说明私有成员不能被类外部访问。

```
AttributeError                            Traceback (most recent call last)
<ipython-input-5-598e032bc22f> in <module>
     12         print(cls.__bar)  # Error
     13
---> 14 print(SonTool.__bar)  # Error
     15
     16 son = SonTool (456)

AttributeError: type object 'SonTool' has no attribute '__bar'
```

图 3-8 私有成员不能被类外部访问

3.3.2 方法

3.3 节其实已经用到了方法和属性的相关知识，现在再详细说明一下。

Python 中每个实例方法中第一个参数必须对应于该实例，即该对象本身。按照惯例，这个参数名为 self。后面是其他参数(如果有需要的话)。在调用方法时，无须明确提供与参数 self 相对应的参数。

通常，需要定义的一个最重要的方法是构造函数，即__init__()方法。和其他语言的构造函数一样，在类的实例创建后就会调用这个方法。该方法负责初始化类成员。

比如下面的代码中，可以通过__init__()对矩形的长和宽进行初始化，同时还定义了一个求面积的方法。

```
class Rectangle:
    '''这是一个矩形类'''
    def __init__(self,arg1,arg2):
        self.longside = arg1        #这是矩形的长
        self.wideside = arg2        #这是矩形的宽


    #求矩形的面积
    def Getarea(self):
        return self.longside*self.wideside
```

接下来就可以通过类的实例对类的方法进行访问了。需要注意的是，在向类的方法传递参数的时候，第一个参数 self 不用传递。

```
r = Rectangle(2,3)
print("该矩形的面积为：",r.Getarea())
```

上面的代码创建了一个 Rectangle 类型的对象的实例，然后自动调用该实例的方法__init__()进行初始化。传递给 Rectangle()方法的参数 2 和 3 会被传递给__init__()，然后__init__()会执行请求，对两个成员变量进行赋值，最后通过调用 Getarea()方法获得矩形的面积。上述的操作是通过类的一个实例(或叫对象)来实现的。

温馨提示：

和其他面向对象的语言一样，Python 也有析构函数，在示例销毁的时候调用，Python 中的析构函数是通过__del__()来实现的，如果有必要的话，在其中执行一些资源释放操作。

3.3.3 属性

类的成员有公有成员，也有私有成员。对于公有成员来说，外部可以直接访问，但是对于私有成员来说，外部不能直接访问。可以定义一些常规方法来对这些私有成员进行访问，除此之外，还可以通过一种特殊的方法对这些私有成员进行访问，那就是属性。

属性封装了一系列方法，如 getter、setter 和 deleter，但其行为与普通的数据属性相同。下面的代码实现了属性 longside，其中还包含 get_longside()和 set_longside()的功能。

```
class Rectangle:
    '''这是一个矩形类'''
    def __init__(self,arg1,arg2):
```

```
        self.__longside = arg1      #这是矩形的长
        self.__wideside = arg2      #这是矩形的宽

    @property
    def longside(self):
        return self.__longside

    @longside.setter
    def longside(self, value):
        self.__longside = value

    #求矩形的面积
    def Getarea(self):
        return self.longside*self.wideside

r = Rectangle(2,3)
r.longside=10
vars(r)
```

上面的代码中，首先，将类中定义的长和宽都修改为私有变量了，通常这样做的好处是使得类的封装更完备，避免类中的变量被误修改。然后，定义了类的对象 r，再通过属性 longside 对长进行重新赋值，最后，同 vars()方法查看类中各个变量的属性。运行上面的代码得到的结果为

```
{'_Rectangle__longside': 10, '_Rectangle__wideside': 3}
```

3.3.4　类和静态方法

Python 中普通的方法都需要首先实例化一个类的对象，然后通过该对象调用相关的方法，也被称为实例方法。除了实例方法和属性之外，类还可以拥有类方法和静态方法。而静态方法与类方法则不需要实例化对象，都可以通过类名来直接调用。它们之间的区别如表 3-1 所示。

表 3-1　三种方法对比

方法类别	定　义	调　用
实例方法	第一个参数必须是实例对象，该参数名一般约定为“self”，通过它来传递实例的属性和方法(也可以传递类的属性和方法)	只能由实例对象调用
类方法	使用装饰器@classmethod。第一个参数必须是当前类的对象，该参数名一般约定为“cls”，通过它来传递类的属性和方法(不能传递实例的属性和方法)	类对象或实例对象都可以调用
静态方法	使用装饰器@staticmethod。参数随意，没有“self”和“cls”参数，但是方法中不能使用类或实例的任何属性和方法	类对象或实例对象都可以调用

实例方法就是类的实例能够使用的方法，上述示例代码中的方法都是实例方法，下面

重点比较类方法和静态方法。

1. 类方法

类方法需要使用装饰器@classmethod。原则上，类方法是将类本身作为对象进行操作的方法。假设有个方法在逻辑上采用类本身作为对象来调用更合理，那么就可以将它定义为类方法。

比如，有一个学生类和一个班级类，想要实现的功能如下：

(1) 执行班级人数增加的操作、获得班级的总人数。

(2) 学生类继承自班级类，每实例化一个学生，班级人数都能增加。

(3) 最后，需要实例化一些学生，获得班级中的总人数。

上述需求中，由于实例化的是学生，如果从学生这一个实例中获得班级总人数，在逻辑上显然是不合理的。同时，如果想要获得班级总人数，生成一个班级的实例也是没有必要的。因此，可以考虑使用类方法。

```
class ClassTest(object):
'''这是班级类'''
    __num = 0

    @classmethod
    def addNum(cls):
        cls.__num += 1

    @classmethod
    def getNum(cls):
        return cls.__num

    # 这里用到魔术方法__new__，主要是为了在创建实例的时候调用累加方法
    def __new__(self):
        ClassTest.addNum()
        return super(ClassTest, self).__new__(self)


class Student(ClassTest):
'''这是学生类'''
    def __init__(self):
        self.name = ''

a = Student()
b = Student()
print(ClassTest.getNum())
```

上述代码中，班级类中定义了两个类方法。在测试的时候，建立了 a 和 b 两个学生的对象，最后通过调用类方法 getNum()获得学生总人数。最终的结果为 2。可以看出，类方法是直接通过类名进行调用的。

温馨提示：

上面的代码中用到了 Python 的魔术方法，Python 中特殊方法(魔术方法)是被 Python 解释器调用的，我们自己不需要调用它们，统一通过内置函数来调用。魔术方法有很多，详细介绍可以参考 Python 官方文档。另外还需要说明的是，前文提到了 Python 的构造函数__init__()，实际上在创建类对象的时候，__new__()更先被执行，然后才会执行__init__()。__new__()方法传入类(cls)，__init__()方法传入类的实例化对象(self)，而__new__()方法的返回值就是一个实例化对象。如果__new__()方法返回 None，则__init__()方法不会被执行，并且返回值只能调用父类中的__new__()方法，而不能调用毫无关系的类的__new__()方法。

2. 静态方法

静态方法是类中的函数，不需要实例。静态方法主要用于存放逻辑性的代码，逻辑上属于类，但是和类本身没有关系，也就是说在静态方法中，不会涉及类中的属性和方法的操作。可以理解为，静态方法是个独立的、单纯的函数，它仅仅托管于某个类的名称空间中，便于使用和维护。静态方法使用装饰器@staticmethod。

比如，定义一个关于时间操作的类，其中，有一个获取当前时间的函数。可以参考如下代码来实现。

```
import time


class TimeTest(object):
    def __init__(self, hour, minute, second):
        self.hour = hour
        self.minute = minute
        self.second = second

    def showInputTime(self):
        print('{}:{}:{}'.format(self.hour,self.minute,self.second))

    @staticmethod
    def showCurrentTime():
        return time.strftime("%H:%M:%S", time.localtime())



print(TimeTest.showCurrentTime())
t = TimeTest(2, 10, 10)
t.showInputTime()
```

上述代码中使用了静态方法(showCurrentTime)，然而方法体中并没有使用(也不能使用)

类或实例的属性(或方法)。若要获得当前时间的字符串，并不一定需要实例化对象，此时对于静态方法而言，所在类更像是一种名称空间。其实也可以在类外面写一个同样的函数来做这些事，但是这样做就打乱了逻辑关系，也会导致以后代码维护困难。

3.4 类的继承

面向对象的编程带来的好处之一是代码的可复用性，实现这种可复用的方法之一是通过继承机制来实现。本节将介绍 Python 中的继承机制及其实现方式。

3.4.1 类的继承

一个新类从已存在的类中获得该类已有的特性叫作类的继承，已存在的类叫作父类或基类，产生的新类叫作子类或派生类。从另一角度来看，从一个已有的类中产生一个新类的过程叫作类的派生。类的继承和派生是同一概念，前者是从子类的角度来说的，后者是从父类的角度来说的。我们通常说子类继承了父类，父类派生了子类。

```
class ParentClass1: #定义父类
    pass

class ParentClass2: #定义父类
    pass

class SubClass1(ParentClass1): #单继承，基类是 ParentClass1，派生类是 SubClass
    pass

class SubClass2(ParentClass1,ParentClass2): #python 支持多继承，用逗号分隔开多个继承的类
    pass
```

可以通过__bases__查看继承的情况，比如，在上述代码基础上执行 SubClass2.__bases__，可以得到：(<class '__main__.ParentClass1'>, <class '__main__.ParentClass2'>)。

假如已经有了几个类，而类与类之间有共同的变量属性和函数属性，就可以把这几个变量属性和函数属性提取出来作为基类的属性。而特殊的变量属性和函数属性则在本类中定义，这样只需要继承这个基类，就可以访问基类的变量属性和函数属性。适当的使用继承可以提高代码的可扩展性。

Python 中的继承有如下特点：

(1) 在子类中，并不会自动调用基类的__init__()，需要在派生类中手动调用。

(2) 在调用基类的方法时，需要加上基类的类名前缀，且需要带上 self 参数变量。

(3) 先在本类中查找调用的方法，找不到才去基类中查找。

温馨提示：

尽管适当地使用继承可以提高代码的复用效率，但继承机制本身也存在一些弊端。比如，特殊的本类又有其他特殊的地方，又会定义一个类，其下也可能再定义类，这样就会

造成继承的那条线越来越长，使用继承时，任何一点小的变化也需要重新定义一个类，很容易引起类的爆炸式增长，产生一大堆有着细微不同的子类。可以适当地通过“组合”来解决这样的问题。

3.4.2 组合

代码复用重要的方式除了继承还有组合。组合就是在一个类中以另一个类的对象作为数据属性，称为类的组合，通常也将这样的类称为复合类或组合类。

比如，下面的代码：

```
class Skill:
    def TeachEnglish(self):
        print("I can teach English!")

class Person:
    nickname='None'
    def __init__(self,name):
        self.name=name
        self.skill0=Skill().TeachEnglish()    #Skill 类产生一个对象，并调用 fire()方法，赋值给
        实例的 skill0 属性

p1=Person("Miss Li")
```

上面的代码中，首先，定义了一个 Skill 类表示技能，然后，定义了一个 Person 类，在该类中，由于每个人具有不同的技能，因此直接在 Person 类中产生了一个 Skill 的对象，并且产生了一条技能赋值给某个人。

从上面的代码中可以看出，通过继承建立了派生类与基类之间的关系，它是一种“是”的关系，比如，白马是马，人是动物。而通过组合的方式建立了类与组合类之间的包含关系，它是一种“有”的关系，比如，老师有生日，老师有一些要讲授的课程等。当类之间有显著的不同，较小的类是较大的类所需要的组件时，便推荐使用组合。

3.5 应用举例

本节将通过一个具体的案例加深读者对面向对象基本概念的理解，以及对类、对象、方法等的熟练使用。

绝地求生是一款当下很火热的第一人称射击游戏。在 Python 中，可以用面向对象的编程思想，模拟实现一个战士开枪射击敌人的场景。模拟场景中需要有战士(玩家)、敌人、枪三个对象，其中枪又包括弹夹、子弹两个对象。其实现结果如图 3-9 所示。

```
弹夹当前的数0/20
弹夹当前的数4/20
枪没有弹夹
枪有弹夹
敌人剩余血量：100
弹夹当前的数3/20
敌人剩余血量：96
```

图 3-9 绝地求生案例的实现结果

该案例的实现流程大致可以分为 5 个步骤，如图 3-10 所示。

第 1 步："class person" 定义关于人物的类，并赋予战士和敌人的名字、血量和枪这三个类属性，构造装子弹，装弹夹的实例方法和实例属性，拿枪和开火的类方法和类属性，最后构造方法来显示其受伤后的血量。

第 2 步："class Clip"创建弹夹的对象，构造了 def saveBullet、def shotBullet 和 def __str__ 三个类方法，赋予弹夹容量的类属性，判断是否有子弹，若没有子弹则安装子弹。再调用 Bullet()类，射击敌人一次子弹数减 1。

第 3 步：创建子弹的类 class Bullet，通过__init__构造方法和 hurt()类方法赋予子弹伤害的类属性。定义子弹类的杀伤力(对敌人的伤害)，Bullet()被调用后子弹打中敌人，构造方法让敌人受到相应的伤害。

第 4 步：通过"class Gun" 创建枪的类，先构造__init__和__str__方法赋予弹夹类属性，初始化无弹夹。再构造 def mountingClip 和 def shoot 两个类方法判断弹夹情况，用多个动态方法来将弹夹安装到枪中，射击敌人。其中，bullet.hurt 是实例属性，其余的都是类属性。

第 5 步：实例化。调用上面所有的类。敌人出现，显示敌人初始化的血量，战士装子弹和弹夹，然后拿枪射击敌人，显示敌人剩余血量。

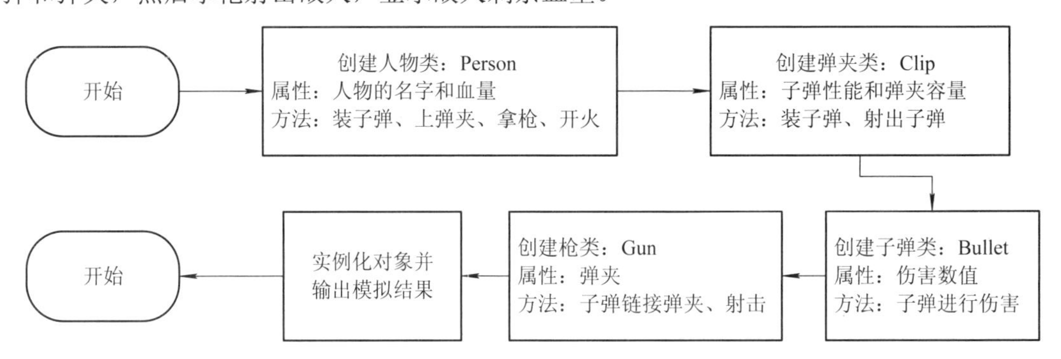

图 3-10　绝地求生案例的实现流程

依照上述实现流程，可以根据下面的步骤编写案例的详细实现代码。该案例可以直接在 Jupyter 中实现，也可以通过 PyCharm 来实现。

第 1 步：创建人物的类，即战士和敌人。类构造了 __init__() 函数，类的实例化操作会自动调用 __init__() 方法。Person()类中赋予人物血量和名字两个类属性，用 self 来对人物的名字和血量进行初始化。

```
class Person:
    def __init__(self,name):
        #角色名
        self.name = name
        #血量
        self.blood = 100
```

第 2 步：构造 Person()类的方法，分别构造安装子弹的方法 installBullet()；安装弹夹的方法 installClip()；拿枪的方法 takeGun()以及开火的方法 fire()。从而实现人物能够进行安装子弹、安装弹夹、拿枪以及开火的操作。注意，这一步的代码是写在 Person 类中的，因此，需要特别注意代码的缩进关系。

```
    #给弹夹安装子弹
        def installBullet(self,clip,bullet):
            #调用 clip()类中的方法实现弹夹放置子弹
            clip.saveBullet(bullet)

        #安装弹夹
        def installClip(self,gun,clip):
            #调用 gun()类中的方法实现枪安装弹夹
            gun.mountingClip(clip)

        #拿枪
        def takeGun(self,gun):
            self.gun = gun

        #开火
        def fire(self,enemy):
            self.gun.shoot(enemy)
```

第 3 步：建立完成 Person()类的动作方法之后，需要建立人物掉血方法 loseBlood().当敌方射击之后，人物会调用掉血方法，减去与伤害值相同的血量。

```
        #显示 person
        def __str__(self):
            return self.name + "剩余血量：" + str(self.blood)
        #掉血
        def loseBlood(self,damage):
            self.blood -= damage
```

第 4 步：人物创建完成后，创建弹夹的类 Clip()，并且创建子弹数目以及弹夹容量两个属性。这是一个新的类，需要注意其正确的代码缩进关系。

```
    class Clip:
        def __init__(self,capacity):
            self.capacity = capacity
            self.currentList = []
```

第 5 步：在 Clip()类中构造安装子弹 saveBullet()、显示弹夹信息`__str__()`以及射出子弹 shotBullet()的方法。

```
    #安装子弹
        def saveBullet(self,bullet):
            #判断子弹是否装满
            if len(self.currentList) < self.capacity:
```

```
                self.currentList.append(bullet)

        #显示弹夹信息
        def __str__(self):
            return "弹夹当前的数目" + str(len(self.currentList))+"/"+str(self.capacity)

        #射出子弹
        def shotBullet(self):
            #判断是否有子弹
            if len(self.currentList) > 0:
                #子弹减 1
                self.currentList.pop()
                return bullet
            else:
                return None
```

第 6 步：创建 Bullet()子弹类，并且创建伤害值 damage 的属性，以及构造子弹伤害 hurt()的方法。这又是一个新的类，请注意代码缩进。

```
class Bullet:
    def __init__(self,damage):
        self.damage = damage
    #子弹伤害方法
    def hurt(self,enemy):
        enemy.loseBlood(self.damage)
    pass
```

第 7 步：创建 Gun()枪的类，再构造子弹夹的属性，以及显示枪中是否有弹夹的方法。

```
class Gun:
    def __init__(self):
        self.clip = None
    def __str__(self):
        if self.clip:
            return "枪有弹夹"
        else:
            return "枪没有弹夹"
```

第 8 步：构造子弹连接弹夹的方法 mountingClip()以及射击的方法 shoot()。

```
#子弹连接弹夹
    def mountingClip(self,clip):
        if not self.clip:
```

```
            self.clip = clip

        #射击
        def shoot(self,enemy):
            bullet = self.clip.shotBullet()
            if bullet:
                bullet.hurt(enemy)
            else:
                print("没有子弹了，放了空枪……")
```

第 9 步：上述操作完成之后，分别对类 Person()、Clip()、Gun()进行实例化。分别创建人物“玩家”和“敌人”，初始化弹夹容量，安装子弹等。

```
soldier = Person("玩家")
clip = Clip(20)
print(clip)  #弹夹当前数量
i = 0
#装子弹
while i<4:
    bullet = Bullet(4)
    soldier.installBullet(clip,bullet)
    i   += 1
print(clip)  #弹夹当前数量
gun = Gun()
print(gun)  #枪中弹夹情况
soldier.installClip(gun,clip)
print(gun)  #枪中弹夹情况
enemy = Person("敌人")
print(enemy)  #敌人剩余血量
soldier.takeGun(gun)
soldier.fire(enemy)
print(clip)  #弹夹当前数量
print(enemy)  #敌人剩余血量
soldier.fire(enemy)
```

上述代码执行情况如图 3-9 所示。读者可以通过上述代码，详细理解面向对象的基本程序设计方法。

本 章 小 结

本章详细介绍了 Python 在面向对象程序设计方面的一些知识。首先，通过一个形象的例子引入了面向对象程序设计的基本概念，介绍了面向对象程序设计的基本思想和基本特性。然后，从类和对象、类的属性和方法以及类的继承和派生等方面，详细介绍了如何利用 Python 实现面向对象程序的设计。最后，通过一个具体的案例进一步介绍了面向对象程序设计的应用。

思 考 题

(1) 什么是类？什么是对象？它们之间的关系是怎样的？

(2) 面向对象技术的核心特性是什么？

(3) 什么是封装？为什么要将类封装起来？封装的原则是什么?

(4) 请实现一个包括学生基本信息的学生类。

第二篇　数据分析基础

学习了可用于数据分析的基本工具之后，还需要掌握数据分析的相关知识才能进行真正的数据分析。本篇将重点介绍基于 Python 进行数据分析的基本思路和方法。首先，介绍数据分析的主要任务和基本方法；然后，分步骤介绍利用 Python 进行数据分析的具体方法。学习完该部分内容之后，读者就可以完成完整的数据分析任务了。

第4章　数据分析概述

随着互联网时代的到来，各行各业每天都有大量的数据产生，企业也越来越意识到数据的重要性，开始通过数据分析来挖掘数据价值辅助决策，这就催生了各种数据分析的业务需求。本章将重点介绍什么是数据分析，以及数据分析的基本任务和主要步骤。

4.1　新冠病毒与数据分析

2020年初，一场突如其来的疫情严重扰乱了我们的生活，湖北省武汉市等多个地区发生新型冠状病毒肺炎疫情，随后疫情迅速扩散到全国各地。从1月开始，在专家的建议下，国家采取了很多重要措施来控制疫情，包括限制人口流动等。同时，国家也在不断调配资源进行抗疫。国家做出的种种决策的背后，都存在着数据分析工作的支持。在疫情防控、资源调配、复工复产等方面，数据分析和挖掘都扮演着重要角色。

首先，在疫情的防控方面，对疫情的数据进行分析，并从中挖掘出有用的信息，为我们的疫情防控起到了重要的参考作用。做好疫情防控工作，直接关系人民的生命安全和身体健康，直接关系经济社会大局的稳定，也事关我国对外开放的形势。在疫情防控方面，数据分析可以为我们提供诸多服务，比如：

(1) 实时绘制和更新疫情数据及其相关防护物品的地图，让大家随时了解全国的疫情数据和身边的情况，可以根据身边的防护物品售卖情况有目的地购买防护物品。图4-1所示为截至2020年3月30日10时的全国疫情统计数据。

图4-1　全国疫情统计数据

(2) 在人员密集场所，采用“5G+热成像”技术实现了快速测温及体温监控，能够有效预防病毒在人群中传播。利用此项技术，首先，解决了人体测温的效率问题。从人工手持测温升级至自动检测，不仅更加精确，效率也得到了极大的提升。根据已经使用的地区反馈，旅客检测和通行效率提升了约 10 倍。其次，利用大数据平台结合人脸识别技术，能够在密集区域快速发现温度异常人员，并且搭配了自动报警系统，让疫情无所遁形。再次，5G 网络的高带宽，可以保证终端与服务器平台之间数据传输的畅通性，5G 网络的低延时能够确保数据传输的实时性。最后，整套系统使用范围较广，包括机场、火车站、汽车站、港口、医院、学校等。图 4-2 所示为 5G+热成像技术的应用。

图 4-2　5G+热成像技术的应用

(3) 利用数据分析，对疫情传播途径进行溯源，对疫情趋势进行预测等。2020 年 2 月 12 日上线的“云南抗疫情”扫码登记系统，就在疫情防控中发挥了重要作用。2 月 20 日当天云南省新增确诊病例 1 例。系统分析人员迅速从数据中分析得知，这位患者此前曾到过一个农贸市场和一所医院，他在农贸市场和 41 个人有过接触；在医院与 260 人可能有过接触。大约 1 分钟，系统分析人员就分析出准确数据，并在第一时间提供给疫情防控指挥部。当找出这些接触者后，指挥部及时通过短信、电话等方式，提示他们关注自身身体状况，及时居家隔离或到定点医院就诊，尽最大可能减少交叉传播。

(4) 在资源调配方面，数据分析也起到了重要作用。因为新冠肺炎疫情的传播，各地对医疗物资、生活物资等多维度资源需求短时间内激增。借助高价值数据，可以最大限度利用资源，实现系统谋划、顶层设计、动态调整。比如，“国家重点医疗物资保障调度平台”，对医用防护服、口罩、护目镜、药品等重点医疗物资实施在线监测，全力保障重点医疗防控物资生产供应。借助大数据、人工智能、云计算等数字技术，打赢疫情防控阻击战，我们底气十足。

(5) 在复工复产方面，数据分析技术也为我们提供了重要保障。疫情防控不能松懈，复工复产同样不能迟缓。推动企业复工复产，既是打赢疫情防控阻击战的实际需要，也是经济社会稳定运行的重要保证。随着复工复产全力推进，多地依托疫情防控大数据平台，推出了居民健康登记系统和企业员工健康登记系统，实现了疫情防控的智能动态化监管。大数据发力，在为居民日常生活提供便利的同时，也形成了无遗漏、全覆盖、科学便捷的管控体系。比如，阿里公司研发的“健康码”就在疫情防控中发挥了重要作用。那么健康码是什么呢？在疫情严峻时期，社区、工厂(公司)、学校，都要求大家每天上报个人健康信息，我们进出小区、乘坐飞机、高铁、火车、汽车、轮船等公共交通工具，也都需要提供通行证或健康证明。健康码就是将这个通行证或者健康证明数字化，通过政府的沟通协调在一定范围内通用，这个数字化的证明就是每个人的健康码。借助大数据比对，根据全国疫情风险程度、个人在疫情严重地区停留时间次数、与密切接触人员接触状态等个人有效信息，量化赋分后最终生成相应的三色码。由于支付宝和微信具有非常庞大的用户群体，用户都是实名制，保证每个人的信息都是真实的，另外也不必因为一个健康码再安装一个APP，所以它们天然地比其他科技公司开发的健康码更加有优势。2020 年 2 月 11 日，支付宝健康码首先在杭州推行。上线第一天，访问量就达到了 1000 万。健康码分为三种颜色：绿色代表身体正常，可以凭码通行；黄色代表正在实施 7 天隔离；红色代表正在实施 14 天隔离。这种健康码的颜色是可以根据具体情况进行实时改变的。假如某人从外地来杭州后一直待在家里没有外出，那么 7 天后他的健康码将从红色变为黄色，再过 7 天他的健康码就变为绿色，即他的健康没有问题，可以正常复工了。

温馨提示：

关于新冠病毒的数据分析案例非常多，读者也可以根据相关数据集进行基础数据分析以及进阶数据挖掘的练习，下面是两个知乎博主发布的练习案例，仅供参考：

(1) 《新冠病毒疫情数据可视化练手》，https://zhuanlan.zhihu.com/p/105042974。

(2) 《从疫情数据的产生、应用到可视化，我们发现了数据应用的完整链路》，https://zhuanlan.zhihu.com/p/107881348。

从上述案例中我们可以发现，现代社会每天都会产生大量的数据，这些数据有的以规范的形式存在于数据库，有的以不规范的形式散落在互联网上。无论数据以什么样的形式存在，加以合理利用，都能够为我们的生产和生活带来诸多便利。需要说明的是，面对如此庞大的数据，在分析的时候可能需要用到大数据技术进行处理，但大数据技术，本质上就是利用了并行处理和分布式处理技术的数据分析技术，学习了数据分析的思想，再加上大数据的技术，就能应对海量数据分析的任务了。

4.2 数据分析的概念和流程

如今这个数据时代，各行各业每天都在产生大量的、形式多样的数据，这些数据当中包含了哪些信息？我们又应当如何利用这些信息来指导我们的工作和生活？这就是数据分析领域需要研究的主要内容。

4.2.1　什么是数据分析

数据分析可以分为广义的数据分析和狭义的数据分析，广义的数据分析包括狭义的数据分析和数据挖掘，我们常说的数据分析主要是指狭义的数据分析。

狭义的数据分析是指根据某种目的，用适当的统计分析方法及工具，对收集来的数据进行处理与分析，提取有价值的信息，发挥数据作用的整个过程。数据分析主要实现针对问题的现状分析、原因分析和定量预测分析。数据分析需要首先明确分析的目标，先做假设，然后通过数据分析来验证假设是否正确，从而得到相应的结论。数据分析一般都是得到一个指标统计量的结果，如总和、平均值等，这些指标数据都需要与业务结合进行解读，才能发挥出数据的价值与作用。

数据挖掘是指从大量的数据中，通过统计学、人工智能、机器学习等方法，挖掘出未知的、且有价值的信息和知识的过程。它主要侧重于解决四类问题：分类、聚类、关联规则挖掘和预测(定量、定性)。数据挖掘的重点在于寻找未知的模式与规律，比如，经典的数据挖掘案例啤酒与尿布、安全套与巧克力等，这就是事先未知的，但又是非常有价值的信息。

狭义的数据分析与数据挖掘的本质都是一样的，都是从数据里面发现关于业务有价值的信息，从而帮助业务运营、改进产品以及帮助企业做更好的决策。所以狭义的数据分析与数据挖掘共同构成了广义的数据分析。

4.2.2　数据分析的一般流程

不同的数据分析问题的最终分析目标不同，但一般情况下大致可以按照“数据获取与存储——数据预处理——数据建模与分析——数据报告”这样的步骤来实施一个数据分析项目。其中，每一个数据分析的步骤又包含了很多需要完成的工作，如图 4-3 所示。本节将详细介绍数据分析工作中需要完成的这些具体任务。而本书对于数据分析方法的解读也将按照此过程分章节进行介绍，第 6 章介绍数据获取与存储，第 7 章介绍数据预处理，第 8 章介绍具体的数据分析方法以及数据报告的相关内容。

1. 数据获取

数据分析中最重要的元素就是数据，因此，任何数据分析的第一项工作都是数据获取。通常可供分析的数据有内部数据和外部数据两种。内部数据是在业务运转中产生的数据，比如，常见的用户数据、产品数据、销售数据等等。内部的数据相对来说比较完善、规整，可以找公司的技术人员索要，或者自己去数据库提取。除了上述来源比较单一的内部数据之外，往往还需要一些外部的数据，比如来自市场调研、竞品分析、网络信息等的数据。

对于分析用的数据，除了可以向相关公司直接索取之外，还可以从一些公开的数据集中获取，也可以通过网络爬虫从网络中直接获取，或者可以尝试通过各种采集软件获取数据，或者从一些数据分析竞赛的网站获取比赛数据集。更详细的数据获取方法将在第 6 章进行介绍。

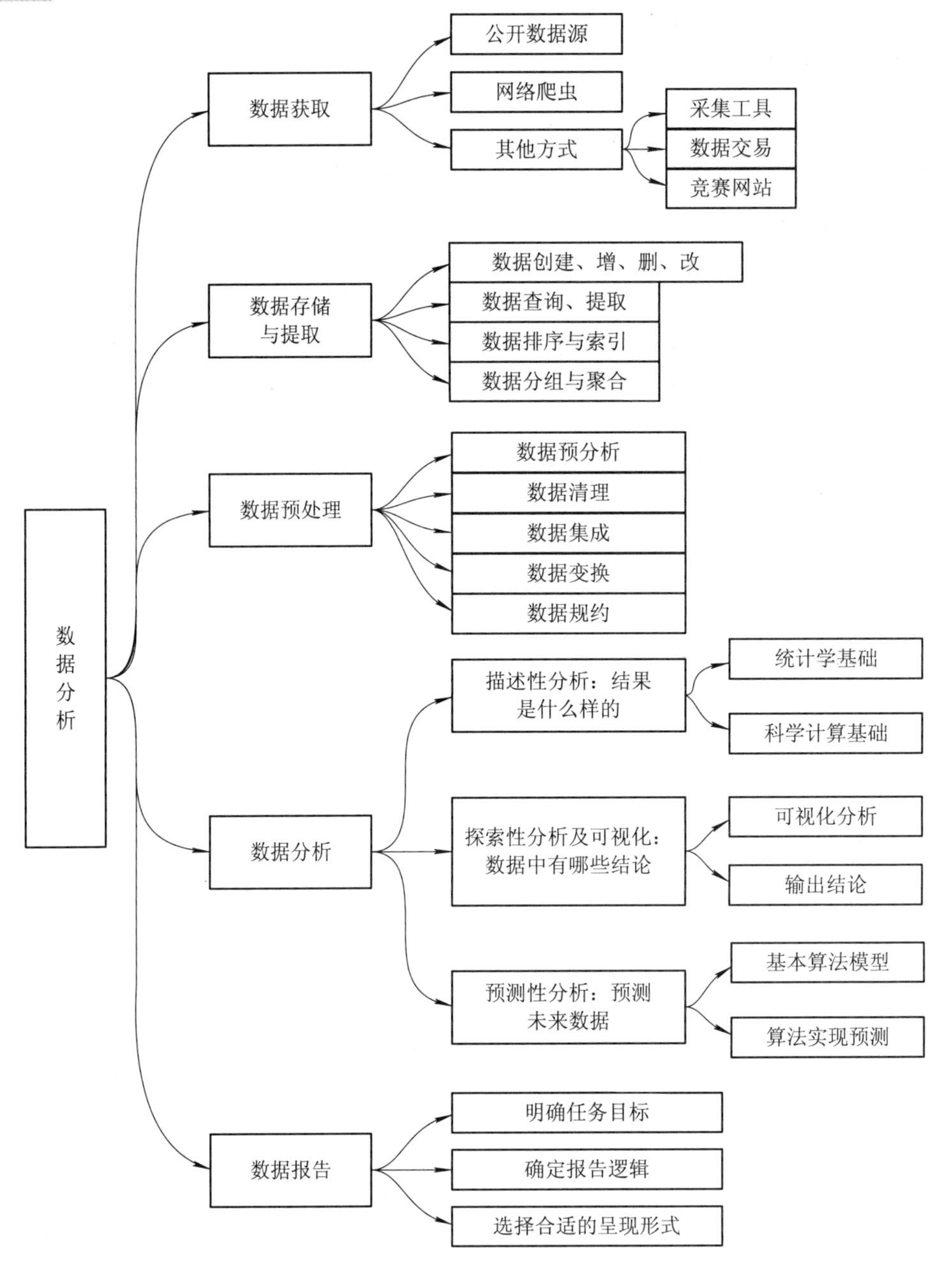

图 4-3 数据分析的主要工作

2. 数据存储与提取

数据分析的核心就是数据。无论从上述哪一种来源获取数据之后，首先需要做的事情就是将数据存储起来，以便后续分析使用。

在数据分析中，通常用到的数据存储的方案包括存储到 TXT 文本文件中、存储到 CSV 文件中或者是存储到数据库中。通常使用的数据库根据实际需求包括了关系型数据库(代表为 MySQL)和非关系型数据库(代表为 MongoDB)。因此，针对数据的存储和提取也是非常重要的任务之一。

3. 数据预处理

绝大多数时候我们获取的数据都是“不干净”的，存在很多问题，如数据重复、缺失或者为异常值等，在进行数据分析之前，必须对这些数据进行预处理以解决相关的问题，这就是数据清洗。比如，空气质量的数据，其中有很多天的数据由于设备的原因没有监测到，有一些数据是重复记录的，还有一些数据是设备故障时监测的无效数据，这些问题都需要事先进行处理。

在进行数据预处理的时候，首先对数据进行探索性预分析，以便发现数据中存在的诸如缺失值、异常值、不一致的值、重复数据及含有特殊符号的数据，然后有针对性地对数据进行预处理。通常采用的数据预处理方法包括数据清理、数据集成、数据变换和数据规约等。具体的数据预处理方法将在第 7 章进行详细介绍。

4. 数据分析

经过预处理之后的数据就可以直接用于分析了。

数据分析任务通常可以分为描述性分析、探索性分析以及预测性分析三种。其中，描述性分析主要是有目的地去描述数据，通常需要借助统计学的知识，比如，基本的统计量、总体样本、各种分布等等，通过这些信息，我们可以获得对数据的初步感知，也能得到很多简单观察得不到的结论。探索性分析通常需要借助可视化的手段，利用图形化的方式，更进一步地去观看数据的分布规律，发现数据里的知识，得到更深入的结论。所谓探索，即有很多结论是我们无法提前预知的，而图形则弥补了观察数据和简单统计的不足。预测性的数据分析主要用于预测未来的数据，比如，根据历史销售数据预测未来某段时间的销售情况，通过用户数据预测未来用户的行为等。预测性分析稍难，越深入越会涉及更多数据挖掘、机器学习的相关知识。更详细的数据分析方法将在第 8 章进行介绍。

5. 数据报告

数据报告是整个数据分析项目的最终呈现，也是所有分析过程的总结，输出结论和策略的部分。所以无论整个数据分析的过程多么精彩曲折也没有办法让客户知道，数据报告才是最终决定你分析价值的产物。

要写好一个分析报告，首先要明确数据分析任务的目标，是要探索数据里的知识，还有要对产品进行优化，或者预测未来的数据。针对这些目标，需要对问题进行拆分，要达到目标，必须输出哪些有价值的信息。对于最终的决策，哪些数据、信息是有用的，是否要进一步探索；哪些是无效的，是否直接丢弃。确定好输出的大致内容、在数据分析过程中得到有用的结论之后，接下来应该思考如何把这些分散的信息整合起来，为了达到最终的说服力，应该以怎样的逻辑进行整合等问题。

温馨提示：

数据分析是一个很有价值的工作，同时也是一个实践性很强的工作，需要不断地进行练习才能取得进步。目前有很多公开的数据集可供大家学习使用，每年也有很多数据分析的比赛可以用于检验大家的学习成果。比如，“泰迪杯数据分析职业技能大赛”通常在每年 10 月份举行(官方网址为 http://www.tipdm.org/bdrace/jljingsai/)，感兴趣的读者可以以此检验自己的阶段性学习成果。

4.3　数据分析与相关概念的关系

通常在提到数据分析的时候，还会提到其他一些相关概念，如机器学习、数据科学、Python。本节将介绍数据分析和这些相关概念之间的关系。

4.3.1　数据科学、数据分析与机器学习

数据科学、数据分析和机器学习这三个概念经常被放在一起进行比较说明。数据分析主要对应于业务决策人才，机器学习主要对应于技术专精人才，数据科学主要对应于稀有的双修人才。

具体来说，数据科学是一个用于处理和监控大量数据或“大数据”的概念。数据科学包括数据清理、准备和分析等过程。数据科学家从多个来源收集数据，然后，通过有力的模型和算法传递及分析数据，从数据中提取关键信息，同时进一步从数据中获得更多隐藏的规律。

数据分析可以理解为数据科学的一个子集，是其中相对简单的数据处理部分的工作。如果数据科学是由所有工具和资源组成的房子，那么数据分析就是一个特定的空间。它在功能和应用方面更具体。数据分析通常需要一个特定的目标，通过对数据的分析来向客户或公司传递价值，用数据来回答问题，用数据分析的结果来帮助企业做商业决策。

机器学习是用于数据分析和处理的一种有效工具，通过机器学习的相关方法，可以有效地发现数据中隐藏的规律，从而使得数据分析的结论更加可信，更加具有价值。

数据分析师是近年来非常热门的岗位，如图 4-4 所示是 2020 年 4 月在前程无忧网站上搜索的北京、上海、广州、深圳四地数据分析相关的招聘岗位情况，从图中可以看出，数据分析师的待遇都相当不错，尤其是在上海和深圳。

数据分析师 热门	上海同济技术转移服务有限公司	上海-杨浦区	20-30万/年	04-03
数据分析师	“前程无忧”51job.com（上海）	上海-浦东新区		04-06
数据分析 商品运营	广州上孚贸易有限公司	广州-海珠区	5-7千/月	04-06
数据分析助理	昊瑞通科技（深圳）有限公司	深圳-宝安区	4.5-6千/月	04-06
金融数据分析员（双休+晋升机制）	广东兆丰恒业控股集团有限公司	广州-天河区	0.5-1万/月	04-06
商品专员/数据分析专员（服装）	广州市婴格恩贸易有限公司	广州-白云区	7-8千/月	04-06
高级数据分析经理	奈雪的茶	深圳-福田区	2-2.5万/月	04-06
数据分析师（业务分析方向）（MJ000...	广州市钱大妈农产品有限公司	广州-海珠区	1-2万/月	04-06
运营专员（数据分析岗）	深圳市理邦精密仪器股份有限公司	深圳-坪山区	10-15万/年	04-06
高级数据分析师	广东数果科技有限公司	广州-天河区	1.2-2.5万/月	04-06
数据分析工程师	深圳市九畅科技有限公司	深圳-龙华新区	1-2.5万/月	04-06

图 4-4　数据分析师岗位情况

4.3.2　Python 与数据分析

可以用于数据分析的工具非常多，这些工具需要实现的功能无非是数据获取、数据存

储、数据管理、数据计算、数据分析、数据展示等，最常用的数据分析工具包括 Excel、R、Python、SPSS、SAS、SQL 等。

最简单的数据分析工具是 Excel，初级人员可以通过 Excel 的图表进行简单的数据分析，中级人员可以通过函数透视表完成数据分析，而高级人员可以通过 VBA 实现复杂的数据分析。除此之外，SQL 和 SPSS 也是数据分析师常用的工具之一。不过这些工具和语言都存在操作烦琐，复用性差，功能相对单一等问题。

Python 是一个可以进行数据分析的编程语言。它的功能非常强大，除了可以完成数据分析的相关工作之外，还可以完成网站开发、科学计算等工作，而且作为一门简单易学的编程语言，学习成本不高，因此，建议读者学好 Python 语言，哪怕以后不做数据分析了，还可以将其用于别的地方。

Python 用于数据分析的功能非常强大，但这些功能通常都分散在一些第三方库里面，包括 Numpy、Scipy、Pandas、Matplotlib、Scikit-Learn 等。同时，作为目前最火的编程语言之一，Python 有大量的用户基础，有非常强大的开源库，有非常丰富的第三方资源库，这些都为数据分析工作带来了无与伦比的便利。

总的来说，不同工具各有擅长，最关键的当然还在于业务的掌握和数学方法的掌握(统计学和机器学习等核心方法)。但磨刀不误砍柴工，把基本工具掌握熟练了百利无一弊，而当你要做大数据分析的时候，还会用到 Hadoop 等工具。但工具不是万能的，业务和数据建模方法才是万法之源，所以掌握学习的方法更重要。

本 章 小 结

本章通过具体的案例介绍了数据分析的基本概念，重点介绍了数据分析的一般流程，数据分析项目一般都包括数据获取与存储、数据预处理、数据建模与分析、数据报告等步骤，这也是本书后面章节主要介绍的内容。最后比较了数据分析和几个相关概念之间的关系。本书数据分析的相关知识都是基于 Python 来完成的，所以，在正式进入数据分析之前，一定要打好 Python 语言的基础。

思 考 题

数据分析的一般流程是怎样的？

第5章 常用数据分析库介绍

目前最常用的数据分析编程语言是 Python。之所以选择 Python 作为主要开发语言，除了其语法简单易懂，对初学者来讲非常好学之外，更重要的是因为 Python 语言的使用者众多，形成了非常丰富的第三方库和开发文档，读者可以在自己的研究和学习中直接使用，避免了大量的重复工作。本章将简要介绍 Python 中常见的可用于数据分析的第三方库及其使用方法，主要包括 NumPy、Pandas、Matplotlib、Scipy、Scikit-Learn。

5.1 NumPy

NumPy(Numeric Python)库是 Python 中一个开源的数值计算扩展库，用来存储和处理大型矩阵，比 Python 自身的嵌套列表(nested list structure)结构要高效很多(该结构也可以用来表示矩阵(matrix))。NumPy 和稀疏矩阵运算包 SciPy 配合使用更加方便。

NumPy 提供了许多高级的数值编程工具(如矩阵数据类型、矢量处理)以及精密的运算库，多用于严格的数字处理，在很多大型金融公司业务中广泛使用，一些核心的科学计算组织(如 Lawrence Livermore、NASA 等)用它来处理一些本来使用 C++、Fortran 或 Matlab 等完成的任务。下面对 NumPy 的基础应用进行详细介绍。

温馨提示：

在进行代码练习之前，需要先对 Python 的运行环境进行安装和配置。读者可以参考本书第 1 章中的相关内容搭建环境。强烈建议直接安装 Anaconda 运行包，可以免去很多配置问题。在安装过程中一定记得选择将 Anaconda 添加到系统环境变量中，尽管会出现红字警告，但请忽略，如果不自动添加的话，后续也需要手动配置，会非常烦琐。

5.1.1 NumPy 库的安装

NumPy 库在 Windows 下可以通过下面的步骤进行安装：

启动 Anaconda 下面的“Anaconda Prompt”或系统的“cmd”命令窗口，输入如下命令即可完成安装。

```
pip install numpy
```

5.1.2 NumPy 的导入

在使用 NumPy 库之前，需要使用 import 语句引入该模块，代码如下：

```
import numpy as np      #导入 numpy 模块并且命名为 np，方便后面调用
```

或者：

```
from numpy import *
```

上述两个语句是两种导入模块的模式，读者一定要注意区分。

> 温馨提示：
>
> import 语句和 from…import 语句的区别如下：
>
> import … 语句：直接导入一个模块，…表示具体的模块名称，可以通过 import 关键词导入某个模块。同一模块不管执行多少次，import 都只会被导入一次。
>
> from … import … 语句：导入一个模块中的一个函数。例如，from A import B ，就是从 A 模块中导入 B 函数。
>
> import 引入模块之后，如果需要使用模块里的函数方法，则需要加上模块的限定名字，而 from…import…语句则不用加模块的限定名字，直接使用其函数方法即可。

5.1.3 创建数组

NumPy 中的很多操作都是基于数组或者向量来进行的，可以通过 array()函数传递 Python 序列对象的方法创建数组。如果传递的是多层嵌套的序列，则创建多维数组。下面是分别创建一维和二维数组的代码：

```
a = np.array([1,2,3,4])        #创建一维数组
b = np.array([5,6,7,8])
c = np.array([[1,2,3,4],[4,5,6,7],[7,8,9,10]])    #创建二维数组
```

数组的大小可以通过其 shape 属性获得。

例如，要获得上面数组 a、b、c 的大小，可以使用如下代码：

```
a.shape
b.shape
c.shape
```

下面的代码可以将数组 c 的 shape 改为(4,3)。注意将(3,4)改为(4,3)并不是对数组进行转置，而是改变每个轴的大小，数组元素在内存中的位置并没有改变。

```
c.shape = 4,3
```

此外，使用数组的 reshape()方法，可以创建一个改变尺寸的新数组，原数组保持不变，代码如下：

```
d = a.reshape((2,2))
```

下面的代码可以实现修改数组中指定位置的元素：

```
a[1] =10
```

5.1.4 查询数组类型

数组的元素类型可以通过 dtype 属性获得，实现代码如下：

```
a.dtype
```

还可以通过 dtype 参数在创建数组的时候指定元素类型，实现代码如下：

```
e = np.array([[1,2,3,4],[4,5,6,7],[7,8,9,10]],dtype = np.float)
```

5.1.5 数组的其他创建方式

NumPy 除了可以使用 array 函数来创建数组之外，还提供了很多专门用来创建数组的函数。

(1) arange 函数类似于 Python 的 range 函数，通过指定开始值、终值和步长来创建一维数组(注意数组不包括终值)，实现代码如下：

```
f = np.arange(0,1,0.1)
```

(2) linspace 函数通过指定开始值、终值和元素个数来创建一维数组，可以通过 endpoint 关键字指定是否包括终值(默认设置包括终值)，实现代码如下：

```
g = np.linspace(0,1,12)
```

(3) logspace 函数和 linspace 类似，但是它创建的是等比数列，实现代码如下：

```
h = np.logspace(0,2,10)
```

5.1.6 数组元素的存取

数组元素的存取方法和 Python 的标准方法相同，实现代码如下：

```
a = np.arange(10)
```

可以实现对数组中不同元素的访问，实现代码如下：

```
a[3:5]
```

5.1.7 ufunc 运算

ufunc 是 universal function 的缩写，是一种能对 ndarray 的每个元素进行操作的函数。它支持数组广播、类型转换和其他一些标准功能。也就是说，ufunc 是函数的“矢量化”包装器，它接收固定数量的特定输入并生成固定数量的特定输出。

NumPy 内置的许多 ufunc 函数是在 C 语言级别上实现的，因此，它们的计算速度非常快。比如，numpy.sin()的速度就比 Python 自带的 math.sin()的速度要快很多。

> **温馨提示：**
> 关于 ufunc 的更多信息，可以参考官方帮助文档：https://docs.scipy.org/doc/numpy/reference/ufuncs.html。

5.1.8 矩阵的运算

NumPy 和 Matlab 不一样，对于多维数组的运算，默认情况下 NumPy 并不使用矩阵进行运算。如果希望对数组进行矩阵运算，则可以调用相应的函数。

NumPy 库提供了 matrix 类，使用 matrix 类创建的是矩阵对象，它们的加、减、乘、除运算默认采用矩阵方式，因此用法和 Matlab 十分相似，具体使用方法如下：

```
a = np.matrix('1 2 ; 3 4')
b = a.T        #返回矩阵 a 的转置矩阵并且存储于 b
```

```
c = a.I          #返回矩阵 a 的逆矩阵并且存储于 c
```

由于 NumPy 中同时存在 ndarray 和 matrix 对象，读者很容易混淆，一般情况下，不推荐在较复杂的程序中使用 matix，通常可以通过 ndarray 对数组进行各种操作来实现矩阵运算。下面是一些创建特殊矩阵的代码示例：

```
a = np.zeros((5,),dtype = np.int)       #使用 zeros 方法创建 0 矩阵
b = np.empty([2,4])                     #使用 empty 方法创建一个 2 行 4 列任意数据的矩阵
c = np.array([[1,2,3],[4,5,6]])         #使用 array 方法创建一个 2 行 3 列指定数据的矩阵
d = np.dot(b,c)                         #使用 dot 函数实现叉乘运算
```

5.2　Pandas

Pandas 是 Python 的一个数据分析包，最初是由 AQR Capital Management 于 2008 年 4 月开发的，目前由专注于 Python 数据包开发的 PyData 开发团队继续开发和维护，属于 PyData 项目的一个部分。Pandas 的名称来自面板数据和 Python 数据分析。

Pandas 引入了大量库和一些标准的数据模型，提供了高效的操作大型数据集所需要的工具。Pandas 也提供了大量可以快速便捷处理数据的函数和方法，是 Python 成为强大而高效的数据分析工具的重要因素之一。Pandas 的基本数据结构是 Series 和 DataFrame。其中，Series 称为序列，用于产生一个一维数组；DataFrame 用于产生二维数组，它的每一列都是一个 Series。

温馨提示：

关于 Pandas 的更多信息，可以参考官方帮助文档：

中文文档：https://www.pypandas.cn。

英文文档：https://pandas.pydata.org/pandas-docs/stable。

5.2.1　Pandas 的安装

Pandas 库在 Windows 下的具体安装步骤如下：

```
pip install pandas
```

5.2.2　Pandas 的导入

使用 Pandas 计算库，首先需要使用 import 语句引入该模块，代码如下：

```
import pandas as pd
```

或者：

```
from pandas import *
```

5.2.3　Series

Series 是一维标记数组，可以存储任意数据类型，如整型、字符串、浮点型和 Python 对象等，轴的标签称为索引(index)。Series、NumPy 中的一维 Array 与 Python 基本数据结构 List 的区别是：List 中的元素可以是不同的数据类型，而 Array 和 Series 中则只允许存储

相同的数据类型，这样可以更有效地使用内存，提高运算效率。

```
from pandas import Series,DataFrame

#通过传递一个 List 对象来创建 Series，默认创建整型索引
a = Series([1,2,3,4])
print("创建 Series：\n",a)

#创建一个用索引来决定每一个数据点的 Series
b = Series([1,2,3,4],index=['a','b','c','d'])
print("创建带有索引的 Series：\n",b)

#如果有一些数据在一个 Python 字典中，则可以通过传递字典来创建一个 Series
sdata = {'Tom':123456,"John":12654,"Cindy":123445}
c = Series(sdata)
print("通过字典创建 Series：\n",c)
states = ['Tom','John','Cindy']
d = Series(sdata,index=states)
```

5.2.4 DataFrame

DataFrame 是二维标记数据结构，其列可以是不同的数据类型，它是最常用的 Pandas 对象，像 Series 一样可以接收多种输入(lists、dicts、series 和 DataFrame 等)。初始化对象时，除了数据外，还可以传递 index 和 columns 两个参数。DataFrame 结构和 excel 表的结构非常相似。DataFrame 的简单实例代码如下：

```
from pandas import Series,DataFrame

df = DataFrame(columns={"a": "", "b": "", "c": ""}, index=[0])    #创建一个空的 DataFrame
a = [['2', '1.2', '4.2'], ['0', '10', '0.3'], ['1', '5', '0']]
df = DataFrame(a, columns=['one', 'two', 'three'])        #使用 list 的数据创建 DataFrame
print(df)
```

5.3 Matplotlib

Matplotlib 是 Python 的一个绘图库，是 Python 中最常用的可视化工具之一，可以非常方便地创建 2D 图表和 3D 图表。通过 Matplotlib，开发者可能仅需要几行代码，便可以生成各种图表，如直方图、条形图、散点图等。它提供了一整套和 Matlab 相似的命令 API，十分适合交互式制图。也可以方便地将 Matplotlib 作为绘图控件，嵌入 GUI 应用程序中。

温馨提示：

关于 Matplotlib 的更多信息，可以参考官方帮助文档 https://matplotlib.org。

5.3.1　Matplotlib 的安装

Matplotlib 库在 Windows 下的具体安装方法如下：

```
pip install Matplotlib
```

5.3.2　Matplotlib 的导入

使用 Matplotlib 库之前需要先使用 import 语句引入该模块，代码如下：

```
import Matplotlib
```

或者：

```
from Matplotlib import *
```

5.3.3　基本绘图 plot 命令

Matplotlib 库中最常使用的命令就是 plot。常用的绘图方法实现代码如下：

```
import matplotlib.pyplot as plt
import numpy as np                  #导入 numpy 模块以方便后续使用 numpy 模块中的函数

x = np.linspace(0,-2*np.pi,100)     #使用 linspace 函数创建等差数列
y = np.sin(x)

plt.figure(1)
plt.plot(x,y,label="$sin(x)$",color = "red",linewidth = 2)    #指定绘制函数的图像
plt.xlabel("Time(s)")          #设置 x 坐标名称
plt.ylabel("Volt")             #设置 y 坐标名称
plt.title("First Example")     #设置图像标题
plt.ylim(-1.2,1.2)             #y 坐标表示范围
plt.legend()                   #设置图例
plt.show()                     #图像展示
```

实现效果如图 5-1 所示。

上面代码使用 plot 方法显示，以 x 为横坐标，y 为纵坐标，颜色是红色，图形中线的宽度为 2。此外，还使用了 label 等参数，部分参数说明如下：

(1) label：给所绘制的曲线标定一个名称，此名称在图示(legend)中显示，只要在字符串前添加“$”，Matplotlib 就会使用其内嵌的 latex 引擎绘制数学公式。

(2) color：指定曲线的颜色。

(3) linewidth：指定曲线的宽度。

(4) xlabel：设置 x 轴的文字。

(5) ylabel：设置 y 轴的文字。

(6) title：设置图表标题。

(7) ylim：设置 y 轴的范围，格式为[y 的起点，y 的终点]。

(8) xlim：设置 x 轴的范围，格式为[x 的起点，x 的终点]。

(9) legend：显示 label 中标记的图示。

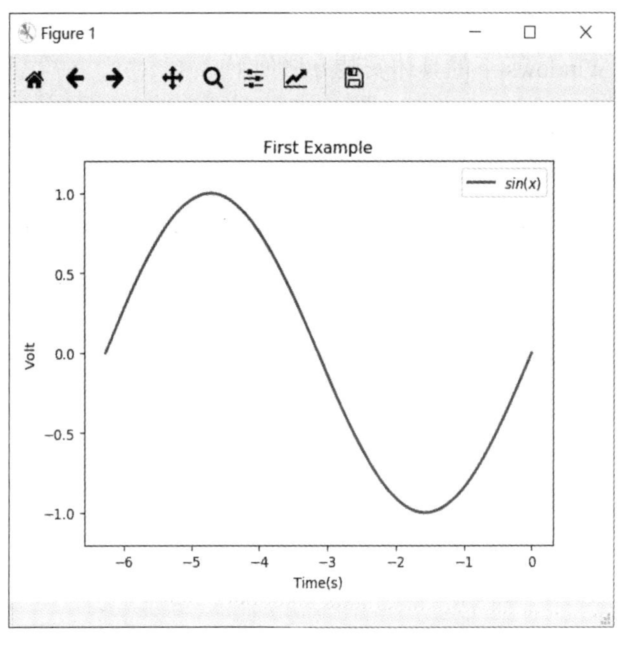

图 5-1　plot 的绘图效果

plot 函数的一般调用形式为

```
plot([x], y, [fmt], data=None, **kwargs)
```

其中，x 和 y 为需要绘制的图形的横坐标和纵坐标；可选参数[fmt]表示用一个字符串来定义图的基本属性，如颜色(color)、点型(marker)、线型(linestyle)，具体形式为 fmt = '[color][marker][line]'，fmt 接收的是每个属性的单个字母缩写，比如，plot(x, y, 'bo-')表示绘制蓝色圆点实线。具体的颜色参数取值和线型参数取值如表 5-1 和表 5-2 所示。如果属性用的是全名则不能用 fmt 参数来组合赋值，应该用关键字参数对单个属性赋值，上文中的绘图语句就是用的全名。再如：

```
plot(x,y2,color='green', marker='o', linestyle='dashed', linewidth=1, markersize=6)
```

关于 plot 函数的更多接口说明，可以参考以下官方说明文档 https://matplotlib.org/api/pyplot_summary.html。

表 5-1　颜色的参数取值

颜色	标记	颜色	标记
蓝色	b	绿色	G
红色	r	黄色	Y
青色	c	黑色	K
洋红色	m	白色	W

表 5-2　线型的参数取值范围

参数	描述	参数	描述
'-'	实线	'-'或者':'	虚线
'-.'	点画线	'none'或者' '	不画

5.3.4　绘制多窗口图形

一个绘制对象(figure)可以包含多个轴(axis)，在 Matplotlib 中用轴表示一个绘图区域，可以将其理解为子图。可以使用 subplot 函数快速绘制有多轴的图表。实现代码如下：

```
import matplotlib.pyplot as plt        #导入 matplotlib 模块绘制多窗口图形

plt.subplot(1,2,1)          #绘制多轴图例的第一幅图
plt.plot(x,y,color = "red",linewidth = 2)    #传入参数，设置颜色和线条宽度
plt.xlabel("Time(s)")       #设置 x 轴名称
plt.ylabel("Volt")          #设置 y 轴名称
plt.title("First Example")#设置标题
plt.ylim(-1.2,1.2)          #设置表示范围
plt.axis([-8,0,-1.2,1.2])
plt.legend()

plt.subplot(1,2,2)          #绘制多轴图例的第二幅图
plt.plot(x,y,"b--")
plt.xlabel("Time(s)")
plt.ylabel("Volt")
plt.title("Second Example")
plt.ylim(-1.2,1.2)
plt.legend()
plt.show()
```

实现效果如图 5-2 所示。

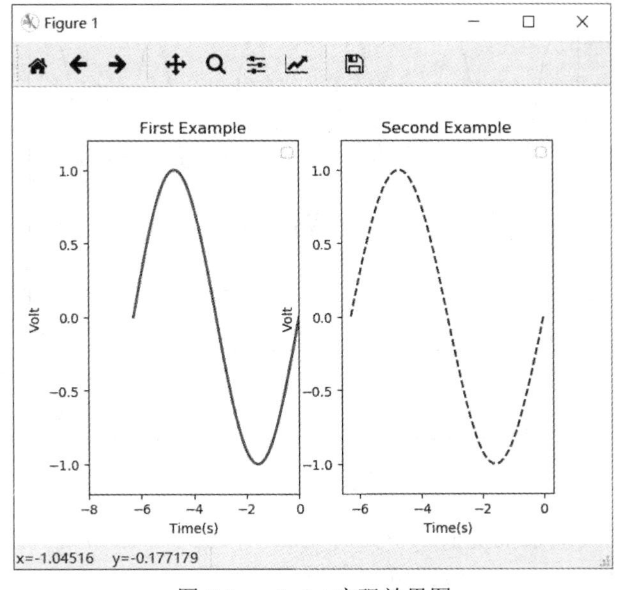

图 5-2　subplot 实现效果图

subplot()函数的参数格式为

```
subplot(行数，列数，子图数)
```

5.3.5　文本注释

在数据可视化的过程中，可以通过 annotate()方法在图片中使用文字注释图中的一些特征。在使用 annotate 时，要考虑两个点的坐标：被注释的地方，使用坐标 xy=(x,y)给出；插入文本的地方，使用坐标 xytext=(x,y)给出。实现代码如下：

```
import numpy as np      #导入 numpy 模块
import matplotlib.pyplot as plt      #导入 matplotlib 模块

x = np.arange(0.0,5.0,0.01)      #使用 numpy 模块中的 arange 函数生成数字序列
y = np.cos(2*np.pi*x)
plt.plot(x,y)      #绘制图形
plt.annotate('local max',xy=(2,1),xytext = (3,1.5))      #使用 annotate 函数对图形进行注释
arrowprops = dict(facecolor = "black",shrink = 0.05)
plt.ylim(-2,2)
plt.show()
```

显示结果如图 5-3 所示。

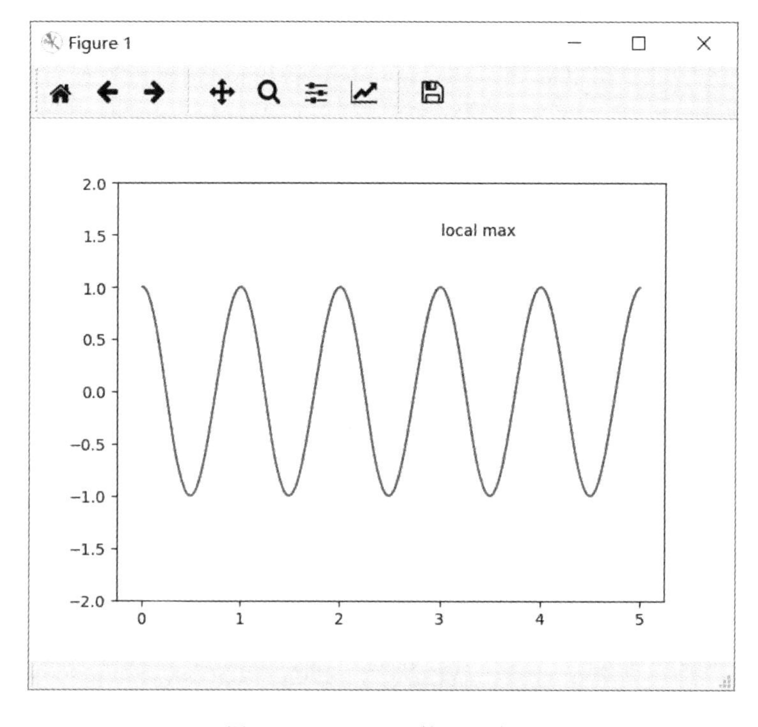

图 5-3　annotate 函数显示结果

在写代码过程中，如果发现输入中文时无法正常显示，通常是因为缺少中文字体库，此时我们只需要手动添加中文字体即可，实现代码如下：

```
import matplotlib.pyplot as plt        #导入 matplotlib 模块

plt.figure(1)        #绘制图像
plt.plot(x,y,label="$sin(x)$",color = "red",linewidth = 2)
plt.xlabel("时间(秒)")
plt.ylabel("电压")
plt.title("正弦波")
plt.ylim(-1.2,1.2)
plt.legend()
plt.show()
plt.rcParams['font.sans-serif'] = ['SimHei']        #系统字体，显示中文
plt.rcParams['axes.unicode_minus'] = False
```

实现效果如图 5-4 所示。

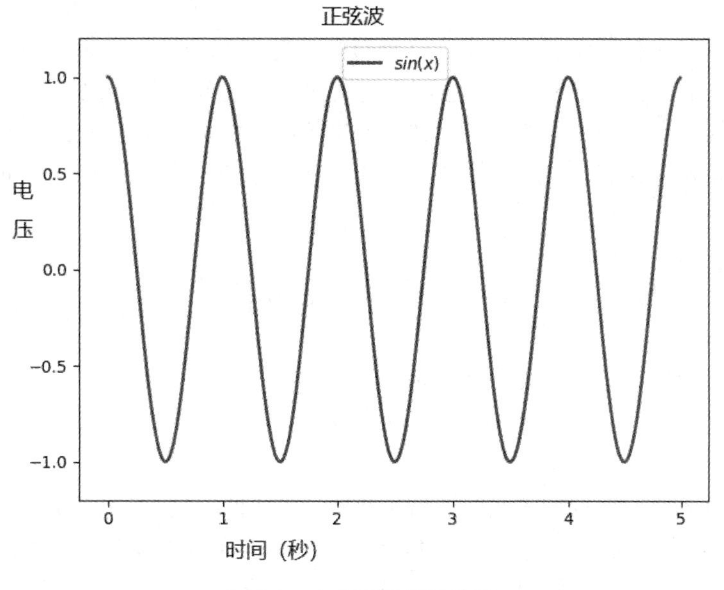

图 5-4　中文正常显示结果

5.4　Scipy

Scipy 是一个用于数学、科学及工程方面的常用软件包，它包含科学计算中常见问题的各个工具箱。Scipy 函数库在 NumPy 库的基础上增加了许多的数学、科学及工程计算中常用的库函数，如线性代数、常微分方程数值求解、信号处理、图像处理、稀疏矩阵等。它通过有效地计算 NumPy 矩阵来让 NumPy 和 Scipy 协同工作。

温馨提示：

关于 Scipy 的更多信息，可以参考官方帮助文档 https://www.scipy.org。

5.4.1 Scipy 的安装

Scipy 库在 Windows 下的具体安装方法如下：

```
pip install Scipy
```

5.4.2 Scipy 的引入

首先，需要使用 Scipy 计算库，需要使用 import 语句引入该模块，代码如下：

```
import Scipy
```

或者：

```
from Scipy import *
```

Scipy 通常用于科学计算，下面将通过最小二乘法和非线性方程求解的实现来简要说明 Scipy 库的使用方法。

5.4.3 最小二乘法

最小二乘法是一种数学优化技术，它通过最小化误差的平方和来寻找数据的最佳函数匹配。假设有一组实验数据(x_i，y_i)，已知它们之间的函数关系是 $y = f(x)$，通过这些已知信息，需要确定函数中的一些参数项。例如，如果 f 是一个线性函数 $f(x) = kx + b$，那么参数 k 和 b 就是需要确定的值，如果将这些参数用 p 表示，那么就要找到一组 p 值使以下公式中的 s 函数最小：

$$s(p) = \sum_{i=1}^{m}\left[y_i - f(x_i, p)\right]^2 \tag{5-1}$$

式(5-1)算法被称为最小二乘拟合。最小二乘拟合属于优化问题，在 Scipy 的 optimize 子函数库中提供的 leastsq 函数用于实现最小二乘。接下来将使用一个拟合直线的案例来进行详细说明。

假设有一组数据符合直线的函数方程 $y=kx+b$。这种情况下，待确定的参数只有 k 和 b 两个，使用 Scipy 的 leastsq 函数估计这两个参数，并进行曲线拟合。实现代码如下：

```
import numpy as np      #导入 numpy 模块
from scipy.optimize import leastsq  #导入 scipy 模块
import matplotlib.pyplot as plt       #导入 matplotlib 模块


Yi = np.array([7.01, 2.78, 6.47, 6.71, 4.1, 4.23, 4.05])        #传入 Yi 参数数据
xi = np.array([8.19, 2.72, 6.39, 8.71, 4.7, 2.66, 3.78])        #传入 xi 参数数据


#计算
def func(p, x):
    k, b = p
    return k * x + b
#计算误差
```

```
def error(p, x, y, s):
    print(s)
    return func(p, x) – y

# TEST
p0 = [100, 2]
s = "Test the number of iteration"    #试验最小二乘法函数 leastsq 得调用几次 error 函数才能找到
#使得均方误差之和最小的 k、b
Para = leastsq(error, p0, args=(xi, Yi, s))  #把 error 函数中除了 p 以外的参数打包到 args 中
k, b = Para[0]
print("k=", k, '\n', "b=", b)

#绘图，看拟合效果
plt.figure(figsize=(8, 6))
plt.scatter(xi, Yi, color="red", label="Sample Point", linewidth=3)      #画样本点
x = np.linspace(0, 10, 1000)
y = k * x + b
plt.plot(x, y, color="orange", label="Fitting Line", linewidth=2)         #画拟合直线
plt.legend
plt.show()
```

实现结果如图 5-5 所示。

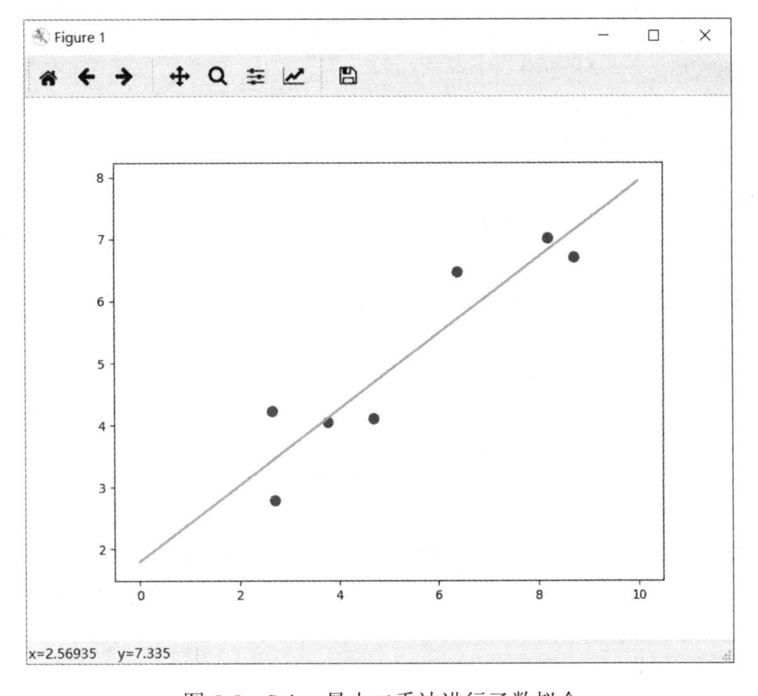

图 5-5　Scipy 最小二乘法进行函数拟合

5.4.4 非线性方程的求解

Scipy 的 optimize 库中的 fsolve 函数可以用来对非线性方程组进行求解，它的基本调用形式是：fsolve(func，x_0)。其中，func(x)是计算方程组的函数，它的参数 x 是一个矢量，表示方程组各个未知数的一组可能解，func(x)返回 x 代入方程组之后得到的结果，x_0 为未知数矢量的初始值。实现非线性方程组的求解的代码如下：

```
from scipy.optimize import fsolve          #导入 scipy.optimize 模块的 fsolve 函数
from math import sin, cos      #导入 math 模块的 sin 和 cos 函数

#定义 f(x)函数存储待求解的非线性方程组
def f(x):
    x0 = float(x[0])
    x1 = float(x[1])
    x2 = float(x[2])
    return [
        5 * x1 + 3,
        4 * x0 * x0 - 2 * sin(x1 * x2),
        x1 * x2 - 1.5
    ]

result = fsolve(f, [1, 1, 1])      #求解结果
print(result)            #打印结果
print(f(result))         #求解结果并且打印结果
```

最终求解方程如图 5-6 所示。

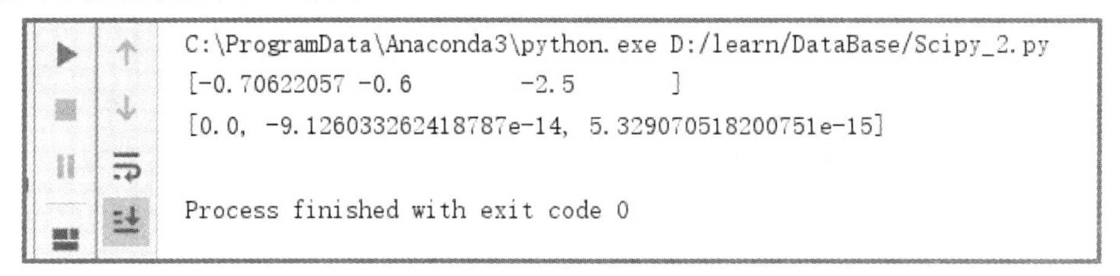

```
C:\ProgramData\Anaconda3\python.exe D:/learn/DataBase/Scipy_2.py
[-0.70622057 -0.6         -2.5        ]
[0.0, -9.126033262418787e-14, 5.329070518200751e-15]

Process finished with exit code 0
```

图 5-6 非线性方程组的求解

5.5 Scikit-Learn

Scikit-Learn 项目最早由数据科学家 David Cournapeau 在 2007 年发起，需要 NumPy 和 Scipy 等其他包的支持，是 Python 语言中专门针对机器学习应用而发展起来的一款开源的框架。Scikit-Learn 的基本功能主要被分为以下几个部分：

(1) 分类：是指识别给定对象的所属类别，属于监督学习的范畴，最常见的应用场景包括垃圾邮件检测和图像识别等。目前 Scikit-Learn 已经实现的算法包括支持向量机(SVM)、

K-近邻、随机森林、决策树及多层感知器(MLP)神经网络等。

(2) 回归：是指预测与给定对象相关联的连续值属性，最常用的应用场景包括药物反应和预测股票价格等。目前 Scikit-Learn 已经实现的算法包括支持向量回归(SVR)、岭回归、Lasso 回归、贝叶斯回归等。

(3) 聚类：是指自动识别具有相似属性的给定对象，并将其分组为集合，属于无监督学习的范畴，最常见的应用场景包括顾客细分和实验结果分组。目前 Scikit-Learn 已经实现的算法包括 K-均值聚类、均值偏移、分层聚类等。

(4) 数据降维：是指使用主成分分析(PCA)、非负矩阵分解(NMF)或特征选择等降维技术来减少要考虑的随机变量的个数，其主要应用场景包括可视化处理和效率提升。

(5) 模型选择：是指对于给定参数和模型的比较、验证和选择，其主要目的是通过参数调整来提升精度。目前 Scikit-Learn 已经实现的算法包括格点搜索、交叉验证和各种针对预测误差评估的度量函数。

(6) 数据预处理：是指数据的特征提取和归一化，是机器学习过程中的第一个环节，也是最重要的环节。这里归一化是指将输入数据转换为具有零均值和单位权方差(如方差为1)的新变量，特征提取是指将文本或图像数据转换为可用机器学习的数字变量。

综上所述，作为专门面向机器学习的 Python 开源框架，Scikit-Learn 可以在一定范围内为开发者提供非常好的帮助，它内部实现了各种各样成熟的算法，容易安装和使用。

> **温馨提示：**
>
> 关于 Scikit-Learn 的更多信息，可以参考官方帮助文档 https://scikit-learn.org。

5.5.1　Scikit-Learn 的安装

Scikit-Learn 库在 Windows 下的具体安装方法如下：

```
pip install Scikit-Learn
```

5.5.2　Scikit-Learn 的数据集

在 Scikit-Learn 库中自带了一些常见的数据集，使用这些数据集可以完成分类、回归、聚类等操作。这些基本的自带的数据集如表 5-3 所示。

表 5-3　Scikit-Learn 库自带的数据集

序号	数据集名称	主要调用方式	数 据 描 述
1	鸢尾花数据集	Load_iris()	用于多分类任务的数据集
2	波士顿房价数据集	Load_boston()	经典的用于回归任务的数据集
3	糖尿病数据集	Load_diabetes()	经典的用于回归任务的数据集
4	手写数字数据集	Load_digits()	用于多分类任务的数据集
5	乳腺癌数据集	Load_breast_cancer()	简单经典的用于二分类任务的数据集
6	体能训练数据集	Load_linnerud()	经典的用于多变量回归任务的数据集

5.5.3 Scikit-Learn 的使用

本章将使用一个简单的例子——鸢尾花分类来介绍如何使用上述数据集，并介绍这些数据集的基本特性。

1. 获取数据集

本节使用 Scikit-Learn 自带的鸢尾花数据集，实现代码如下：

```
from sklearn.datasets import load_iris
iris_dataset = load_iris()
```

查看数据集的内容，实现代码如下：

```
print("key of iris_dataset:\n{}".format(iris_dataset.keys()))
```

运行上述代码，得到关于鸢尾花数据集的关键词。各个关键词具体表示的内容如下。

(1) data：可以理解为特征矩阵，里面是花萼长度、花萼宽度、花瓣长度、花瓣宽度的测量数据。

(2) target：样本的标签(每个样本对应的类别，一共三类，分别用 0、1、2 表示)，是一个一维数组。

(3) target_names：花的种类，包括 setosa、versicolor、virginica 三类。

(4) DESCR：是一篇说明文档，它对该数据集进行了一个简要的说明。

(5) feature_names：特征的名称，包括花萼长度、花萼宽度、花瓣长度、花瓣宽度。

(6) filename：该数据集的文件名(带绝对路径)。

2. 检查数据

检查该数据集是否有异常值和特殊值，利用可视化的方法来绘制散点图矩阵(数据散点图矩阵将一个特征作为 x 轴，将另一个特征作为 y 轴)，两两查看所有的特征，实现代码如下：

```
%matplotlib inline
import numpy as np
import pandas as pd
import matplotlib.pyplot as plt
from sklearn.model_selection import train_test_split  #导入划分数据集的函数

X_train,X_test,y_train,y_test = train_test_split(iris_dataset['data'],iris_dataset['target'],random_state=0)
#划分数据集
iris_dataframe = pd.DataFrame(X_train,columns=iris_dataset.feature_names)      #导入数据集
grr=pd.plotting.scatter_matrix(iris_dataframe,c=y_train,marker='o',figsize=(10,10),
                hist_kwds= {'bins':20}, s=60,alpha=0.8,cmap='viridis')
plt.show()   #显示绘制图像
```

运行结果如图 5-7 所示。

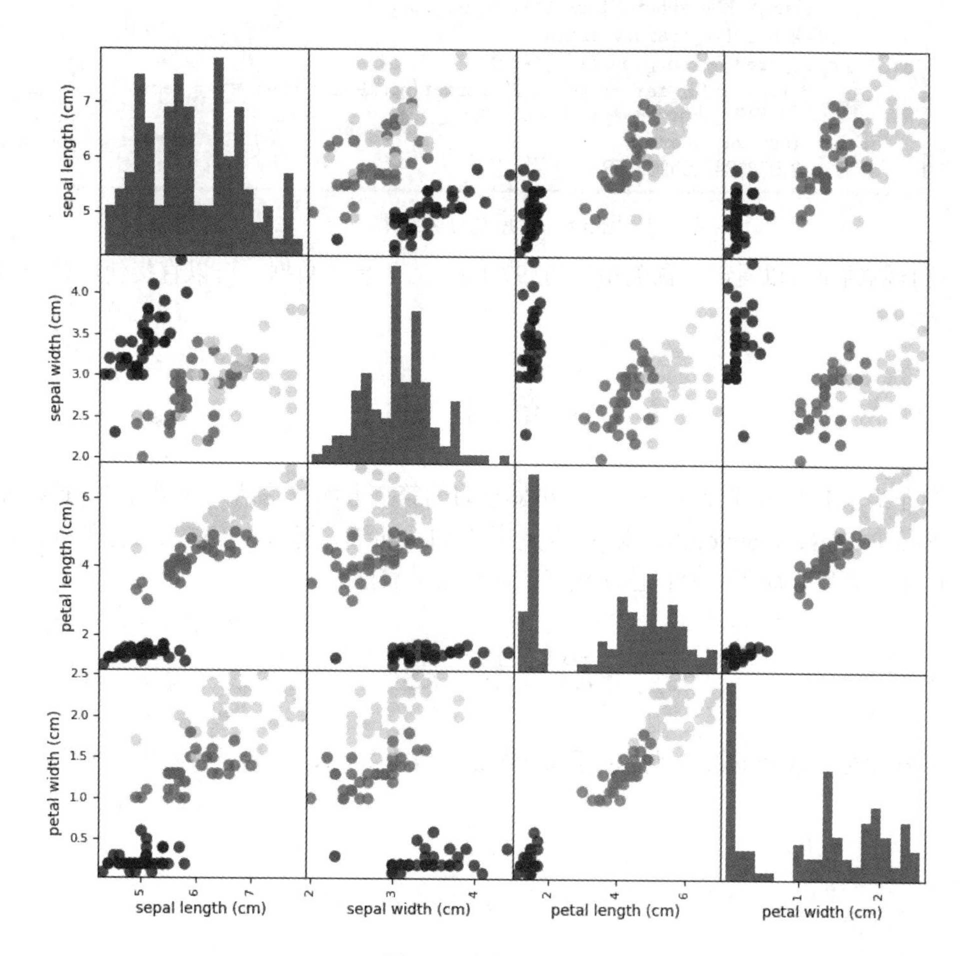

图 5-7　案例运行结果

由散点图可以知道，利用花瓣和花萼的测量数据基本可将三个类别分开。

3．构建训练模型

下面使用 K-近邻算法实现鸢尾花的分类，构建训练模型的代码如下：

```
from sklearn.neighbors import KNeighborsClassifier          #导入 K-近邻算法模型的数据集
knn = KNeighborsClassifier(n_neighbors=1)
```

4．训练数据、预测及评估

之前已经将数据分为训练集和测试集(训练集用于模型训练，而测试集用于模型评估)，下面以精度来衡量模型的优劣，即对测试数据中的每朵鸢尾花进行预测，并将预测结果与标签进行对比，计算品种预测正确的花所占的比例。实现代码如下：

```
knn.fit(X_train,y_train)
```

```
y_pred = knn.predict(X_test)
print('Test set score:\n{}'.format(np.mean(y_pred == y_test)))
```

运行结果如图 5-8 所示。

```
In  [17]: from sklearn.neighbors import KNeighborsClassifier
          knn = KNeighborsClassifier(n_neighbors=1)
          knn.fit(X_train,y_train)
          y_pred = knn.predict(X_test)
          print('Test set score:\n{}'.format(np.mean(y_pred == y_test)))

          Test set score:
          0.9736842105263158
```

图 5-8　鸢尾花分类结果

根据预测结果可以看出，预测精度为 97.4%，对于新的数据，可以直接使用这个模型进行预测。

本 章 小 结

本章介绍了 Python 中常用的可用于机器学习的第三方库及其基本使用方法，这些库包括 NumPy、Pandas、Matplotlib、Scipy 以及 Scikit-Learn。利用这些库能够很方便地完成机器学习应用的开发，而不需要自己从头开始实现很多算法。

思 考 题

请读者针对本章介绍的各种库动手安装并进行实际练习，以便更快熟悉其使用方法。

第 6 章　数据获取与存储

要进行数据分析，首先需要做的事情就是获取数据，这是后续进行数据分析的基础。待分析的数据一般有内部数据和外部数据两种。内部数据是在我们的业务运转中产生的，比如，常见的用户数据、产品数据、销售数据、内容数据等。内部的数据相对来说更加完善、规整，我们经常要做的工作汇报、产品优化等分析数据一般来源于此。内部数据可以找公司的技术人员索要，或者自己去数据库提取。还有些时候，我们需要利用外部的数据。比如，进行市场调研、竞品分析等。有时针对外部数据的分析是十分重要的，外部数据可以帮助我们得出更多的结论。本章将介绍利用 Python 获取内部数据和外部数据的方法，以及常用的数据存储方法。

6.1　数据获取概述

接到数据分析的任务之后，需要做的第一件事情就是要获取数据，这是后续所有分析任务的前提和基础。数据质量的好坏，将直接影响分析任务的完成情况。

6.1.1　数据来源

待分析的数据一般有内部数据和外部数据两种。内部数据是在业务运转中产生的，比如常见的用户数据、产品数据、销售数据、内容数据等。内部的数据相对来说更加完善、规整，我们经常要做的工作汇报、产品优化等分析数据一般来源于此。内部数据可以找公司的技术人员索要，或者自己去数据库提取。

更多的时候，我们需要的数据并不是现成的，而是以不规则的方式存在于整个互联网上的，这种数据称为外部数据。比如，市场上某个产品的受欢迎程度，某部电影的受欢迎程度等。面对这样的数据，就需要用别的方式去获取。

表 6-1 列出了一些常用的数据来源方式，读者可以根据自己的需求去获取。对于公开数据源提供的数据，往往是以数据文件的形式保存的，获取之后需要对文件内容进行解析，然后才能使用，这涉及利用 Python 进行文件操作的方法。对于通过网络爬虫获取的数据，通常都是没有明确的数据格式的，需要自己定义数据形式，然后才能使用，这涉及利用 Python 设计爬虫程序。而有些数据直接来源于数据库，具有明显的结构信息，这样的数据经过预处理之后可以直接用于分析，这涉及利用 Python 进行数据库读写的操作。本章将针对上述几种情况分别介绍操作方法。

表 6-1 常见数据来源

数据类型	数据来源	
公开数据源	政务类	国家数据：包含国家的各种数据，并通过月度、季度、年度的方式总结出来。网址为 http://data.stats.gov.cn
		国家统计局：统计各种数据，覆盖社会发展、民生等多方面宏观经济信息，包括 GDP、GNP、人口、平均收入、富裕程度、资源利用等。网址为 http://www.stats.gov.cn/tjsj
		中国产业信息网：包含国家各个产业的信息，发布最新产业资讯，并将上一个月的产业排行榜显示在首页。网址为 http://www.chyxx.com/data
		海关信息网：包含进出口交易信息，及时发布中国海关数据，关注中国贸易热点，提供商品归类、贸易统计、通关信息等实务查询。网址为 http://www.haiguan.info
		国家地球系统科学数据共享平台：包含地球环保信息、地球变化。网址为 http://www.geodata.cn/thematicView
		各省的公开数据，如上海 http://www.datashanghai.gov.cn，贵州 http://www.gzdata.gov.cn 等。
	金融类	CEIC：覆盖全球超过 195 个国家和地区的经济数据，包括宏观经济、GDP、进出口、能源等。网址为 https://www.ceicdata.com
		万得：被誉为中国的 Bloomberg，在金融业有着全面的数据覆盖，金融数据的类目更新非常快。网址为 http://www.wind.com.cn
		Bloomberg：全球商业、金融信息和财经资讯的领先提供商。网址为 http://bloomberg.com
	学术类	Github：非常全面的数据获取渠道，包含各个细分领域的数据库资源，自然科学和社会科学的覆盖都很全面，是做研究和数据分析的利器。网址为 https://github.com
		UCI：经典且古老的机器学习、数据挖掘数据集，包含分类、聚类、回归等问题下的多个数据集。网址为 http://archive.ics.uci.edu
		Figshare：研究成果共享平台，在这里你会发现来自世界的大牛们的研究成果分享，同时也可以获得其中的研究数据，内容很有启发性。网址为 https:// figshare.com
网络爬虫	职位数据	拉勾、猎聘、51job 等
	金融数据	IT 桔子、雪球网等
	房产数据	链家、安居客、58 同城等
	零售数据	淘宝、京东、亚马逊、拼多多等
	社交数据	微博、知乎、Facebook、Twitter 等
其他途径	数据交易	优易数据 https://www.youedata.com
	数据检索	Google Datasets http://toolbox.google.com/datasetsearch
	数据竞赛	Kaggle、DataCastle、天池等
	采集软件	火车头、八爪鱼、集搜客等
	来自数据分析任务发布者提供的数据	

🔔 温馨提示：

数据是进行后续分析的基础，没有好的数据，就没有办法很好地完成后续的分析任务。很多时候，数据分析的任务发布者可能也不知道完成这个分析任务需要哪些完整的数据，这就需要大家根据任务去分析和思考，然后与任务发布者沟通，提出数据需求。简而言之就是，发布者只清楚目的和需求，并不一定清楚自己需要提供哪些资源，这种情况下，良好的沟通就显得十分重要。

6.1.2　本地数据获取

在实际的数据分析问题中，有些数据是直接放在数据文件中且存放在本地的。数据文件存储的格式通常是 txt 类型的文本文件，或者是 csv 格式的文件，或者直接是图像等。这种情况下，需要从本地文件中获取数据，涉及的操作主要是利用 Python 进行文件读写的操作。可以直接利用 Python 提供的库函数进行文件的读写，Numpy 和 Pandas 也提供了专门的文件读写的方法，下面依次进行介绍。

1. Python 中的文件读写

1) 文件的打开和关闭

Python 中的文件打开操作是通过 Open 函数来实现的。Open 函数的原型为

```
open(file, mode='r', buffering=-1, encoding=None, errors=None, newline=None, closefd=True, opener=None)
```

其功能为打开 file 并返回对应的 file object。如果该文件不能打开，则触发 OSError。其中，最主要的参数是 file 和 mode，其含义如下：

(1) file：是一个 path-like object，表示将要打开文件的路径(绝对路径或者当前工作目录的相对路径)，也可以是要被封装的整数类型文件描述符。如果是文件描述符，则它会随着返回的 I/O 对象关闭而关闭，除非 closefd 被设为 False。

(2) mode：是一个可选字符串，用于指定打开文件的模式，默认值是 'r'，这意味着它以文本模式打开并读取。其他常见的模式有：写入 'w' (截断已经存在的文件)，排他性创建 'x'，追加写 'a'。

关于 open 函数的详细信息，可以参见官方文档：https://docs.python.org/zh-cn/3.7/library/functions.html?highlight=open#open。

文件使用完成之后需要关闭，Python 中关闭文件的方法是调用打开文件对象的 close 函数。比如，打开的文件对象是 f，则调用 f.close()即可关闭文件。但是，当文件读写产生 IOError 时，后面的 f.close ()就不会被调用了。为了确保关闭文件，Python 引入了 with 语句，隐含调用 f.close()方法。具体的使用方法为

```
with open(filename) as file:
```

使用 with 语句能获得更好的异常处理。例如，运行如下代码(参数 'a'表示添加数据，不清除原数据)：

```
with open('INFO.txt','a') as f:
    f.write("老虎,豹子,狮子,狐狸.\n")
```

上面的程序中，在 INFO.txt 文件中追加了一行内容。如果该文件之前不存在，则会自动创建文件。

想一想：

将上面的程序运行 3 次， INFO.txt 文件的内容会是怎样的？

2) 文件读取

Python 中有四种读取文件的方法，分别是读取整个文件、逐行读取内容、读取当前位置之后的所有行以及使用迭代器循环读取内容。下面分别通过具体的案例来说明。

(1) 读取整个文件：f.read()。

```
with open("INFO.txt") as f:          #默认模式为'r'，只读模式
    print( f.read(5))                #读 5 个字符
    print('======')
    contents = f.read()              #从当前位置读文件全部内容
    print(contents)
```

输出结果如图 6-1 所示。

```
老虎, 豹子
======
, 狮子, 狐狸.
老虎, 豹子, 狮子, 狐狸.
老虎, 豹子, 狮子, 狐狸.
```

图 6-1 读取整个文件的输出内容

(2) 逐行读取数据：f.readline()。

```
with open('INFO.txt') as f:
    line1 = f.readline() # 读取第一行数据(此时已经指向第一行末尾)
    print(line1)
    print('---------------------------')
    print(line1.strip()) #去掉内容首尾的空格
```

输出结果如图 6-2 所示。

```
老虎, 豹子, 狮子, 狐狸.

---------------------------
老虎, 豹子, 狮子, 狐狸.
```

图 6-2 输出结果(一)

(3) 读当前位置后的所有行，默认位置为文件头：f.readlines()。

```
with open('INFO.txt') as f:
    lines = f.readlines()        #为列表，每个元素对应一行
print(lines)                     #每一行数据都包含了换行符
```

```
    for line in lines:
        print(line.rstrip())          #使用 rstrip()处理空格
```

输出结果如图 6-3 所示。

```
['老虎,豹子,狮子,狐狸.\n', '老虎,豹子,狮子,狐狸.\n', '老虎,豹子,狮子,狐狸.\n']
老虎,豹子,狮子,狐狸.
老虎,豹子,狮子,狐狸.
老虎,豹子,狮子,狐狸.
```

图 6-3　输出结果(二)

(4) 使用迭代器循环读取当前位置全部行：for item in f。

```
with open(' INFO.txt') as f:
    for lineData in f:
        print(lineData.rstrip())          #去掉每行末尾的换行符
```

输出结果如图 6-4 所示。

```
老虎,豹子,狮子,狐狸.
老虎,豹子,狮子,狐狸.
老虎,豹子,狮子,狐狸.
```

图 6-4　输出结果(三)

3) 文件写入

需要将数据写入文件的时候，在打开文件时使用写数据模式“w”或“a”，分别表示改写和添加。然后使用 f.write 函数，将内容写入文件。

> **想一想**
>
> 我们是如何在 INFO.txt 文件中写入内容的？

2. NumPy 中的文件读写

使用 NumPy 能非常方便地存取文件，主要包括下面三组函数：

(1) 通过 tofile()和 fromfile()存取二进制文件。

(2) 通过 load()和 save()存取 NumPy 专用的二进制格式文件。

(3) 通过 savetxt()和 loadtxt()读写文件。

其中，savetxt()和 loadtxt()最为常用，它不仅可以存取文本文件，也可以访问 csv 文件。其格式为

```
np.loadtxt(fname, dtype=, comments='#',delimiter=None, converters=None, skiprows=0, usecols=None, unpack=False, ndmin=0, encoding='bytes')
```

常用参数的含义如下：

(1) fname：文件、字符串或产生器，可以是.gz 或.bz2 的压缩文件。

(2) dtype：数据类型，可选。

(3) delimiter：分割字符串，默认是空格。

(4) usecols：选取数据的列。

需要注意的是，np.savetxt()和 np.loadtxt()只能存取一维和二维数组。

通过下面的代码来看看 NumPy 存取文件的具体应用。

```
import numpy as np
#采用字符串数组读取文件
tmp = np.loadtxt("dataH.txt",dtype= np.str,delimiter=" ")
print(tmp)
print(" ---- 分隔线 ----------- ")
#只读取第 2 和第 3 列。列的序号是从 0 开始的，因此 1 和 2 表示第 2 和第 3 列
tmp1 = np.loadtxt("dataH.txt",dtype=np.str,usecols =(1,2))
print(tmp1)
```

输出内容如图 6-5 所示。

```
[['Ht' 'Wt' 'Rt']
 ['1.5' '40' 'thin']
 ['1.5' '50' 'fat']
 ['1.5' '60' 'fat']
 ['1.6' '40' 'thin']
 ['1.6' '50' 'thin']
 ['1.6' '60' 'fat']
 ['1.6' '70' 'fat']
 ['1.7' '50' 'thin']
 ['1.7' '60' 'thin']
 ['1.7' '70' 'fat']
 ['1.7' '80' 'fat']
 ['1.8' '60' 'thin']
 ['1.8' '70' 'thin']
 ['1.8' '80' 'fat']
 ['1.8' '90' 'fat']
 ['1.9' '80' 'thin']
 ['1.9' '90' 'fat']]
 ---- 分隔线 -----------
[['Wt' 'Rt']
 ['40' 'thin']
 ['50' 'fat']
 ['60' 'fat']
 ['40' 'thin']
 ['50' 'thin']
 ['60' 'fat']
 ['70' 'fat']
 ['50' 'thin']
 ['60' 'thin']
 ['70' 'fat']
 ['80' 'fat']
 ['60' 'thin']
 ['70' 'thin']
 ['80' 'fat']
 ['90' 'fat']
 ['80' 'thin']
 ['90' 'fat']]
```

图 6-5　输出结果(四)

可以通过下面的代码将内容写入文件。

```
import numpy as np
x=[1,2,3]   #把数据写入文件
np.savetxt('XYZ.txt', x)
```

3. Pandas 中的文件读写

Pandas 模块提供了特有的文件读取函数，最常用的是处理 csv 文件的 read_csv 函数，

其他还有 read_table 函数等。

csv 文件全称是逗号分隔值文件(Comma-Separated Values)，其文件是以纯文本形式存储的表格数据(数字和文本)。由于它是纯文本形式，所以非常便于用程序进行处理，同时它也能够用 Excel 打开，方便进行查看，因此它是数据存储的常用文件格式。

Pandas 中的 read_csv 函数能从文件、URL、文件对象中加载带有分隔符的数据，默认分隔符是逗号。常用的 txt 文件和 csv 文件都可以读取。

下面这段代码是利用 Pandas 读取文件的例子。有一个名为 dataH.txt 的文件，里面的内容是通过空格分隔开的，希望读取其内容并显示。

```
import pandas as   pd            #使用 Pands 之前先导入库
data1 =   pd.read_csv ('dataH.txt')
print(data1)
print(' ------------------ ')
data2 =   pd.read_csv ('dataH.txt',sep   =' ',encoding = 'utf-8' )    #指明分隔符
print(data2)
```

其输出结果如图 6-6 所示。

```
     Ht Wt Rt
0    1.5 40 thin
1     1.5 50 fat
2     1.5 60 fat
3    1.6 40 thin
4    1.6 50 thin
5     1.6 60 fat
6     1.6 70 fat
7    1.7 50 thin
8    1.7 60 thin
9     1.7 70 fat
10    1.7 80 fat
11   1.8 60 thin
12   1.8 70 thin
13    1.8 80 fat
14    1.8 90 fat
15   1.9 80 thin
16    1.9 90 fat
------------------
     Ht   Wt    Rt
0   1.5   40  thin
1   1.5   50   fat
2   1.5   60   fat
3   1.6   40  thin
4   1.6   50  thin
5   1.6   60   fat
6   1.6   70   fat
7   1.7   50  thin
8   1.7   60  thin
9   1.7   70   fat
10  1.7   80   fat
11  1.8   60  thin
12  1.8   70  thin
13  1.8   80   fat
14  1.8   90   fat
15  1.9   80  thin
16  1.9   90   fat
```

图 6-6　输出结果(五)

从上述输出结果可以看出，读取的内容自动添加了行号。在增加了分隔符说明之后，输出的内容更加整齐了。

关于使用 Pandas 进行文件读写的其他内容，读者可以参考 Pandas 的官方文档，此处不再赘述。

6.2 网络数据获取基础

6.2.1 爬虫概述

网络爬虫可以高效地获取一些网络上的信息，利用爬虫获取信息，可以节约大量的人工成本和时间。简单来讲，爬虫就是一个探测机器，它的基本操作就是模拟人的行为去各个网站访问，点点按钮，查查数据，或者把看到的信息背回来，就像一只虫子在一幢楼里不知疲倦地爬来爬去。我们每天使用的搜索引擎，其实就是利用了这种爬虫技术，每天放出无数爬虫到各个网站，把它们的信息抓回来，然后等着用户来检索。

知道什么是爬虫之后再来讨论一下，爬虫是从哪里获取的数据呢？举个具体的例子，打开浏览器(建议谷歌浏览器)，找到浏览器地址栏，然后输入 music.163.com 并回车，会看到网页内容。在页面上点击鼠标右键，然后点击 view page source(查看源代码)就会看到网页对应的 HTML 代码，这就是网页最原始的样子。其实所有的网页都是 HTML 代码，只不过浏览器将这些代码解析成了网页，爬虫抓取的其实就是 HTML 代码中的文本信息(网页上的多媒体内容在 HTML 中通常都是以链接形式存在的，所以我们爬取的代码实际上还是文字内容)。

用户通过浏览器浏览网页的过程如图 6-7 所示。用户在浏览器中输入要访问的网址并敲一下回车，客户端就会向服务端发送一个 HTTP 请求，服务器收到这个请求之后，正常情况下，会给客户端返回一个响应，浏览器收到此响应之后，就会将其内容解析并展现在用户面前。网络爬虫需要完成的事情就是模拟人们完成网络访问和响应的过程。

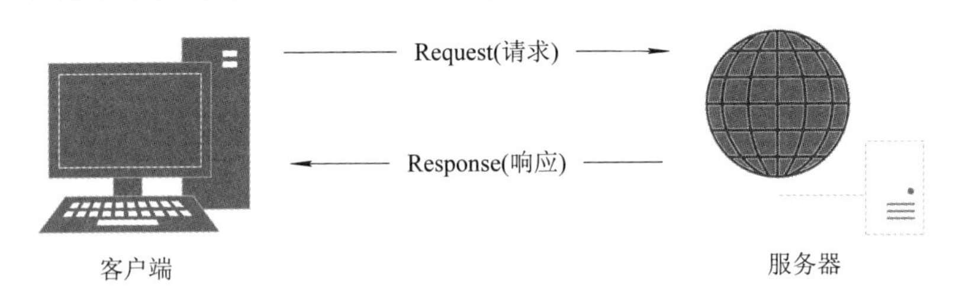

图 6-7 网页访问过程示意

> **温馨提示：**
>
> 网络爬虫只是模拟了人类浏览网页的操作，只是使这种操作能够自动执行，并没有完成人类不能完成的操作。因此，爬虫能获取的数据，都是人们正常访问网站也能获取的数据，爬虫只是将数据获取过程变成自动化的操作了。另外，爬虫会给服务器带来一些性能方面的影响，千万不要尝试恶意访问某些服务器，不要触犯法律。

6.2.2 预备知识

要想学会编写爬虫程序，除了必备 Python 的语言技能之外，还应该了解一些基本的网络通信方面的知识，尤其是关于 HTML 和 HTTP 的原理，以及 TCP/IP 的相关原理。另外，在爬虫中常用的库包括 Requests 和 BeautifulSoup。这里简单介绍一些相关知识，更详细的知识可以参考 https://www.liaoxuefeng.com/wiki/1016959663602400/1017804782304672 以及 https://www. liaoxuefeng.com/wiki/1016959663602400/1017805396770016。

1. HTML

HTML 即超文本标记语言，HTML 不是一种编程语言，而是一种标记语言(markup language)，是网页制作所必备的语言。“超文本”是指页面内包含图片、链接甚至音乐、程序等非文字元素。超文本标记语言(或超文本标签语言)的结构包括“头”部分和“主体”部分，其中“头”部分提供关于网页的信息，“主体”部分提供网页的具体内容。在编写爬虫的时候解析网页内容是十分重要的，需要了解 HTML 的标记规则。

1) HTML 的基本骨架

利用 HTML 编写网页的时候一般遵循以下基本骨架。

```
<!DOCTYPE html>
<html lang="en">
<head>
<meta charset="UTF-8">
<title>Title</title>
</head>
<body>

</body>
</html>
<!DOCTYPE>
```

<!DOCTYPE>位于文档的最前面，用于向浏览器说明当前 HTML 文件使用的是哪种 HTML 或者 XHTML 标准规范。浏览器会按照此处指定的规范对 HTML 文件进行解析。

Charset 标签用于设置字符集类型，一般有以下几种类型。

(1) GB2312：简体中文字符集，含 6763 个常用汉字。

(2) BIG5：繁体中文。

(3) GBK：含全部中文字符，是对 GB2312 的扩展，支持繁体字。

(4) UTF-8：支持中文和英文等，是最常用的字符集。

2) 排版标签

HTML 的排版标签有以下几种：

(1) 标题标签<h1></h1>。

h 即 head 的简写，有<h1><h2><h3><h4><h5><h6>六种，从左到右字号依次变小。其基本格式为<h1></h1>，像<h7>这种错误的标签在展示时不起作用。

(2) 段落标签<p></p>。

p 即 paragraph 的简写，基本格式为<p>段落内容</p>，段落中的文本内容超出浏览器宽度之后会执行自动换行。

(3) 水平线标签<hr/>。

hr 即 horizontal 的缩写，其作用是在页面中插入一条水平线，基本格式为<hr />，这是一个自闭合标签(普通标签成对出现，自闭合标签不需要包含内容，自己就执行了开始和结束的操作)。

(4) 容器标签<div></div>和<span></span>。

div 即 division 的缩写，为分割、区分的意思；span 是跨度、范围的意思。这两个标签本质上是一个容器，类似于 Android 中的 ViewGroup，基本格式为<div>div 标签中的内容</div>，<span> span 标签中的内容</span>。

(5) 图像标签<img />。

img 即 image 的缩写，基本格式为<imgsrc="图片 URI/URL" />。<img />常用属性如表 6-2 所示。

表 6-2　<img />常用属性表

属性	属　性　值	属性含义
src	URI/URL	图像的路径
alt	文本	图像无法正常显示时的提示文本
title	文本	鼠标悬停于图像时显示的文本
width	像素(XHTML 不支持按页面百分比显示)	图像的宽度
height	像素(XHTML 不支持按页面百分比显示)	图像的高度
broder	数字	设置图像边框的宽度

2．Requests 库

在 Python 爬虫开发中最常用的库就是 Requests，它通常用于实现 HTTP 请求。最常见的 HTTP 请求包括 GET 和 POST，此处主要介绍 GET 请求的基本用法，POST 请求的使用方法和 GET 请求类似。Requests 是通过 get()函数来实现 GET 请求的，下面介绍几种 get()函数的常用方法。

(1) get()函数的原型及参数解释。

```
get(url, params=None, **kwargs)
#url:想访问的网址
#params:添加查询参数
#**kwargs(headers):添加请求头信息
#返回值为网页的内容
```

(2) 使用 get()函数向服务器发送 HTTP 中的 get 请求。

```
from requests import get
url="http://httpbin.org/get"
#1.向服务器发送 get 请求
response=get(url)
```

```
#2.使用 response 处理服务器的响应内容
print(response.text)
```

(3) 向原 URL 后添加查询数据。

```
from requests import get
url="http://httpbin.org/get"
#1.数据以字典的形式添加
data={"project":"Python"}
#2.向服务器发送 get 请求
response=get(url,params=data)
#3.使用 response 处理服务器的响应内容
print(response.text)
```

(4) 添加请求头信息。

温馨提示：

在访问网页的时候浏览器需要提供一系列的密钥才能获得请求的信息，请求头信息有许多内容，详细的内容可参考 HTTP 请求头介绍文档：http://tools.jb51.net/table/http_header。

```
from requests import get
url="http://httpbin.org/get"
#1.数据以字典的形式添加
data={"project":"Python"}
#2.添加请求头信息
#注：请求头信息可以从浏览器中获取，以 Chrome 为例，按 F12 进入开发者模式，然后点击 Network
#选项，按 Ctrl+R 重载窗口，选择一个网址后可在右边 header 选项卡中看到详细信息。具体可参考：
#https://blog.csdn.net/yqning123/article/details/104637949
headers={"User-Agent":"Mozilla/5.0 (Windows NT 10.0; WOW64) "
    "AppleWebKit/537.36 (KHTML, like Gecko) Chrome/55.0.2883.87 Safari/537.36"}
#3.向服务器发送 get 请求
response=get(url,params=data,headers=headers)
#4.使用 response 处理服务器的响应内容
print(response.text)
```

(5) 解析 json(获取 json 格式数据)。

```
from requests import get
url="http://httpbin.org/get"
response=get(url)
#1.打印响应消息类型
print(type(response.text))
#2.解析 json
print(response.json())
print(type(response.json()))
```

3. BeautifulSoup

BeautifulSoup 是一个可以从 HTML 或 XML 文件中提取数据的 Python 库，广泛应用于爬虫之中。

find_all()是 BeautifulSoup 中最常用的搜索方法，所以开发者们定义了它的简写方法。BeautifulSoup 对象和 tag 对象可以被当作一个方法来使用，这个方法的执行结果与调用这个对象的 find_all()方法相同。下面两行代码是等价的：

```
soup.find_all("a")
soup("a")
```

以下两行代码也是等价的：

```
soup.title.find_all(text=True)
soup.title(text=True)
```

下面将给出一些 BeautifulSoup 中的常用搜索示例：

(1) name：标签名称。

```
tag = soup.find('a')
name = tag.name          #获取
print(name)
tag.name = 'span'        #设置
print(soup)
```

(2) attr：标签属性。

```
tag = soup.find('a')
attrs = tag.attrs        #获取
print(attrs)
tag.attrs = {'ik':123}   #设置
tag.attrs['id'] = 'iiiii'   #设置
print(soup)
```

(3) children：所有子标签。

```
body = soup.find('body')
v = body.children
```

(4) clear：将标签的所有子标签全部清空(保留标签名)。

```
tag = soup.find('body')
tag.clear()
print(soup)
```

(5) decompose：递归删除所有的标签。

```
body = soup.find('body')
body.decompose()
print(soup)
```

(6) extract：递归删除所有的标签，并获取删除的标签。

```
body = soup.find('body')
v = body.extract()
print(soup)
```

(7) decode：转换为字符串(含当前标签)，decode_contents：转换为字符串(不含当前标签)。

```
body = soup.find('body')
v = body.decode()
v = body.decode_contents()
print(v)
```

(8) find：获取匹配的第一个标签。

```
tag = soup.find('a')
print(tag)
tag = soup.find(name='a', attrs={'class': 'sister'}, recursive=True, text='Lacie')
tag = soup.find(name='a', class_='sister', recursive=True, text='Lacie')
print(tag)
```

(9) find_all：获取匹配的所有标签。

```
tags = soup.find_all('a')
print(tags)


tags = soup.find_all('a',limit=1)
print(tags)


tags = soup.find_all(name='a', attrs={'class': 'sister'}, recursive=True, text='Lacie')
tags = soup.find(name='a', class_='sister', recursive=True, text='Lacie')
print(tags)
```

4．xlwt 模块

xlwt 模块主要是为了操作 Excel 表格，在爬虫数据的处理中经常用到，下面介绍一些基本操作。

(1) 新建一个 Excel 文件：

```
file = xlwt.Workbook()          #注意这里的 Workbook 首字母是大写
```

(2) 新建一个 Sheet：

```
table = file.add_sheet('sheet name')
```

(3) 写入数据 table.write(行,列,value)：

```
table.write(0,0,'test')
```

(4) 保存文件：

```
table = file.add_sheet('sheet name',cell_overwrite_ok=True )
file.save('demo.xls')
```

(5) 初始化样式：

```
style = xlwt.XFStyle()
```

(6) 为样式创建、设置、使用字体：

```
font = xlwt.Font()
font.name = 'Times New Roman'
font.bold = True
style.font = font
table.write(0, 0, 'some bold Times text', style)
```

5. 正则表达式

正则表达式(Regular Expression)：通常被用来检索和替换那些符合某个模式(规则)的文本。常用的正则表达式字符如表 6-3 所示。

表 6-3　正则表达式常用符号

<table>
<tr><th>符　号</th><th>说　明</th></tr>
<tr><td>.</td><td>匹配任意字符(不包括换行符)</td></tr>
<tr><td>^</td><td>匹配开始位置，多行模式下匹配每一行的开始</td></tr>
<tr><td>$</td><td>匹配结束位置，多行模式下匹配每一行的结束</td></tr>
<tr><td>*</td><td>匹配前一个元字符 0 到多次</td></tr>
<tr><td>+</td><td>匹配前一个元字符 1 到多次</td></tr>
<tr><td>?</td><td>匹配前一个元字符 0 到 1 次</td></tr>
<tr><td>{m, n}</td><td>匹配前一个元字符 m 到 n 次</td></tr>
<tr><td>\\</td><td>转义字符，跟在其后的字符将失去作为特殊元字符的含义，例如\\.只能匹配.，不能再匹配任意字符</td></tr>
<tr><td>[]</td><td>字符集，一个字符的集合，可匹配其中任意一个字符</td></tr>
<tr><td>|</td><td>逻辑表达式或，比如 a|b 代表可匹配 a 或者 b</td></tr>
<tr><td>...</td><td>分组，默认为捕获，即被分组的内容可以被单独取出，默认每个分组有个索引，从 1 开始，按照"("的顺序决定索引值</td></tr>
<tr><td>\number</td><td>匹配和前面索引为 number 的分组捕获到的内容一样的字符串</td></tr>
<tr><td>\A</td><td>匹配字符串开始位置，忽略多行模式</td></tr>
<tr><td>\z</td><td>匹配字符串结束位置，忽略多行模式</td></tr>
<tr><td>\b</td><td>匹配位于单词开始或结束位置的空字符串</td></tr>
<tr><td>\B</td><td>匹配不位于单词开始或结束位置的空字符串</td></tr>
<tr><td>\D</td><td>匹配非数字，相当于[^0-9]</td></tr>
<tr><td>\d</td><td>匹配一个数字，相当于[0-9]</td></tr>
<tr><td>\s</td><td>匹配任意空白字符，相当于[\t\n\r\f\v]</td></tr>
<tr><td>\S</td><td>匹配非空白字符，相当于[^ \t\n\r\f\v]</td></tr>
<tr><td>\w</td><td>匹配数字、字母、下画线中任意一个字符，相当于[a-zA-Z0-9_]</td></tr>
<tr><td>\W</td><td>匹配非数字、字母、下画线中的任意字符，相当于[^a-zA-Z0-9_]</td></tr>
</table>

在使用正则表达式之前，需先导入模块 re(Python 中的正则表达式模块)，即

```
import  re
```

在引入模块之后，要匹配所需值。例如，可以用\d 匹配一个数字，\w 可以匹配一个字

母或者数字。举几个例子：

- 可以通过 201\d 匹配到 2019，却匹配不到 201a。\d\d\d 可以匹配到 110，却无法匹配到 aaa。\d\w\d 可以匹配到 101，却无法匹配 a0a。
- 同理如表 6-3 所示，“.”可以匹配任意字符，字符串“Python.”就可以匹配字符串“Python3。”。
- 符号{}可以限制数量，所以可以用\d{3}来匹配 3 个数字。\d{3,7}可以匹配 3~7 个数字，这里不再一一叙述。
- 假如需要更精确地表示范围，可以使用[]。例如，[0-9a-zA-Z_]可以匹配一个数字、字母或者下画线，而[0-9a-zA-Z_]+可以匹配至少由一个数字、字母或者下画线组成的字符串。

介绍完 Python 编写爬虫程序的基础知识之后，下面通过一个完整的案例介绍爬虫的编写过程。

案例 6-1　从音乐网站中找出歌手及其作品

1. 案例介绍

本案例将实现爬取网易云音乐华语男歌手 top10 的歌曲，并将所有的歌手和歌曲信息存入 Excel 表格中。案例的运行结果如图 6-8 和图 6-9 所示。

名称	修改日期	类型
陈奕迅.xls	2019/3/14 13:41	Microsoft Excel
华晨宇.xls	2019/3/14 13:42	Microsoft Excel
李荣浩.xls	2019/3/14 13:41	Microsoft Excel
林俊杰.xls	2019/3/14 13:41	Microsoft Excel
林宥嘉.xls	2019/3/14 13:41	Microsoft Excel
马雨阳.xls	2019/3/14 13:42	Microsoft Excel
毛不易.xls	2019/3/14 13:42	Microsoft Excel
王以太.xls	2019/3/14 13:42	Microsoft Excel
徐秉龙.xls	2019/3/14 13:42	Microsoft Excel
薛之谦.xls	2019/3/14 13:41	Microsoft Excel

图 6-8　top10 的所有华语男歌手

	A	B	C
1	歌曲名称	专辑	歌曲链接
2	年少有为	耳朵	http://music.163.com/#/song?id=1293886117
3	老街	小黄	http://music.163.com/#/song?id=133998
4	戒烟	戒烟	http://music.163.com/#/song?id=518686034
5	耳朵	耳朵	http://music.163.com/#/song?id=1318235595
6	不将就	不将就	http://music.163.com/#/song?id=31654343
7	贝贝	耳朵	http://music.163.com/#/song?id=1318234987
8	出卖	热门华语262	http://music.163.com/#/song?id=31134193
9	喜剧之王	喜剧之王	http://music.163.com/#/song?id=29710981
10	爸爸妈妈	有理想	http://music.163.com/#/song?id=407450223
11	李白	模特	http://music.163.com/#/song?id=27678655
12	模特	模特	http://music.163.com/#/song?id=27731176
13	我看着你的时候	我看着你的时候	http://music.163.com/#/song?id=506092654
14	作曲家	李荣浩	http://music.163.com/#/song?id=29764562
15	不说	不说	http://music.163.com/#/song?id=428375722
16	不搭	李荣浩	http://music.163.com/#/song?id=29764563
17	王牌冤家	耳朵	http://music.163.com/#/song?id=862129612
18	笑忘书 (Live)	我是歌手第三季 第4期	http://music.163.com/#/song?id=31877243
19	边走边唱	热门华语262	http://music.163.com/#/song?id=31134197
20	有理想	有理想	http://music.163.com/#/song?id=407450218
21	成长之重量	耳朵	http://music.163.com/#/song?id=570334069
22	我知道是你	耳朵	http://music.163.com/#/song?id=1318234982
23	祝你幸福	祝你幸福	http://music.163.com/#/song?id=511920347
24	贫穷或富有	耳朵	http://music.163.com/#/song?id=1305547844
25	小芳	热门华语262	http://music.163.com/#/song?id=31134170

sheet1

图 6-9　歌手的歌曲信息

2. 实现思路

本案例主要利用爬虫的相关库 Requests、BeautifulSoup 库以及 HTML 的相关知识实现网易云音乐的爬虫，其技术关键在于以上库的使用以及对 HTML 的了解。

该案例的实现流程如图 6-10 所示。

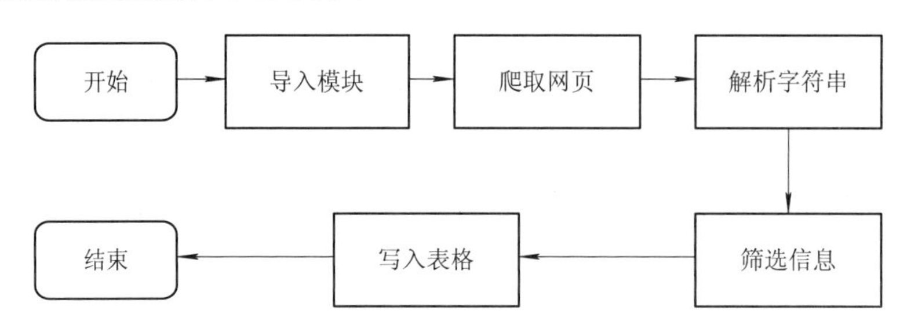

图 6-10　案例实现流程

找出歌手及其作品流程，从开始到结束具体通过以下 5 个步骤实现：

第 1 步：导入需要用到的模块。

第 2 步：利用 requests 库中的函数爬取网页。

第 3 步：利用 BeautifulSoup 库中的函数解析字符串。

第 4 步：使用正则表达式找到自己所需要的信息。

第 5 步：使用 xlwt 模块将所需要的信息写入 Excel 表格。

3. 实现详解

该案例可以使用 PyCharm 进行编写，创建源文件之后，在界面输入代码，具体操作及代码如下所示。

第 1 步：找到网易云音乐华语男歌手页面入口的 URL：url= 'http://music.163.com/ discover/artist/cat?id=1001'。

第 2 步：利用 requests 库中的函数把整个网页爬取下来。

```
import requests
import xlwt
from bs4 import BeautifulSoup
import re

url = 'http://music.163.com/discover/artist/cat?id=1001'      #华语男歌手页面
headers = {'Accept': 'text/html,application/xhtml+xml,application/xml;q=0.9,image/webp,image/apng,*
/*;q=0.8',     #每个浏览器的 Header 内容可能都不一样，可在页面通过 F12 打开源码，在 Network
#标签下的 DOC 标签页内找到自己的 Header 信息，复制过去即可
    'Accept-Encoding': 'gzip, deflate,br',
        'Accept-Language': 'zh-CN,zh;q=0.9',
        'Connection': 'keep-alive',
        'Cookie': '你的 cookie',
        'Host': 'music.163.com',
```

```
        'Referer': 'http://music.163.com/',
        'Upgrade-Insecure-Requests': '1',
        'User-Agent': 'Mozilla/5.0 (Windows NT 10.0; Win64; x64) AppleWebKit/537.36 (KHTML, like
Gecko)'
        'Chrome/66.0.3359.181 Safari/537.36'}   #添加请求头，为了模仿正常浏览器发出请求
r = requests.get(url, headers=headers)
r.raise_for_status()
r.encoding = r.apparent_encoding
html=r.text          #获取整个网页
```

第 3 步：BeautifulSoup 用来解析 HTML 字符串。

```
soup = BeautifulSoup(html, 'lxml')
top_10 = soup.find_all('div', attrs={'class': 'u-cover u-cover-5'})        #top10 的标签信息
print(top_10)
```

第 4 步：用正则把 top10 歌手的信息筛选出来。

```
singers = []
for i in top_10:
    singers.append(re.findall(r'.*?<a class="msk" href="(/artist\?id=\d+)" title="(.*?)的音乐"> </a>.*?', str(i))[0])
```

第 5 步：写入表格。

```
url = 'http://music.163.com'
for singer in singers:
    try:
        new_url = url + str(singer[0])
        # print(new_url)
        songs = requests.get(new_url, headers=headers).text # 获取歌曲信息
        soup = BeautifulSoup(songs, 'html.parser')
        Info = soup.find_all('textarea', attrs={'style': 'display:none;'})[0]
        songs_url_and_name = soup.find_all('ul', attrs={'class': 'f-hide'})[0]
        # print(songs_url_and_name)
        datas = []
        data1 = re.findall(r'"album".*?"name":"(.*?)".*?', str(Info.text))
        data2 = re.findall(r'.*?<li><a href="(/song\?id=\d+)">(.*?)</a></li>.*?', str(songs_url_and_name))

        for i in range(len(data2)):
            datas.append([data2[i][1], data1[i], 'http://music.163.com/#' + str(data2[i][0])])
        # print(datas)
        book = xlwt.Workbook()
        sheet1 = book.add_sheet('sheet1', cell_overwrite_ok=True)
```

```
        sheet1.col(0).width = (25 * 256)
        sheet1.col(1).width = (30 * 256)
        sheet1.col(2).width = (40 * 256)
        heads = ['歌曲名称', '专辑', '歌曲链接']
        count = 0
        for   head in heads:
            sheet1.write(0, count, head)
        count += 1

        i = 1
        for data in datas:
          j = 0
          for k in data:
            sheet1.write(i, j, k)
            j += 1
          i += 1
        book.save(str(singer[1]) + '.xls')        #括号里写存入的地址
    except:
        continue
```

运行上述代码可以得到网易云音乐华语男歌手 top10 的歌手信息以及歌曲信息。运行结果如案例介绍中的图 6-8 和图 6-9 所示。

6.3 网络数据获取进阶

利用 6.2 节介绍的爬虫知识，已经可以设计出一些基本的爬虫了，面对一些对爬虫比较友好的网站，从中获取信息已经没什么问题了。但是有一些网站的内容不是网站响应的时候直接返回的，而是通过 js 代码动态加载的。面对这样的网站，利用 6.2 节介绍的爬虫方法就不能正常获取内容。另外，要实现大规模的爬虫，还需要用到一些爬虫框架。这节就来讨论这些不太一样的爬虫程序。

案例 6-2 QQ 空间的“秘密”

1. 案例介绍

本案例将利用 Python 爬虫动态爬取 QQ 空间说说内容并生成词云。用动态爬虫来爬取 QQ 空间的说说，并把这些内容存在 txt 文件中，然后读取出来生成云图，这样可以清晰地看出说说的内容。爬虫爬取数据的过程也类似于普通用户打开网页的过程。该案例的实现结果即生成的词云如图 6-11 所示。

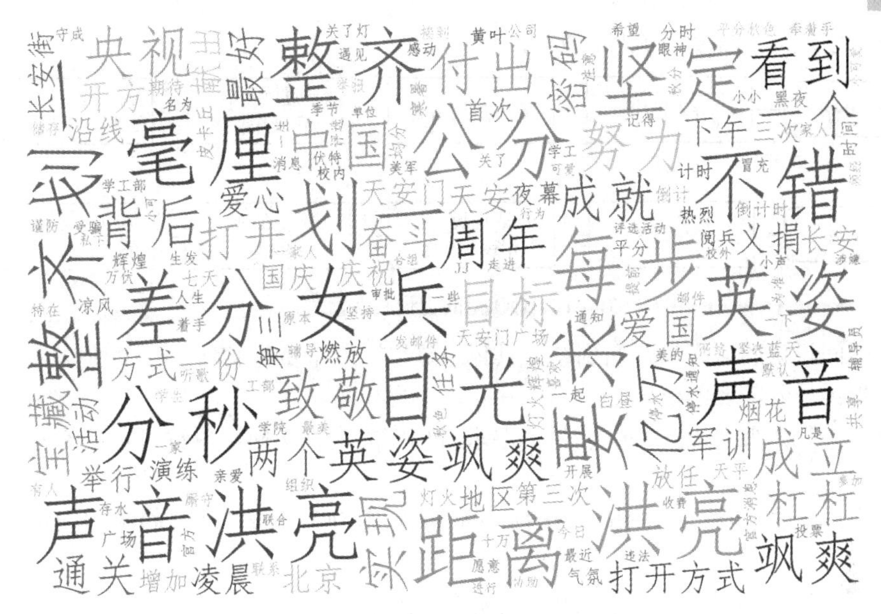

图 6-11　QQ 空间词云

2. 实现思路

本案例主要利用 Selenium 库以及浏览器实现 QQ 空间的信息爬取，利用 Matplotlib 库实现词云的绘制。其技术关键在于自动化测试工具的使用，对于 Matplotlib 库暂不做详细介绍，在后续数据分析的案例中会有更全面的介绍，在本案例中仅先使用。要实现本案例，需要掌握 Selenium 库及其基本操作。

Selenium 是一个 Web 的自动化测试工具，最初是为网站自动化测试而开发的，类似于玩游戏用的“按键精灵”，可以按指定的命令自动操作，不同的是 Selenium 可以直接运行在浏览器上，它支持所有主流的浏览器。Selenium 可以根据指令，让浏览器自动加载页面，获取需要的数据，进行页面截屏，或者判断网站上某些动作是否发生。其基本用法如表 6-4 所示。

表 6-4　Selenium 基本用法

函　数	意　义
webdriver.Chrome()	调用浏览器，如 Chrome 浏览器
find_element_by_	常用元素查找，在 find_element(s)_by_后面加上所需要查找的元素
switch_to.from()	切入或切出 Frame 标签
get_attribute(' xxx　')	获取所需要的元素

🔔 **温馨提示：**

使用自动化测试程序编写爬虫是因为有的网页是动态生成的，比如包含了大量 js 代码动态执行的网页，这种网页无法用之前介绍的办法直接爬取，必须使用动态的方法去获取。这时就需要用到 Selenium 和浏览器。Selenium 可以解决一般爬虫无法爬取动态加载网页的问题。

爬取 QQ 空间说说实现流程图如图 6-12 所示。

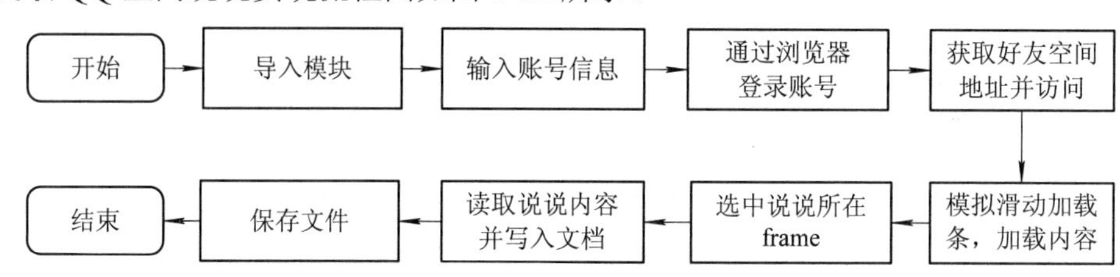

图 6-12 QQ 空间说说爬取流程图

爬取空间说说的流程从开始到结束具体通过以下 6 个步骤实现。

第 1 步：导入需要的模块。

第 2 步：输入要爬取的 QQ 账号，要求目标空间允许访问，再输入自己的 QQ 账号和 QQ 密码。

第 3 步：通过 Selenium.webdriver 打开浏览器，让浏览器定向为 QQ 登录页面，进行模拟登录。

第 4 步：让 webdriver 操控页面跳转到好友空间。

第 5 步：下拉滚动条，使浏览器加载内容，并将内容存到一个 txt 文件里。

第 6 步：本页加载结束则跳到下一页面，继续加载内容，保存说说内容，直到跳转到最后一个页面，抓取说说结束。

生成词云的流程图如图 6-13 所示。

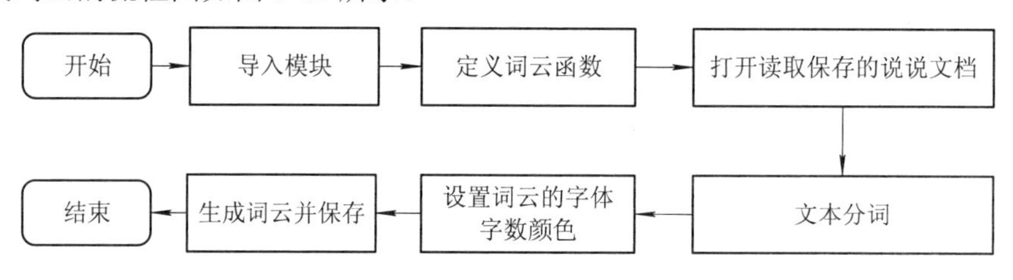

图 6-13 说说生成词云流程图

生成词云的流程从开始到结束具体通过以下 5 个步骤实现。

第 1 步：像爬取 QQ 说说一样，先导入所需模块。

第 2 步：打开文件读取说说，再利用 jieba 库来分词并通过空格进行分隔。

第 3 步：设置词云，包括词云的字体、大小、颜色以及词云的背景颜色，生成词云。

第 4 步：用可视化模块来展示词云图。

第 5 步：保存词云。

3. 实现详解

该案例建议使用 PyCharm 来实现，创建源文件之后编写具体代码，具体操作及代码如下所示。

第 1 步：导入 time、selenium 和 lxml 三个模块，并输入 QQ 账号和密码以及要爬取的好友 QQ。代码如下：

```
import time
from selenium import webdriver
```

```
from lxml import etree
friend= " xxx "    #朋友的 QQ 号，朋友的空间要求允许你能访问
user=' xxx '       #你的 QQ 号
pw=' xxx '         #你的 QQ 密码
```

第 2 步：通过 Selenium.webdriver 来调用浏览器，实现自动登录和好友空间访问。

```
driver=webdriver.Firefox()    #打开浏览器
driver.maximize_window()    #浏览器窗口最大化
driver.get("http://i.qq.com")  # 浏览器地址定向为 QQ 登录页面
driver.switch_to.frame("login_frame")    #这里需要选中一下 frame，否则找不到下面需要的网页元素
driver.find_element_by_id("switcher_plogin").click()        #自动点击账号登录方式
#在账号输入框输入已知 QQ 账号
driver.find_element_by_id("u").send_keys(user)
#在密码框输入已知密码
driver.find_element_by_id("p").send_keys(pw)
# 自动点击登录按钮
driver.find_element_by_id("login_button").click()
# 让 webdriver 操纵当前页
driver.switch_to.default_content()
# 跳到说说的 url, 你可以任意改成你想访问的空间
driver.get("http://user.qzone.qq.com/" + "xxx  "+ "/311")
```

第 3 步：利用 while 循环实现所有页面的获取，跳出循环条件为直到达到最后一页。利用自动化程序实现自动下拉滚动条，让浏览器加载出内容，通过网页标签匹配目标信息，并保存到自定义的 txt 文件中。

温馨提示：

经过试验，进行 5 次下拉滚动条动作即可完成一个页面的所有内容加载，每次下滑的时间间隔为 4 秒。设置间隔时间是为了让浏览器能够将页面信息完全加载。

```
next_num = 0  # 初始“下一页”的 id
while True:


    # 下拉滚动条，使浏览器加载出动态加载的内容，
    # 这里是从 1 开始到 6 结束，分 5 次加载完每页数据
    for i in range(1,6):
        height = 20000*I        #每次滑动 20000 像素
        strWord = "window.scrollBy(0,"+str(height)+")"
        driver.execute_script(strWord)
        time.sleep(4)


    # 很多时候网页由多个<frame>或<iframe>组成，webdriver 默认定位的是最外层的 frame，
```

```
    # 所以这里需要选中说说所在的 frame，否则找不到下面需要的网页元素
    driver.switch_to.frame("app_canvas_frame")
    selector = etree.HTML(driver.page_source)
    divs = selector.xpath('//*[@id="msgList"]/li/div[3]')

    #这里使用 a 表示内容可以连续不清空写入
    with open('qq_word.txt','a') as f:
        for div in divs:
            qq_name = div.xpath('./div[2]/a/text()')
            qq_content = div.xpath('./div[2]/pre/text()')
            qq_time = div.xpath('./div[4]/div[1]/span/a/text()')
            qq_name = qq_name[0] if len(qq_name)>0 else ''
            qq_content = qq_content[0] if len(qq_content)>0 else ''
            qq_time = qq_time[0] if len(qq_time)>0 else ''
            print(qq_name,qq_time,qq_content)
            f.write(qq_content+"\n")
```

第 4 步：如果说说已经加载到了尾页，即没有“下一页”的 id 了，则结束，否则就要点击“下一页”的按钮，并将下一页的 id 进行记录，然后跳转到外层标签，进行下一次循环读取说说。

```
    # 当已经到了尾页，“下一页”这个按钮就没有 id 了，可以结束了
    if driver.page_source.find('pager_next_' + str(next_num)) == -1:
        break
    # 找到“下一页”的按钮，因为下一页的按钮是动态变化的，这里需要动态记录一下
    driver.find_element_by_id('pager_next_' + str(next_num)).click()
    # “下一页”的 id
    next_num += 1
    # 因为在下一个循环里首先还要把页面下拉，所以要跳到外层的 frame 上
    driver.switch_to.parent_frame()
```

第 5 步：导入相关模块，生成词云。创建词云函数，并设置各项参数。利用 matplotlib 将词云可视化。

```
from wordcloud import WordCloud
import matplotlib.pyplot as plt
import jieba
  #生成词云
def create_word_cloud(filename):
    text= open("qq_word.txt".format(filename)).read()
    #结巴分词
    wordlist = jieba.cut(text, cut_all=True)
    wl = " ".join(wordlist)
```

```
    # 设置词云
    wc = WordCloud(
    # 设置背景颜色
    background_color="white",
    # 设置最大显示的词云数
    max_words=2000,
    # 这种字体都在电脑字体中，一般路径
    font_path='C:\Windows\Fonts\simfang.ttf',
    height= 1200,
    width= 1600,
    # 设置字体最大值
    max_font_size=100,
    # 设置有多少种随机生成状态，即有多少种配色方案
    random_state=30)
    myword = wc.generate(wl)      #生成词云
    # 展示词云图
    plt.imshow(myword)
    plt.axis("off")
    plt.show()
    wc.to_file('py_book.png')              #把词云保存下
    if __name__ == '__main__':
        create_word_cloud('word_py')
```

到此，该案例爬取好友 QQ 说说再生成词云的完整程序就结束了，直接在 PyCharm 中运行程序即可得到说说内容和词云图片。其保存的说说内容如图 6-14 所示。生成的词云如图 6-11 所示。

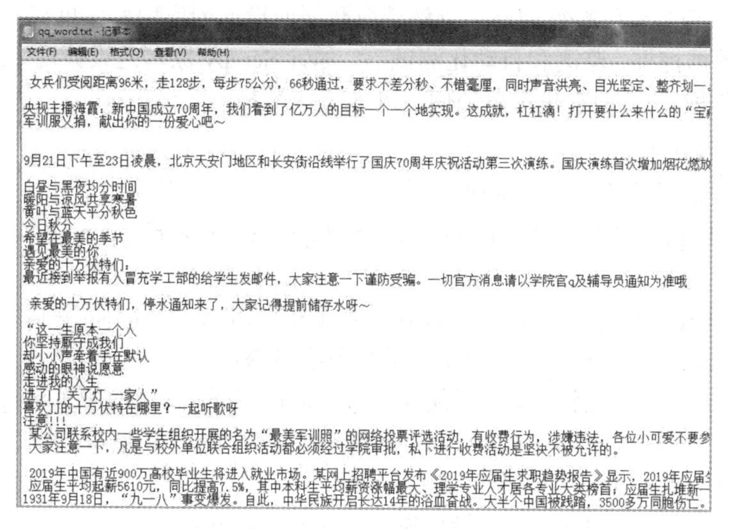

图 6-14　爬取的说说内容

案例6-3 天气预报信息爬取

1. 案例介绍

本案例介绍使用Scarpy框架对某一城市的天气数据进行爬取，Scrapy与Requests模块相似，都是编写爬虫项目中的模块，但Scrapy爬虫框架模块操作更加简便，功能更加完善，可应用于大型的多线程、多进程的爬虫项目开发。本案例以成都的天气为例，利用Scarpy框架进行天气预报爬取，案例的运行结果如图6-15所示。由于篇幅受限，图为不完全的截图，案例设计为爬取未来一周天气。

14日（今天）
14℃
小雨
无持续风向<3级

15日（明天）
14℃
小雨
无持续风向<3级

16日（后天）
14℃
晴转小雨
无持续风向<3级

图6-15 Scrapy框架爬取天气结果

2. 实现思路

本案例主要利用Scrapy框架实现高性能的爬虫，其技术关键在于Scrapy的使用和配置。要实现本案例，需要掌握以下几个知识点。

1) Scrapy概述

Scrapy是一个为遍历爬行网站、分解获取数据而设计的应用程序框架。Scrapy用途广泛，可以用于数据挖掘、监测和自动化测试等。尽管Scrapy原本是设计用来屏幕抓取(更精确地说是网络抓取)的，但它也可以访问API来提取数据。

2) Scrapy的构成

Scrapy主要由以下几个结构构成：

(1) Scrapy Engine(引擎)：负责Spider、ItemPipeline、Downloader、Scheduler中间的通信控制和数据传递等。

(2) Scheduler(调度器)：负责接受引擎发送过来的Request请求，并按照一定的方式进行整理排列、入队，当引擎需要时再将请求交还给引擎。

(3) Downloader(下载器)：负责下载Scrapy Engine(引擎)发送的所有Requests请求，并将其获取的Responses交还给Scrapy Engine(引擎)，由引擎交给Spider来处理。

(4) Spider(爬虫)：负责处理所有Responses，从中分析提取数据，获取Item字段需要的数据，并将需要跟进的URL提交给引擎，再次进入Scheduler(调度器)。

(5) Item Pipeline(管道)：负责处理 Spider 中获取的 Item，并进行后期处理(详细分析、过滤、存储等)。

(6) Downloader Middlewares(下载中间件)：可以当作一个可以自定义扩展下载功能的组件。

(7) Spider Middlewares(Spider 中间件)：可以理解为一个可以自定义扩展和操作引擎以及 Spider 中间通信的功能组件(比如，进入 Spider 的 Responses 和从 Spider 出去的 Requests)。

Scrapy 的架构如图 6-16 所示。

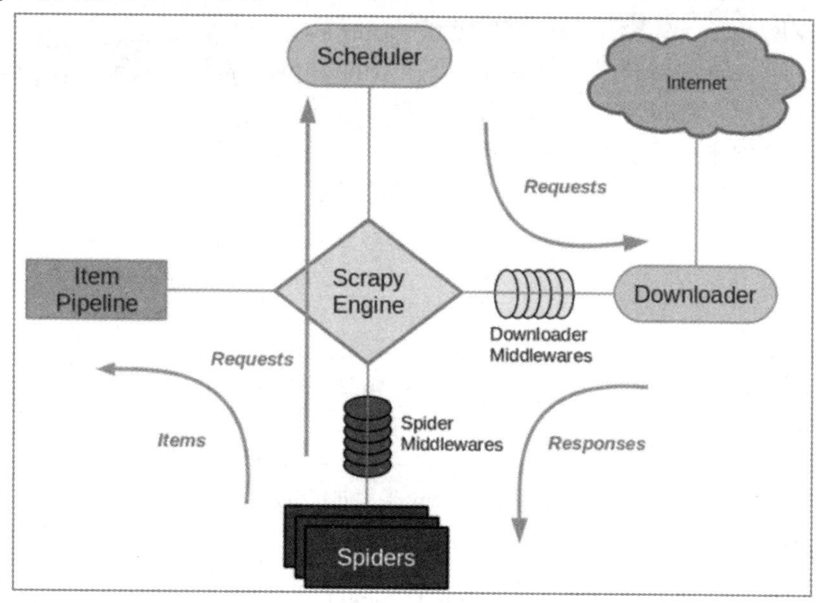

图 6-16　Scrapy 架构图

3) Scrapy 的基本使用流程

利用 Scrapy 编写爬虫的时候，一般有以下流程。

(1) 新建项目 (Scrapystartproject xxx)：新建一个新的爬虫项目。

(2) 明确目标(编写 items.py)：明确你想要抓取的目标。

(3) 制作爬虫(spiders/xxspider.py)：制作爬虫开始爬取网页。

(4) 存储内容(pipelines.py)：设计管道存储爬取内容。

★ **高手点拨：**

Scrapy 和其他爬虫编写库的不同之处就在于它是一个爬虫框架，可以根据需求修改内容，实现所有功能的爬虫，不用重复造轮子，Scrapy 底层是异步框架 twisted，吞吐量高，并发是其最大的优势，可以实现多线程的爬虫，并更高速地完成爬虫工作。

爬取天气数据的流程图如图 6-17 所示。

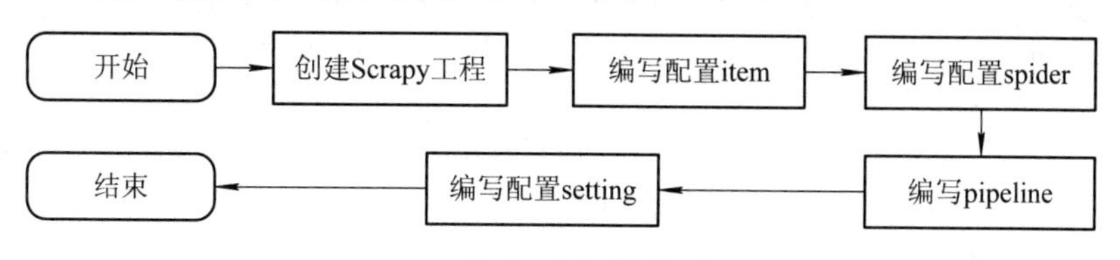

图 6-17　爬取天气数据流程图

爬取天气预报的流程从开始到结束具体通过以下所述 6 个步骤实现。

第 1 步：创建一个 Scrapy 工程。

第 2 步：在 item.py 中对 Item 进行编写以确定所要爬取的目标。

第 3 步：在 spider 文件夹中创建一个 weather.py 用于编写主体爬取的代码。

第 4 步：编写核心代码，即爬虫主体，编写方式与前面有关爬虫案例类似。

第 5 步：编写完核心代码后再编写爬虫的储存代码，即对 pipelines.py 文件进行编写，pipelines.py 是用来储存爬虫抓到的数据的。最终爬取出的数据一般有三种储存方式，即 txt、json 以及数据库形式，本案例以 txt 文件形式储存信息。

第 6 步：对 setting.py 文件进行配置，即在 settings.py 中将已经编写好的 pipelines 添加进去，Scrapy 框架才能够最终运行起来。

Scrapy 工程创建结果如图 6-18 所示。

__pycache__	2019/3/20 22:40	文件夹	
spiders	2019/3/20 22:40	文件夹	
__init__.py	2019/3/20 22:25	JetBrains PyCharm	0 KB
items.py	2019/3/20 22:25	JetBrains PyCharm	1 KB
middlewares.py	2019/3/19 15:30	JetBrains PyCharm	4 KB
pipelines.py	2019/3/20 22:26	JetBrains PyCharm	1 KB
settings.py	2019/3/20 22:27	JetBrains PyCharm	4 KB

图 6-18 Scrapy 工程创建结果

3. 实现详解

该案例建议使用 PyCharm 来实现，本项目无须在 PyCharm 环境中创建源文件，可在命令窗口中进行项目创建，具体编程步骤与代码如下所述。

第 1 步：创建项目需要先在项目的目标文件夹下进入命令窗口，如图 6-19 所示。

图 6-19 打开文件目录

第 2 步：可以在目标文件路径下输入 cmd 并按【Enter】键，进入该目录下的命令窗口，如图 6-20 所示。

图 6-20 在文件目录下进入命令行

第 3 步：在命令行中输入“scrappystartproject weather”并按【Enter】键创建项目，如

图 6-21 所示。

```
管理员: C:\Windows\System32\cmd.exe
Microsoft Windows [版本 6.1.7601]
版权所有 (c) 2009 Microsoft Corporation。保留所有权利。

C:\Users\wangxiaolan\Desktop\新建文件夹>scrapy startproject weather
```

图 6-21　输入创建项目的命令

第 4 步：项目创建完成后 PyCharm 环境中自动生成的文件目录如图 6-22 所示。

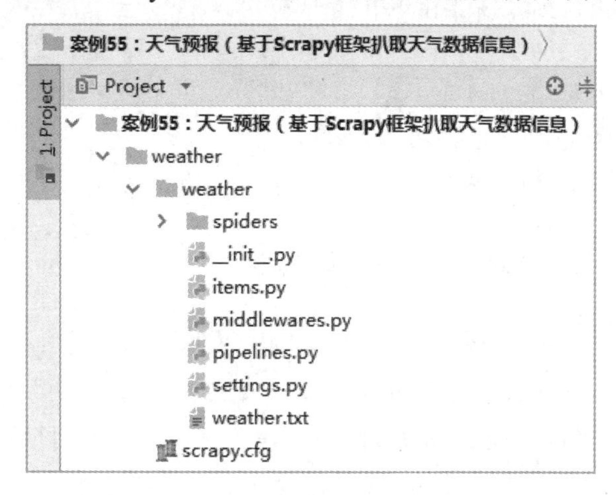

图 6-22　生成的文件目录

第 5 步：配置 item.py 文件。

```
import scrapy


class WeatherItem(scrapy.Item):
# define the fields for your item here like:
# name = scrapy.Field()
    date = scrapy.Field()
    temperature = scrapy.Field()
    weather = scrapy.Field()
    wind = scrapy.Field()
```

第 6 步：在 spiders 文件夹下创建 spider 的源文件 spider.py，并在 spider.py 中进行爬虫的具体编码。

```
import scrapy
from weather.items import WeatherItem
class HftianqiSpider(scrapy.Spider):
  name = 'HFtianqi'
  allowed_domains = ['www.weather.com.cn/weather/101220101.shtml'] # 成都天气预报的 url
  start_urls = ['http://www.weather.com.cn/weather/101220101.shtml']
```

```
    def parse(self, response):
        '''
        筛选信息的函数：
        date = 日期
        temperature = 当天的温度
        weather = 当天的天气
        wind = 当天的风向
        '''
        # 先建立一个列表，用来保存每天的信息
        items = []
        # 找到包裹着天气信息的 div
        day = response.xpath('//ul[@class="t clearfix"]')
        # 循环筛选出每天的信息：
        for i  in list(range(7)):
            # 先申请一个 weatheritem 的类型来保存结果
            item = WeatherItem()
            # 观察网页，并找到需要的数据
            item['date'] = day.xpath('./li['+ str(i+1) + ']/h1//text()').extract()[0]
            item['temperature'] = day.xpath('./li['+ str(i+1) + ']/p[@class="tem"]/i/text()').extract()[0]

            item['weather'] = day.xpath('./li['+ str(i+1) + ']/p[@class="wea"]/text()').extract()[0]
            item['wind'] = day.xpath('./li['+ str(i+1) + ']/p[@class="win"]/em/span/@title').extract()[0] + day.
xpath('./li['+ str(i+1) + ']/p[@class="win"]/i/text()').extract()[0]
            items.append(item)
        return items
```

第 7 步：编写 pipelines.py 及配置最终数据保存的格式为 txt 格式并进行编码。

```
import os
import requests
import json
import codecs
import pymysql

class WeatherPipeline(object):
    def process_item(self, item, spider):
        print(item)
        # 获取当前工作目录
        base_dir = os.getcwd()
        # 文件存在 data 目录下的 weather.txt 文件内，data 目录和 txt 文件需要自己事先建立好
```

```
        filename = base_dir + '/data/weather.txt'

        # 从内存中以追加的方式打开文件，并写入对应的数据
        with open(filename, 'a') as f:
            f.write(item['date'] + '\n')
            f.write(item['temperature'] + '\n')
            f.write(item['weather'] + '\n')
            f.write(item['wind'] + '\n\n')

        return item
```

第 8 步：编辑配置 setting.py 文件以保证 Scrapy 的正常运行。

```
BOT_NAME = 'weather'

SPIDER_MODULES = ['weather.spiders']
NEWSPIDER_MODULE = 'weather.spiders'

ROBOTSTXT_OBEY = True

ITEM_PIPELINES = {
    'weather.pipelines.WeatherPipeline': 300,
}
```

第 9 步：在__init__.py 中编写执行爬虫代码，使爬虫开始工作。

```
from scrapy import cmdline
cmdline.execute(['scrapy','crawl','CQtianqi'])#执行命令
```

至此，该案例编程结束，运行__init__.py 即可得到如图 6-15 所示的结果，结果包含指定城市的各项天气信息。

6.4　数据存储与提取

对数据分析来说，最重要的就是数据。前面几节重点介绍了数据的获取方法，接下来将重点介绍从网络获取到的数据该如何保存，以及保存好的数据该如何拿来使用。

对于数据的存储，有文件和数据库等多种方式。前面章节介绍了 Python 中针对文件操作的方法，这一节将重点介绍利用 Python 进行数据库操作的方法。

数据库的操作是数据分析师的必备技能，大多数企业都会要求员工具有操作、管理数据库的基本技能，能够进行数据的提取和基本分析。SQL 作为最经典的关系型数据库语言，为海量数据的存储与管理提供可能。常用的关系型数据库有 MySQL 和 MS SQL Server 等。MongoDB 则是新崛起的非关系型数据库，除此之外，Redis 也是常用的非关系型数据库。

本节重点介绍利用 Python 进行 MySQL 数据库操作的常见方法。

MySQL 是一个关系型数据库管理系统，由瑞典 MySQL AB 公司开发，目前属于 Oracle 旗下产品。MySQL 将数据保存在不同的表中，而不是将所有数据放在一个大仓库内，因此，MySQL 大大提高了数据读写速度并增强了灵活性。

MySQL 所使用的 SQL 语言是用于访问数据库最常用的标准化语言。MySQL 软件采用了双授权政策，分为社区版和商业版，由于其体积小、速度快、成本低，并且开放源代码，一般中小型网站的开发都选择 MySQL 作为网站数据库。

关于 MySQL 的系统特性有许多，简单来说有以下几点：

(1) 使用 C 和 C++进行编写，此外还使用了多种编译器进行测试，保证了源代码的可移植性。支持 Linux、Windows、AIX、FreeBSD、HP-UX、Mac OS、NovellNetware、OpenBSD、OS/2 Wrap、Solaris 等多种操作系统。

(2) 为多种编程语言提供了 API。这些编程语言包括 C、C++、Python、Java、Perl、PHP、Eiffel、Ruby、NET 和 Tcl 等。

(3) 支持多线程，充分利用 CPU 资源。

(4) 优化的 SQL 查询算法，有效地提高查询速度。

(5) 既能够作为一个单独的应用程序应用在客户端服务器网络环境中，也能够作为一个库而嵌入到其他的软件中。

(6) 提供多语言支持和常见的编码，如中文的 GB 2312、BIG5，日文的 Shift_JIS 等都可以用作数据表名和数据列名。

(7) 提供 TCP/IP、ODBC 和 JDBC 等多种数据库链接途径。

(8) 提供用于管理、检查、优化数据库操作的管理工具。

(9) 支持大型的数据库，可以处理拥有上千万条记录的大型数据库。

(10) 支持多种存储引擎。

(11) 使用标准的 SQL 数据语言形式。

(12) 对 PHP 有很好的支持，PHP 是比较流行的 Web 开发语言。

(13) 采用了 GPL 协议，用户可以修改源代码来开发自己专属的 MySQL 系统。

MySQL 对于表的增删改查操作如下所述。

1. 创建表

```
CREATE TABLE 表名(字段名 类型(长度)约束,字段名 类型(长度)约束)
```

例如：

```
CREATE TABLE SORT (sid INT,sname VARCHAR(100))
```

其中，sid 是分类 ID，sname 是分类名称。

2. 主键约束

主键是用于标识当前记录的字段。它的特点是非空且唯一，即一个表必须存在且只存在一个主键。一般情况主键是不具备任何含义的，只是用于标识当前记录。

格式要求如下：

(1) 在创建表时创建主键，在字段后面加上 PRIMARY KEY。

```
CREATE TABLE 表名(id INT PRIMARY KEY,…)
```

(2) 在创建表时不创建主键，在表创建的最后指定主键。

```
CREATE TABLE 表名(id INT，....，PRIMARY KEY(id))
```

(3) 删除主键。

```
ALTER TABLE 表名 DROP PRIMARY KEY
```

(4) 主键自增长。

一般主键是自增长的字段,不需要指定。要实现添加自增长语句，主键字段后加 auto_increment，例如：

```
CREATE TABLE SORT ( sid INT PRIMARY KEYauto_increment，sname VARCHAR(100))
```

3. 查看表

(1) 查看数据库中所有的表：

```
SHOW TABLES
```

(2) 查看表结构：

```
DESC 表名
```

(3) 查看建表语句：

```
SHOW CREATE TABLE 表名
```

4. 删除表

删除指定表：

```
DROP TABLE 表名
```

5. 修改表结构

(1) 删除列：

```
ALTER TABLE 表名 DROP 列名
```

(2) 修改表名：

```
RENAME TABLE 表名 TO 新表名
```

(3) 修改表的字符集：

```
ALTER TABLE 表名 CHARACTER SET 字符集
```

(4) 修改列名：

```
ALTER TABLE 表名 CHANGE 列名 新列名 列类型
```

(5) 添加列：

```
ALTER TABLE 表名 ADD 列名 列类型
```

PyMySQL 是在 Python3.x 版本中用于连接 MySQL 服务器的一个库,可使用 pip install 方法进行安装。PyMySQL 基本使用流程如下：

(1) 创建链接：使用 connect()创建链接并获取 Connection 对象。

(2) 交互操作：获取 Connection 对象的 Cursor 对象，然后使用 Cursor 对象的各种方法与数据库进行交互。

(3) 关闭链接：在进行数据库链接时需要传入许多参数，connect()方法的可传参数的名称与解释如表 6-5 所示。

这里给出了关于 MySQL 和 PyMySQL 的介绍，更多的关于 SQL 和 MangoDB 的知识可以参考菜鸟教程(https://www.runoob.com/sql/sql-tutorial.html)，以及网站 https://www.runoob.com/mongodb/mongodb-tutorial.html。

表 6-5　链接数据库常用的参数释义

序号	参数名称	参 数 释 义
1	host	数据库服务器地址，默认为 localhost
2	user	用户名，默认为当前程序运行用户
3	password	登录密码，默认为空字符串
4	database	默认操作的数据库
5	port	数据库端口，默认为 3306
6	bind_address	当客户端有多个网络接口时，指定连接到主机的接口，参数可以是主机名或 IP 地址
7	unix_socket	unix 套接字地址，区别于 host 连接
8	read_timeout	读取数据超时时间，单位为秒，默认无限制
9	write_timeout	写入数据超时时间，单位为秒，默认无限制
10	charset	数据库编码
11	sql_mode	指定默认的 SQL_MODE
12	cursorclass	设置默认的游标类型

案例 6-4　针对 MySQL 的简单操作

本案例使用 PyMySQL 对数据库进行操作，实现对 MySQL 数据管理系统的增删改查等操作。运行结果如图 6-23 所示。

```
<class 'tuple'>
(2, 'wang', 13)
id: 2  name: wang  age: 13
(3, 'li', 11)
id: 3  name: li  age: 11
(4, 'sun', 12)
id: 4  name: sun  age: 12
(5, 'zhao', 13)
id: 5  name: zhao  age: 13
```

图 6-23　案例运行结果

图 6-23 为进行增删改查后的信息表，包含 id、姓名以及年龄信息。查询共存在 4 条记录，id 为 1 的信息已被删除，所以最后查询时不存在该条记录。图中的 class 'tuple'表示该表的信息为元组类型。

本案例可以使用 Jupyter Notebook 或 PyCharm 进行编写，具体代码如下所述。

第 1 步：获取链接对象 object，并建立数据库的链接。

```
import pymysql
def get_object():
  object = pymysql.connect(host='localhost',port=3306,user='root',passwd='自己的密码',
db= 'test1')       # db:表示数据库名称
  return object
```

第 2 步：链接数据库将一行完整数据进行插入。

```
def insert(sql):
    object = get_object()
    cur = object.cursor()
    result = cur.execute(sql)
    print(result)
    object.commit()
    cur.close()
    object.close()

sql = 'INSERT INTO test_student_table VALUES(1,\'zhang\',12)'       #插入信息的 sql 命令
insert(sql)          #调用命令
```

第 3 步：插入多行数据。

```
def insert_many(sql, args):
    object = get_object()
    cur = object.cursor()
    result = cur.executemany(query=sql, args=args)
    print(result)
    object.commit()
    cur.close()
    object.close()

sql = 'INSERT into test_student_table VALUES (%s,%s,%s)'      #插入多行信息的 sql 命令
args = [(3, 'li', 11), (4, 'sun', 12), (5, 'zhao', 13)]         #插入的信息
insert_many(sql=sql, args=args)                                 #调用命令
```

第 4 步：对数据库进行更改操作。

```
def update(sql,args):
    object = get_object()
    cur = object.cursor()
    result = cur.execute(sql,args)
    print(result)
```

```
    object.commit()
    cur.close()
    object.close()

sql = 'UPDATE test_student_table SET NAME=%s WHERE id = %s;'        #更改信息的 sql 命令
args = ('zhangsan', 1)     #更改的信息内容
update(sql, args)          #调用命令
```

第 5 步：对更新后的数据库进行指定性的数据删除。

```
def delete(sql,args):
    object = get_object()
    cur = object.cursor()
    result = cur.execute(sql,args)
    print(result)
    object.commit()
    cur.close()
    object.close()

sql = 'DELETE FROM test_student_table WHERE id = %s;'       #删除信息的 sql 命令
args = (1,)          #单个元素的 tuple 写法
delete(sql,args)
```

第 6 步：对处理后的数据库进行数据查询。

```
def query(sql,args):
    object = get_object()
    cur = object.cursor()
  cur.execute(sql,args)
  results = cur.fetchall()
    print(type(results)) # 返回<class 'tuple'> tuple 元组类型
    for row in results:
        print(row)
        id = row[0]
        name = row[1]
        age = row[2]
        print('id: ' + str(id) + '  name: ' + name + '  age: ' + str(age))
        pass
    object.commit()
    cur.close()
    object.close()
```

```
sql = 'SELECT  * FROM test_student_table;'          #返回<class 'tuple'> tuple 元组类型
query(sql,None)          #调用查询语句进行查询
```

运行上述查询代码，会出现如图 6-23 所示的结果，至此本案例结束。

本 章 小 结

数据是进行数据分析的前提。本章介绍了数据获取的各种方法，包含从本地获取数据以及从网络获取数据。数据文件的本地获取主要是针对数据文件的读写操作，主要介绍了针对 txt 文件和 csv 文件的操作，除此之外，还可以利用爬虫从网络获取数据。本章介绍了利用爬虫进行网络数据获取的简单方法，除了介绍简单的爬虫之外，还介绍了对动态生成网页的数据获取方法，以及利用爬虫框架进行数据获取的方法。最后，介绍了利用 Python 进行简单的数据库操作的方法。经过本章的学习，读者已经学会了如何获取数据，接下来将进入数据处理阶段。

思 考 题

(1) 修改案例 6-1 的代码，获取其他感兴趣的歌手信息。

> **温馨提示：**
>
> 在爬取自己感兴趣的歌手的歌曲信息时，需要先找到歌手信息的页面，修改案例代码中的目标网址和目标信息的匹配规则即可爬取自己想要的信息。

(2) 小明是一个电影爱好者，他想爬取豆瓣电影上的 TOP250 电影名单以及简介信息等，请参考案例 6-3，利用爬虫框架对电影进行爬取。

> **温馨提示：**
>
> 修改本案例代码，将目标网址替换为豆瓣高分电影 top250 的网址，观察网页，将目标信息解析出来。

第7章 数据预处理

数据是数据分析的基础，没有良好的数据，分析所得的结果就不能真实反映事件的本质，而用于处理的数据来源是多方面的，数据质量参差不齐，因此，数据应用到具体的数据分析任务之前需要对数据进行预处理，数据预处理的好坏，有时能够对结果产生重大影响。本章将详细介绍数据预处理的相关知识和具体实现方法。

7.1 数据预处理概述

真实世界中，我们获取到的数据通常是不完整的(缺少某些感兴趣的属性值)、不一致的(包含代码或者名称的差异)、极易受到噪声(错误或异常值)的侵扰。除此之外，数据往往还存在冗余或者不完整等缺点。这种原始的、低质量的数据将导致低质量的数据分析结果。就像一个大厨要做美味的蒸鱼，如果不先将鱼进行去鳞等处理，一定做不成我们口中美味的鱼。因此，在正式进入数据分析之前，通常需要进行数据的预处理，以解决原始数据中存在的各种各样的问题。

进行具体的数据预处理时，通常需要完成数据预分析、数据清理、数据集成、数据转换和数据规约等任务，每一项任务的作用如下：

(1) 数据预分析。数据预分析也叫作数据探索，通常是在进行数据预处理的时候需要首先完成的任务。数据预分析的主要目的是在不改变数据内容的情况下，对数据的特性有一个大致的了解。具体包括对数据统计特性的了解(如数据的平均值、标准差、最小值、最大值以及 1/4、1/2、3/4 分位数等)以及对数据质量的简单分析(如数据中是否有缺失值、异常值、不一致的值、重复数据等情况)。

(2) 数据清理。数据清理主要是指将数据中缺失的值补充完整，消除噪声数据，识别或删除离群点并解决不一致性。其主要目标是将数据格式标准化、清除异常数据、纠正错误、清除重复数据等。

(3) 数据集成。数据集成主要是将多个数据源中的数据进行整合并统一存储。来自不同数据源的数据可能包括对同一属性的不同方式的描述，这类问题需要在数据集成的时候重点处理。

(4) 数据转换。数据转换主要是指通过平滑聚集、数据概化、规范化等方式将数据转换成适用于数据分析的形式。

(5) 数据规约。进行数据分析时往往数据量非常大，因此，在大量数据上进行挖掘分析需要很长的时间。数据规约技术主要是指在保持数据完整性的情况下对数据集进行规约或简化。

进行具体的数据分析之前通常都要进行数据预处理，这样可以大大提高数据分析任务的完成质量，降低实际挖掘所需要的时间。需要指出的是，上述数据预处理任务除了数据预分析需要首先完成之外，其余任务可根据数据预分析的结果来决定是否进行，执行的先后顺序也根据具体的情况来决定。比如，通过数据预分析发现数据来源比较单一，则不需要进行数据集成处理了。下面将详细介绍每一项数据预处理任务的具体要求。

7.2　数据预分析

根据不同途径收集到初步样本数据之后，首先需要对数据进行预分析，该任务也叫作数据探索，具体包括数据统计特性分析和数据质量分析。数据统计特性分析的目的是查看数据的一些统计特性，包括均值、方差、最大值、最小值等。数据质量分析的目的是检查原始数据中是否存在脏数据，脏数据一般是指不符合要求以及不能直接进行相应分析的数据。数据质量分析包括缺失值分析、异常值分析，以及不一致的值、重复数据和含有特殊符号的数据的分析。

7.2.1　统计特性分析

数据统计特性分析可以通过 Pandas 包中的 describe()函数很方便地实现。describe 函数的原型为

```
DataFrame.describe(percentiles=None,
                   include=None, exclude=None, datetime_is_numeric=False)
```

其中：

percentiles：该参数可以设定数值型特征的统计量，默认是[.25, .50, .75]，也就是返回25%、50%、75%数据量时的数字，但是这个可以修改，如可以根据实际情况改为[.25,.50,.80]，即表示返回 25%、50%、80%数据量时的数字。

include：该参数默认只计算数值型特征的统计量，当输入 include=['O']时，则会计算离散型变量的统计特征，当参数是“all”的时候会把数值型和离散型特征的统计量都进行显示。

exclude：该参数可以指定在统计的时候不统计哪些列，默认不丢弃任何列。

datetime_is_numeric：一个布尔类型的值，表明是否将 datetime 类型视为数字。这会影响该列计算的统计信息。

示例代码段如下：

```
import pandas as pd
df = pd.DataFrame({'categorical': pd.Categorical(['d','e','f']),
                   'numeric': [1, 2, 3],
                   'object': ['a', 'b', 'c']
                  })
df.describe()        #描述一个 DataFrame。默认情况下，仅返回数字字段
```

执行结果如图 7-1 所示。

```
df.describe(include='all')    #描述 DataFrame 数据类型的所有列
```

上述代码段执行结果如图 7-2 所示。

	numeric
count	3.0
mean	2.0
std	1.0
min	1.0
25%	1.5
50%	2.0
75%	2.5
max	3.0

图 7-1　描述一个 DataFrame

	categorical	numeric	object
count	3	3.0	3
unique	3	NaN	3
top	f	NaN	c
freq	1	NaN	1
mean	NaN	2.0	NaN
std	NaN	1.0	NaN
min	NaN	1.0	NaN
25%	NaN	1.5	NaN
50%	NaN	2.0	NaN
75%	NaN	2.5	NaN
max	NaN	3.0	NaN

图 7-2　描述 DataFrame 数据类型的所有列

7.2.2　数据质量分析

数据质量分析是数据准备过程中重要的一环，也是数据分析结论有效性和准确性的基础，没有可信的数据，数据分析构建的模型将是空中楼阁。数据质量分析包括缺失值分析、异常值分析和一致性分析，下面分别进行介绍。

1．缺失值分析

数据的缺失值主要包括记录的缺失和记录中某个字段信息的缺失，两者都会造成分析结果的不准确性。缺失值分析可从以下几个方面展开：

1) 缺失值产生的原因

缺失值产生的原因可能主要包括：部分信息暂时无法获取，或者获取信息的代价太大；部分信息由于数据采集设备故障、存储介质故障或者传输故障等原因被遗漏或者丢失；某些对象的该属性值并不存在，从而造成缺失值的产生。

2) 缺失值的影响

缺失值产生的影响主要有：数据分析建模将丢失大量的有用信息，模型中蕴含的规律更难把握，数据分析过程中所表现出的不确定性更加显著。除此之外，包含空值的数据会使建模过程陷入混乱，导致不可靠的输出。

3) 缺失值的分析

虽然缺失值的影响很深远，但是使用简单的统计分析，就可以得到缺失值的相关属性，即缺失属性数、缺失数以及缺失率等。

2．异常值分析

异常值分析是检验是否有录入错误以及是否含有不合常理的数据的。忽视异常值的存在是一个十分危险的行为，不加剔除地将异常值包括到数据的计算分析过程中，对结果会产生不良影响。重视异常值的出现，分析其产生的原因，常常成为发现问题进而改变决策的契机。异常值分析常用的有下面三种方法。

1) 简单统计量分析

通过 7.2.1 小节介绍的数据统计特性分析能发现一些简单的数据异常值。比如，可以通过某个变量的最大值和最小值来判断这个变量的取值是否超出合理的范围，如用户年龄为 2020 岁，则该变量的取值就存在异常。

2) 3σ 原则

如果数据服从正态分布，在 3σ 原则下，异常值被定义为一组测定值中与平均值偏差超过 3 倍标准差的值。在正态分布的假设下，距离平均值 3σ 之外的值出现的概率为 $P(|x-\mu|\leqslant 0.003)$，属于极个别的小概率事件。如果数据不服从正态分布，也可以用远离平均值的多少倍标准差来描述。

3) 箱型图分布

箱型图提供了识别异常值的一个标准，异常值通常被定义为小于 $Q_L-1.5IQR$ 或大于 $Q_U+1.5IQR$ 的值。Q_L 称为下四分位数，表示全部观察值中有四分之一的数据取值都比它小；Q_U 称为上四分位数，表示全部观察值中有四分之一的数据取值比它大；IQR 称为四分位数间距，是上四分位数 Q_U 与下四分位数 Q_L 之差，其间包含了全部观察值的一半。箱型图如图 7-3 所示。

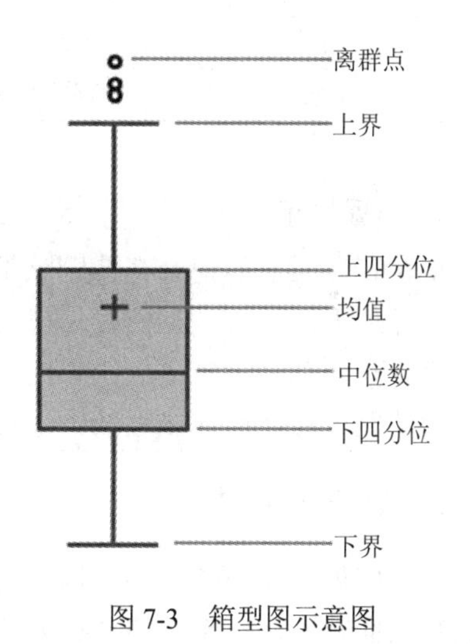

图 7-3　箱型图示意图

箱型图依据实际数据进行绘制：一方面，箱型图对数据没有任何限制要求，它只是真实直观地表现数据分布的本来面貌；另一方面，箱型图判断异常值的标准以四分位数和四分位距为基础，四分位数据具有一定的鲁棒性，多达 25%的数据对这个标准施加影响。由此可见，箱型图识别异常值的结果比较客观，在识别异常值方面有一定的优越性。

箱型图可以通过 Pandas 中的 boxplot()函数绘制。

3. 一致性分析

数据不一致性是指数据的矛盾性、不相容性。直接对不一致性的数据进行挖掘，可能会产生与实际相违背的挖掘结果。

数据分析过程中，不一致数据的产生主要发生在数据集成的过程中，这可能是由于被挖掘的数据是来自不同的数据源、对于重复存放的数据未能进行一致性更新造成的。例如：两张表中都存储了用户的电话号码，但是在用户的电话号码发生改变之时只更新了一张表中的数据，那么两张表中就有了不一致的数据，这样在数据建模过程中会导致挖掘出现误差。

7.3 数 据 清 理

数据清理的主要任务是删除原始数据集中的无关数据和平滑噪声数据，筛选掉与挖掘主题无关的数据，处理缺失值、异常值等。

7.3.1 异常值处理

数据预处理时，异常值是否剔除，需视具体情况而定，因为有些异常值可能蕴含着某种有用的信息。异常值处理常用的方法如表 7-1 所示。

表 7-1 异常值处理方法

异常值处理方法	方 法 描 述
删除	直接将含有异常值的记录删除
视为缺失值	将异常值视为缺失值，利用缺失值处理的方法进行处理
平均值修正	可用前后两个观测值的平均值修正该异常值
不处理	直接在具有异常值的数据集上进行挖掘建模

温馨提示：

将含有异常值的记录直接删除是最简单粗暴的方法，此方法很有可能将关键性的信息删除，导致无法达到预期的目标。这种删除有可能会造成样本量不足，也可能会改变变量的原有分布，从而造成分析结果的误差。如果将其视为缺失值，可以根据缺失值处理方法来对异常值进行处理，尽量减少误差。

7.3.2 缺失值处理

缺失值处理的方法主要可以分为三类：删除记录、数据插补和不处理。其中，最常用的是数据插补方法。常用的插补方法如表 7-2 所示。

表 7-2 常用的插补方法

插补方法	方 法 描 述
均值/中位数/众数插补	用该属性取值的平均数/中位数/众数进行插补
使用固定值	将缺失的属性值用一个常量替换
最近临插补	在记录中找到与缺失样本最接近的样本的属性值插补
回归方法	对带有缺失值的变量，根据已有的数据和与其相关的其他变量(因变量)的数据建立拟合模型来预测缺失的属性值
插值法	插值法是利用已知点建立合适的插值函数 $f(x)$，未知值由对应点 x_i 求出的函数值 $f(x_i)$ 近似代替

以上方法中，最常用的便是插值法，下面详细介绍最常用的一种插值法——拉格朗日插值法。根据数学知识可知，对于平面上已知的 n 个点，可以找到一个 n−1 次多项式

$y=a_0+a_1+a_2x^2+\cdots+a_{n-1}x^{n-1}$，使得此多项式曲线过 n 个点。

求已知的过 n 个点的 n−1 次多项式：

$$y = a_0 + a_1x + a_2x^2 + \cdots+a_{n-1}x^{n-1} \tag{7-1}$$

将 n 个点的坐标(x_1, y_1)，(x_2, y_2)，…，(x_n, y_n)代入多项式函数，得

$$\begin{cases} y_1 = a_0+a_1x_1+a_2x_1^2+\cdots+a_{n-1}x_1^{n-1} \\ y_2 = a_0+a_1x_2+a_2x_2^2+\cdots+a_{n-1}x_2^{n-1} \\ \quad\vdots \\ y_n = a_0+a_1x_n+a_2x_n^2+\cdots+a_{n-1}x_n^{n-1} \end{cases} \tag{7-2}$$

解出拉格朗日插值多项式为：

$$\begin{aligned} L(x) = {} & y_1\frac{(x-x_2)(x-x_3)\cdots(x-x_n)}{(x_1-x_2)(x_1-x_3)\cdots(x_1-x_n)}+ \\ & y_2\frac{(x-x_2)(x-x_3)\cdots(x-x_n)}{(x_2-x_1)(x_2-x_3)\cdots(x_2-x_n)}+\cdots+ \\ & y_n\frac{(x-x_2)(x-x_3)\cdots(x-x_n)}{(x_n-x_1)(x_n-x_2)\cdots(x_n-x_{n-1})} \end{aligned} \tag{7-3}$$

接下来将使用餐厅销售数据实现拉格朗日插值法的演示。

首先，构造数据，设置异常值，把销量大于 5000 和销量小于 400 的异常值替换为 None，最后，定义拉格朗日插值函数，对数据进行插值。实现代码如下：

```
import pandas as pd #导入数据分析库 Pandas
from scipy.interpolate import lagrange    #导入拉格朗日插值函数


inputfile = '.../data/catering_sale.xls'     #销量数据路径
outputfile = '.../tmp/sales.xls'            #输出数据路径


data = pd.read_excel(inputfile)             #读入数据
#过滤异常值，将其变为空值
data[u'销量'][(data[u'销量'] < 400) | (data[u'销量'] > 5000)] = None

#自定义列向量插值函数
#s 为列向量，n 为被插值的位置，k 为取前后的数据个数，默认为 5
def ployinterp_column(s, n, k=5):
  y = s.reindex(list(range(n-k, n)) + list(range(n+1, n+1+k)))     #取数
  y = y[y.notnull()]      #剔除空值
  return lagrange(y.index, list(y))(n)      #插值并返回插值结果


#逐个元素判断是否需要插值
for i in data.columns:
```

```
        for j in range(len(data)):
            if (data[i].isnull())[j]:       #如果为空即插值
                data[i][j] = ployinterp_column(data[i], j)


    data.to_excel(outputfile)        #输出结果，写入文件
```

进行插值之前对数据进行异常值检测，发现2015/2/21日的数据是异常值，所以也把该日期数据定义为None值，进行补数。利用拉格朗日插值对2015/2/21日和2015/2/14日的数据进行插补，结果是4275.255和4156.86。观察所有数据，可以看出，插入的数据符合实际要求。

7.4 数据集成

人们日常使用的数据来源于各种渠道，数据集成就是将多个文件或者多个数据源中的异构数据进行合并，然后放在一个统一的数据库中进行存储。在数据集成过程中，来自多个数据源的现实世界实体的表达形式有的是不一样的，有可能是不匹配的，要考虑实体识别问题的属性冗余问题，从而将原始数据在最底层加以转换、提炼和集成。数据集成过程中，一般需要考虑以下问题。

7.4.1 实体识别

实体识别是指从不同数据源识别出现实世界的实体，任务是统一不同数据源的矛盾之处。实体识别中常常存在的问题有以下三种。

1. 同名异义

两个数据源中同名的属性描述的不是同一个意思。例如，菜品数据源中的属性ID和订单数据源中的属性ID分别描述的是菜品编号和订单编号，即描述的是不同的实体。

2. 异名同义

两个数据源中同一个属性有两个不同的名字。例如，数据源A中的“学号”和数据源B中的距离的Student_ID都是描述学生的学号。

3. 单位不统一

描述同一实体分别使用不同的单位。例如，数据源A中的距离的单位是米，然而数据源B中的距离的单位却是公里。

实体识别过程中，需要对同名异义、异名同义以及单位不统一的情况进行准确识别。

7.4.2 冗余属性识别

冗余属性是指数据中存在冗余的情况，一般分为以下两种情况：

(1) 同一属性多次出现。

不同的两个数据源中，同一个属性在两个数据源中都有记录，当对数据源进行集成的时候，若不进行处理，新数据集中同一属性就多次出现，导致需要处理大量的重复数据。

(2) 同一属性命名不一致。

在实体识别中所提到的异名同义的情况下，若不对数据进行处理，新数据集中同一属性多次出现，不仅会导致处理的数据量增大，还会影响模型的建立，从而导致输出结果不准确。

7.5 数据变换

数据变换是指将数据转换成统一的适合数据分析的形式，以满足数据分析和挖掘任务的需要。比如将连续的气温数值变为高、中、低这样的离散形式，或将字符描述变为离散数字等。

7.5.1 简单函数变换

简单函数变换是指对采集的原始数据使用各种简单数学函数进行变换，常见的函数包括平方、开方、取对数、差分运算等。简单的函数变换常用来将不具有正态分布的数据变换成具有正态分布的数据。在时间序列分析中，有时简单的差分运算可能将序列转换成平稳序列。如果数据较大，可以取对数或者开方将数据进行压缩，从而减小数据的处理量。

7.5.2 归一化

归一化又称为数据的规范化，是数据分析的一项基础工作。不同评价指标具有不同量纲，数值的差别可能很大，不进行处理可能会影响到数据分析的结果。为了消除指标之间的量纲和取值范围差异的影响，需要进行标准化处理，将数据按照比例进行缩放，使之落入一个特定的区域，便于进行综合分析。

(1) 最小值-最大值归一化。

最小值-最大值归一化也称为离差标准化，是对原始数据进行线性变换，使其映射到[0, 1]，转换函数如下：

$$x' = \frac{x - \min}{\max - \min} \tag{7-4}$$

其中，x 是需要进行归一化的数据，min 是全体数据的最小值，max 是全体数据的最大值。

这种方法的缺陷就是当有新数据加入时，可能导致和的变化，需要重新定义一种方法来避免这种影响，这种方法就是零-均值规范化。

(2) 零-均值规范化。

零-均值规范化也称为标准差标准化，经过处理的数据的均值为 0，标准差为 1。转换公式如下：

$$x^* = \frac{x - \bar{x}}{\delta} \tag{7-5}$$

其中，$\bar{x}$ 为原始数据的均值，δ 为原始数据的标准差，是当前用得最多的一种数据标准化的方法。

(3) 小数定标规范化。

小数定标规范化通过移动数据的小数点位置进行规范化，转换公式如下：

$$x^* = \frac{x}{10^k} \tag{7-6}$$

使用上述方法对数据进行规范化的代码如下：

```
#-*- coding: utf-8 -*-
#数据规范化
import pandas as pd
import numpy as np

datafile = '.../data/normalization_data.xls'       #参数初始化
data = pd.read_excel(datafile, header = None)  #读取数据

(data - data.min())/(data.max() - data.min())      #最小-最大规范化
(data - data.mean())/data.std()         #零-均值规范化
data/10**np.ceil(np.log10(data.abs().max()))   #小数定标规范化
```

7.5.3 连续属性离散化

数据离散化本质上是将数据离散空间划分为若干个区间，最后用不同的符号或者整数值代表每个子区间中的数据。离散化涉及两个子任务：确定分类和将连续属性值映射到这个分类之中。在数据分析中，经常使用的离散化方法如下：

(1) 等宽法：根据需要，首先将数据划分为具有相同宽度的区间，区间数据事先制定，然后，将数据按照其值分配到不同区间中，每个区间用一个数据值表示。

(2) 等频法：这种方法也是需要先把数据分为若干个区间，然后将数据按照其值分配到不同区间中，但是和等宽法不同的是，每个区间的数据个数是相等的。

(3) 基于聚类分析的方法：这种方法是指将物理或者抽象对象集合进行分组，再来分析由类似的对象组成的多个类，保证类内相似性大，类间相似性小。聚类分析方法的典型算法包括 K-Means 算法、K-中心点算法，其中最常用的算法就是 K-Means 算法。

温馨提示：

对于 K-Means 算法，首先，从数据集中随机找出 K 个数据作为 K 个聚类中心；其次，根据其他数据相对于这些中心的欧式距离、马氏距离等，对所有的对象归类，如数据 x 距某个中心最近，则将 x 规划到该中心所代表的类中；最后，重新计算各个区间的中心，并利用新的中心重新聚类所有样本。逐步循环，直到所有区间的中心不再随算法循环而变化。

对数据进行离散化的实现代码如下：

```
#-*- coding: utf-8 -*-
#数据规范化
import pandas as pd
from sklearn.cluster import KMeans              #引入 KMeans
```

```
datafile = '…data\\discretization_data.xls'          #文件路径
data = pd.read_excel(datafile)                        #读取数据
data = data[u'肝气郁结证型系数'].copy()
k = 4

d1 = pd.cut(data,k, labels = range(k))                #等宽离散化，各个类比依次命名为 0,1,2,3

#等频率离散化
w = [1.0*i/k for i in range(k+1)]
w = data.describe(percentiles = w)[4:4+k+1]    #使用 describe 函数自动计算分位数
w[0] = w[0]*(1-1e-10)
d2 = pd.cut(data, w, labels = range(k))

#建立模型，n_jobs 是并行数，一般等于 CPU 数较好
kmodel = KMeans(n_clusters = k, n_jobs = 4)
kmodel.fit(data.values.reshape((len(data), 1)))  #训练模型
#输出聚类中心，并且排序(默认是随机序的)
c = pd.DataFrame(kmodel.cluster_centers_).sort_values(0)
w = c.rolling(2).mean().iloc[1:]                    #相邻两项求中点，作为边界点
w = [0] + list(w[0]) + [data.max()]                 #把首末边界点加上
d3 = pd.cut(data, w, labels = range(k))

def cluster_plot(d, k):                               #自定义作图函数来显示聚类结果
    import matplotlib.pyplot as plt
    plt.rcParams['font.sans-serif'] = ['SimHei']      #用来正常显示中文标签
    plt.rcParams['axes.unicode_minus'] = False       #用来正常显示负号

    plt.figure(figsize = (8, 3))
    for j in range(0, k):
        plt.plot(data[d==j], [j for i in d[d==j]], 'o')

    plt.ylim(-0.5, k-0.5)
    return plt

cluster_plot(d1, k).show()      #图像显示
cluster_plot(d2, k).show()
cluster_plot(d3, k).show()
```

运行程序得到结果如图 7-4 至图 7-6 所示。

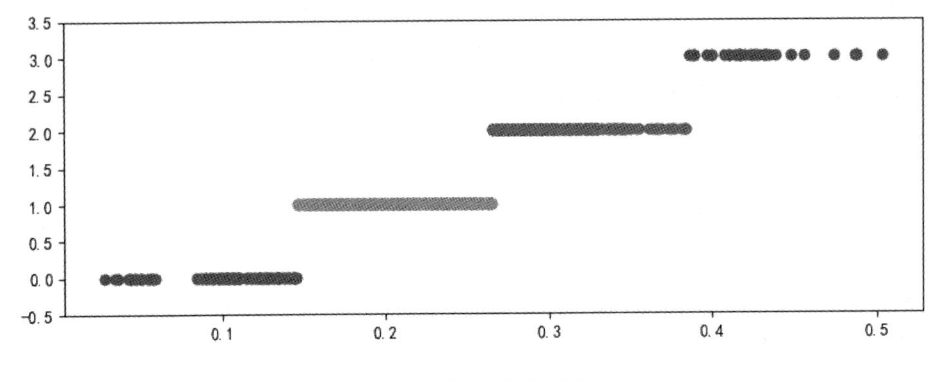

图 7-4 等宽离散化运行结果

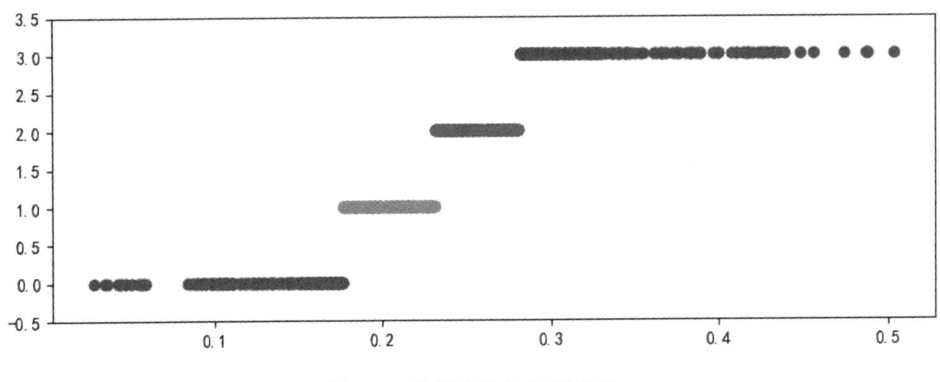

图 7-5 等频离散化运行结果

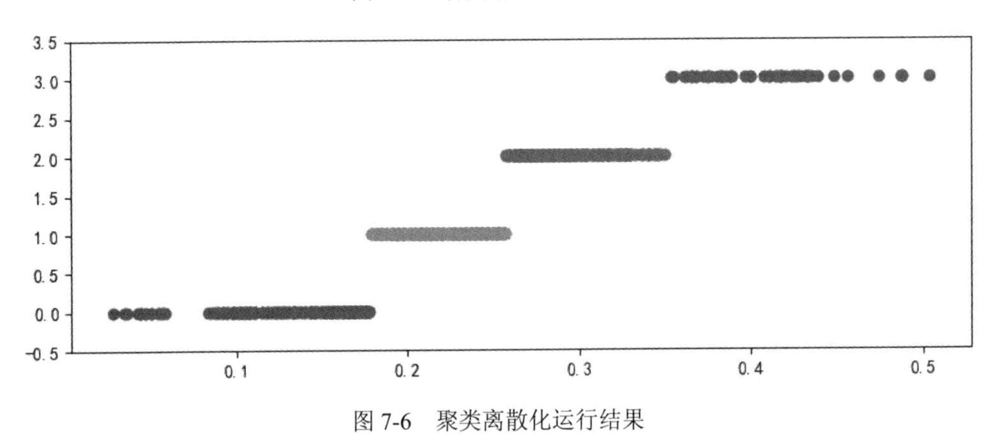

图 7-6 聚类离散化运行结果

7.6 数 据 规 约

在大数据集中进行复杂的数据分析需要很长的时间，数据规约是生成更小但保持数据完整性的新数据集，在规约后的数据集上进行数据分析将更有效率。数据规约可以降低无效、错误数据对建模的影响，提高建模的准确性，处理少量且具有代表性的数据，大幅缩减数据分析所需要的时间，另外还可以降低储存数据的成本。

7.6.1　属性规约

属性规约是通过属性合并来创建新的属性，或者直接通过删除不相关的属性来减少数据的维数，从而提高数据分析的效率、降低成本。属性规约的目标是寻找出最小的属性子集并确保新数据子集的概率分布尽可能地接近原本数据集概率分布。属性规约常用方法如表 7-3 所示。

表 7-3　属性规约方法

属性规约方法	方 法 描 述
合并属性	将一些旧属性合为新属性
逐步向前选择	从一个空属性集开始，每次从原来属性集合中选择一个当前最优的属性添加到当前属性子集中，直到无法选择出最优属性或满足一定阈值约束为止
逐步向后选择	从一个全属性集开始，每次从当前属性子集中选择一个当前最差的属性并将其从当前属性子集中消去。直到无法选择出最差属性为止或满足一定阈值的约束法为止
决策树归纳	利用决策树的归纳法对初始数据进行分类归纳学习，获得一个初始决策树，所有没有出现在这个决策树上的属性均可认为是无关属性，将这些属性从初始化集合中删除，就可以获得一个较优的属性子集
主成分分析	用较少的变量去解释原始数据中的大部分变量，即将许多相关性很高的变量转换成彼此相互独立或不相关的变量

利用主成分分析进行降维的代码如下：

```
#-*- coding: utf-8 -*-
#主成分分析降维
import pandas as pd

#参数初始化
inputfile = '.../data/principal_component.xls'     #降维前的数据路径
outputfile = '.../tmp/dimention_reducted.xls'     #降维后的数据路径

data = pd.read_excel(inputfile, header = None) #读入数据

from sklearn.decomposition import PCA

pca = PCA()
pca.fit(data)
pca.components_                              #返回模型的各个特征向量
pca.explained_variance_ratio_                #返回各个成分各自的方差百分比
```

实现结果如图 7-7 所示。

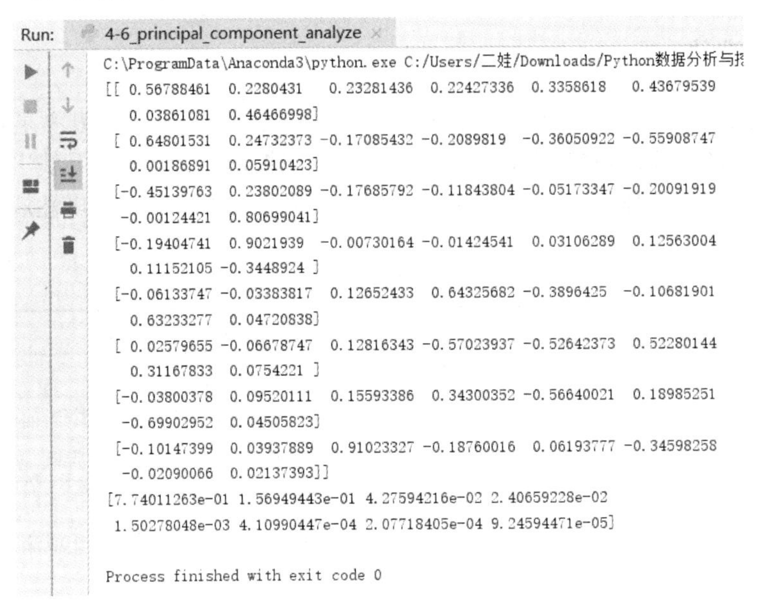

图 7-7　主成分分析降维结果展示

7.6.2　数值规约

数值规约也称为样本规约，是指通过选择替代的、较小的数据来减少数据子集。在确定样本规约子集时需要考虑计算成本、存储要求、估计量的精度及其他一些与算法和数据特性有关的因素。

数值规约包括有参数方法和无参数方法两大类。有参数方法是使用一个参数模型来评估数据，最后只需要存储该模型的参数即可，而不需要存放实际的数据。常用的模型包括回归模型和对数线性模型。对于无参数方法，通常使用直方图、聚类、抽样等方法来实现。

1．直方图

直方图使用分箱来近似数据表示，即将原始数据通过等频法或等宽法划分为若干不相交的子集，并给予每个子集相同的值，以此来减小数据量。

2．聚类

聚类技术将数据元组(即记录，数据表中的一行)视为对象，这些对象相互“相似”，而与其他簇中的对象“相异”。在数据规约中，用数据的簇替换实际数据。该技术的有效性依赖于簇的定义是否符合数据的分布性质。

3．抽样

抽样也是一种数据规约化技术，它用比原始数据小得多的随机样本(子集)表示原始数据集。

7.7　Python 的主要数据预处理函数

前面已经介绍了数据分析的基本过程，根据数据的不同情况，需要采取不同的数据预处理方法。在 Python 中有许多数据分析和数据处理的第三方库，这些库中也有不同的数据预处理函数，本节将对这些函数进行简要介绍。常用的数据预处理函数如表 7-4 所示。

表 7-4 常用的数据预处理的函数

函数名	所属库	函 数 功 能
head()	pandas	显示数据集前 5 行
info()	numpy	查看各个字段的信息
shape()	numpy	查看数据集行列分布，即几行几列
describe()	pandas	查看数据的大体情况
isnull()	pandas	元素级别判断，判断出是否有缺失数据
notnull()	pandas	判断是否为空值
dropna()	pandas	去掉为空值或者 NA 的元素
fillna	pandas	将空值或者 NA 的元素填充为 0
concat	pandas	将训练数据与测试数据连接起来
PCA	Scikit-learn	对指标变量矩阵进行主成分分析

从表 7-4 中可以看出，常用的数据预处理的库包括了 Pandas、NumPy 以及 Scikit-Learn 等。当对数据集进行数据预分析、数据清理、数据集成、数据变换以及数据规约的时候需要重点关注上述库函数提供的函数。上述库函数的主要使用方法已经在第 5 章有所介绍，这里就不进行赘述了。

本 章 小 结

本章主要介绍了数据预处理的五个主要任务：数据预分析、数据清理、数据集成、数据转换以及数据规约。数据预分析的主要目的是观察和分析整个数据集的质量以及特征，使得在进行数据清理之前能够对处理的数据集有一个整体的认识。数据清理的主要目的是对数据集中的异常值以及缺失值进行处理。常用的异常值处理方法有：删除、视为缺失值、平均值修正以及不处理等。常用的缺失值处理方法有：删除记录、数据插补以及不处理。来自多个数据集的数据可以通过数据集成的方法进行处理，通过数据集成将所有数据存放到统一的数据集中。数据转换可以将数据转换成统一适合数据分析的形式，本章主要介绍了简单函数变换、归一化以及连续属性离散化，使得数据转换之后更加符合后续分析的需要。最后，本章介绍了数据规约，主要包括对数据属性的规约以及数值的规约，数据规约可以改善后续数据分析方法的性能和效率。

思 考 题

(1) 2019 年新型冠状病毒引发的疫情时时刻刻牵动着国人的心，请读者利用附件：Novel Coronavirus (2019-nCoV) Cases.xlsx 结合本章所学的知识对获取的数据完成数据预处理。

(2) 2020 年科比坠机，偶像逝世，使得多少球迷心碎。现提供科比篮球生涯中的精彩瞬间数据集：Kobe_data.csv，请读者结合本章所学知识对数据完成数据预处理。

提示：数据来源

(1) Novel Coronavirus (2019-nCoV) Cases.xlsx 数据集：https://github.com/BlankerL/DXY- 2019-nCoV-Data。

(2) Kobe_data.csv 数据集：https://github.com/tatsumiw/Kobe_analysis。

第 8 章　数 据 分 析

通常我们面临的数据分析任务可以分为三种类型，即描述性分析、探索性分析和预测性分析。描述性分析主要是有目的地描述数据，这就要借助统计学的知识，比如基本的统计量、总体样本、各种分布等。通过这些信息，我们可以获得对数据的初步感知，也能够得到很多简单观察得不到的结论。探索性分析通常需要借助可视化的手段，利用图形化的方式，更进一步地去观看数据的分布规律，发现数据里的知识，得到更深入的结论。预测性分析主要用于预测未来的数据，比如根据历史销售数据预测未来某段时间的销售情况，通过用户数据预测未来用户的行为等。预测性分析稍难，越深入分析还会涉及更多数据挖掘、机器学习的知识。本章将重点介绍利用 Python 进行描述性分析和探索性分析的方法，对于预测性分析方法，本章只进行简要介绍，更详细的方法读者可以参考其他介绍机器学习或数据挖掘的教材。

8.1　描述性数据分析

数据的描述性分析主要是指对结构化数据的描述分析，可从三个维度进行分析：数据的集中趋势、数据的离散程度和数据的分布形态，如图 8-1 所示。

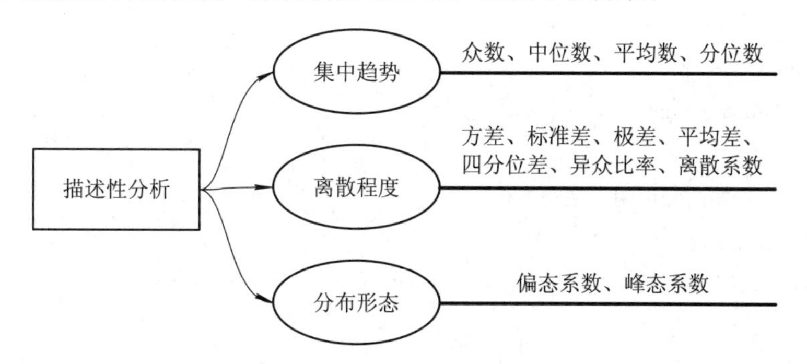

图 8-1　描述性分析的主要内容

描述数据的集中趋势的指标有：众数、中位数、平均数(包含算术平均数、加权平均数、集合平均数)和分位数。

描述数据的离散程度的指标有：方差、标准差、极差和平均差(数值型数据)、四分位差(顺序数据)、异众比率(分类数据)和离散系数 (相对离散程度)。

描述数据的分布形态的指标有：偏态系数和峰态系数。

8.1.1 数据集中趋势描述

1. 平均数

平均数包括算术平均数、加权平均数和几何平均数。其中，算术平均数即所有的数值相加除以数值个数，也叫简单算术平均数，其计算公式如下：

$$\overline{x}=\frac{x_1+x_2+\cdots+x_n}{n} \tag{8-1}$$

算术平均数受样本数据波动的影响较小，具有一定的稳定性，但易受极大值或极小值的影响。

除了简单算术平均数之外，通常还会用到加权算术平均数。当每个数值的重要程度不同时，为了测算平均水平，就要给不同数值赋予不同的权重。所有数据的权重都为 1 的加权算术平均数就是简单算术平均数。其计算公式如下：

$$\overline{x}=\frac{k_1x_1+k_2x_2+\cdots+k_nx_n}{k_1+k_2+\cdots+k_n} \tag{8-2}$$

其中，k_n 即为 x_n 的加权系数。

当数据之间的关系是乘除关系时，用几何平均数来表示数据集合的集中趋势。其计算公式如下：

$$\overline{x}_j=\sqrt[n]{x_1x_2\cdots x_n} \tag{8-3}$$

平均数的计算公式都比较简单，可以很方便地利用 Python 语言实现，而在 NumPy 包和 Pandas 包中都有相关函数可以直接输出平均值。

对于 NumPy 包里的多维数组 ndarray，利用 data.mean()或者 np.mean(data)可以计算平均值。例如以下代码：

```
#创建一个服从正态分布的多维数组
import numpy as np
data=np.random.randn(5,4)

#求平均值,下面两句话的效果一样
print(data.mean())
print(np.mean(data))

#求加权算术平均数
import numpy as np
a=[6,7,8]
print(np.average(a,weights=[1,2,3]))
```

上述代码的输出结果为

```
-0.0895437889998
-0.0895437889998
```

```
7.33333333333
```

对于常用的 Pandas 包，常用的数据结构是 Series(一组数据+索引)和 DataFrame(表格型数据结构，行索引+列索引)，可以用 mean()或者 describe()求均值。比如，下面的代码段可以实现求均值：

```
import pandas as pd
df=pd.DataFrame(np.random.randn(4,3),index=['a','b','c','d'],columns=['one','two','three'])
df.describe()
```

执行结果如图 8-2 所示。

	one	two	three
count	4.000000	4.000000	4.000000
mean	-0.136749	-1.067561	-0.113492
std	1.152746	0.952663	1.150514
min	-1.249707	-1.853513	-1.016400
25%	-0.905292	-1.584491	-0.769001
50%	-0.330128	-1.363000	-0.497155
75%	0.438415	-0.846070	0.158354
max	1.362966	0.309268	1.556741

图 8-2　describe()函数执行结果

可以将上述代码段中的 df.describe()分别替换为 df.mean()、df.mean(axis=0)、df.mean(axis=1)，观察输出结果。其输出结果分别如图 8-3 中(a)、(b)、(c)所示。

```
one       -0.469666
two        0.493064
three      0.929610
dtype: float64
```

(a)

```
one       -0.999110
two        0.569938
three     -0.484719
dtype: float64
```

(b)

```
a     0.384549
b    -0.248380
c    -0.173986
d     0.293198
dtype: float64
```

(c)

图 8-3　mean()函数执行结果

想一想：

上面没有给出几何平均数的计算方法，给出的其他计算方法也是直接利用第三方工具包进行计算的，但这些基本的数据统计参数计算都比较简单，读者可以尝试直接使用 Python 原始提供的库函数实现上述描述性分析指标的计算。

2．众数、中位数和分位数

除了 8.1.1 小节介绍的各种平均数之外，用于描述数据集中趋势的常见指标还有众数、中位数和分位数等。

众数即为数据集合中重复出现次数最多的数值(众数可以是 0、1 或者多个数)。在 Python 中可以利用 Scipy 下的 stats 模块求众数，比如：

```
from scipy import stats
a=[0,1,1,2,2,2,3,4,5,6]
stats.mode(a)[0][0]
```

上述代码执行之后即会输出 a 中的众数 2。

中位数是指将集合中所有的数值按照从低到高(或从高到低)的顺序进行排序，处于最中间的一个数就是中位数。如果中间有两个数，则中位数为这两个数的算术平均值。和算术平均数相比，中位数不受极端值的影响。

分位数和中位数类似，都是从数值所处的位置来说的，比如，四分位数是指把所有数值按由小到大排序分成四等份，处于三个分割点位置的数就是四分位数。中位数是一个特殊的四分位数。在 Python 中可以直接利用 describe()方法来查看中位数和三个四分位数。如图 8-2 所示，50%那一行为中位数，而 25%、50%、75%对应的为三个四分位数。

8.1.2　数据离散程度描述

数据离散程度描述用于衡量数据的波动情况。

1．数值型数据

针对数值型数据，通常可以用极差、平均偏差、方差和标准差以及离散系数来描述其离散程度。

极差是指数据集中最大值与最小值的差，也称为全距。极差容易受到极值的影响，对离散程度的描述不够准确。

平均偏差是指所有数值与平均值之间的差的算术平均值，它描述了所有数值与平均值之间的平均偏差距离，可以由以下公式计算：

$$R_a=\frac{\sum_{i=1}^{n}|x_i-\bar{x}|}{n} \tag{8-4}$$

方差又包括了总体方差和样本方差，其计算公式分别如下所述：

总体方差为

$$\sigma^2=\frac{\sum_{i=1}^{N}(x_i-\mu)^2}{N} \tag{8-5}$$

样本方差为

$$s^2=\frac{\sum_{i=1}^{n}(x_i-\bar{x})^2}{n-1} \tag{8-6}$$

通常会用样本方差来估计总体方差。

标准差就是方差的平方根。方差/标准差越大，数据的离中趋势越大。

离散系数又称为变异系数，是对数据集相对离散程度的衡量。当两个数据集合的算术平均值不同，但方差和标准差相等时，可以用离散系数来衡量数据集合的离散程度。样本离散系数的计算公式如下：

$$V_s = \frac{s}{\bar{x}} \tag{8-7}$$

2．顺序数据

对于已经排好序的有序数据，可以用四分位差来描述其离散程度。对于按照数值从小到大排好序的有序数据，排在四分之一位置的数值就是第一个四分位数，排在四分之二位置的数值就是第二个四分位数，排在四分之三位置的数值就是第三个四分位数。很显然，第二个四分位数即为中位数。四分位差即为第三个四分位数和第一个四分位数之间的差值，这个差值区间包含了整个数据集合的 50%的数据。

3．分类数据

对于分类数据，可以使用异众比率描述其离散程度。异众比率是指总体中非众数次数与总体全部次数的比值，也指非众数组的频数占总频数的比例。

8.1.3　数据分布形态

对于数据分布形态，可以通过偏态系数和峰态系数进行描述。

偏态系数用来判断数据集合的分布形态是否对称。当偏态系数等于 0 时，数据为对称分布；当偏态系数小于 0 时，左偏分布，长尾拖在左边；当偏态系数大于 0 时，右偏分布，长尾拖在右边。

峰态系数用于描述单峰分布曲线的峰度高低和陡峭程度。峰态系数和单峰分布形态之间的关系是：

(1) 当峰态系数等于 3 时，代表分布曲线是扁平程度适中的常峰态(正态分布的峰形就是常峰态)。

(2) 当峰态系数小于 3 时，分布曲线是低峰态。

(3) 当峰态系数大于 3 时，分布曲线是尖峰态。

8.1.4　代码示例

下面用一段代码举例说明各个指标的计算，所用的数据是随机生成的五行六列的数据。

```
import numpy as np
from scipy import stats
import pandas as pd
#生成待分析的数据
df=pd.DataFrame(np.random.randn(5,6),index=[1,2,3,4,5],columns=["a","b","c","d","e","f"])

print("最大值:",np.max(df))
```

```
print("最小值:",np.min(df))

#集中趋势相关指标
print("平均值:",np.mean(df))
print("中位数:",np.median(df))
print("众数:",stats.mode(df))
print("第一个四分位数:",np.percentile(df,25))
print("第二个四分位数:",np.percentile(df,50))
print("第三个四分位数:",np.percentile(df,75))

#离散趋势相关指标
print("极差:",np.max(df)-np.min(df))
print("四分位差:",np.percentile(df,75)-np.percentile(df,25))
print("标准差:",np.std(df))
print("方差:",np.var(df))
print("离散系数:",np.std(df)/np.mean(df))

#偏度系数和峰度系数
print("偏度:",stats.skew(df))
print("峰度:",stats.kurtosis(df))
```

上述代码的输出结果如下，请读者自行分析输出内容和代码的对应关系。

```
最大值: a      3.403133
b      0.417049
c      1.236762
d      2.168635
e      0.496208
f      0.710054
dtype: float64
最小值: a    -1.220872
b    -1.671098
c    -0.901058
d    -0.801133
e    -1.599742
f    -0.442297
dtype: float64
平均值: a      0.452299
b    -0.382129
c      0.270392
```

```
d      0.809448
e     -0.223841
f      0.199022
dtype: float64
中位数: 0.168846356351
众数: ModeResult(mode=array([[-1.22087162, -1.67109804, -0.9010581 , -0.80113266, -1.59974168,
        -0.44229702]]), count=array([[1, 1, 1, 1, 1, 1]]))
第一个四分位数: -0.591340766277
第二个四分位数: 0.168846356351
第三个四分位数: 0.491082095368
极差: a      4.624005
b      2.088147
c      2.137820
d      2.969768
e      2.095949
f      1.152351
dtype: float64
四分位差: 1.08242286165
标准差: a      1.615201
b      0.755728
c      0.760725
d      1.155396
e      0.799191
f      0.395507
dtype: float64
方差: a      2.608875
b      0.571125
c      0.578703
d      1.334941
e      0.638706
f      0.156425
dtype: float64
离散系数: a      3.571090
b     -1.977676
c      2.813414
d      1.427388
e     -3.570345
f      1.987252
dtype: float64
```

```
偏度: [ 0.91736149 -0.70223634 -0.19529989   0.02917305 -0.76139614 -0.37122924]
峰度: [-0.48354083 -0.99227368 -1.22115425 -1.52653238 -0.98756706 -1.00358543]
```

8.2 探索性数据分析

探索性数据分析主要是对数据进行描述，查看数据的分布，比较数据之间的关系，培养对数据的直觉，对数据进行总结等。探索性数据分析注重数据的真实分布，强调数据的可视化，使分析者能一目了然看出数据中隐含的规律，从而得到启发，以帮助分析者找到适合数据的模型。本节将介绍探索性数据分析的基本内容，以及利用 Python 进行探索性数据分析的基本方法。

8.2.1 探索性数据分析描述

利用 Python 进行探索性分析时常用的可视化图形有直方图、条形图、计数图、散点图、箱线图、提琴图、回归图以及热力图。Python 中的数据可视化常用的库有 Matplotlib 和 Seaborn。前面章节中已经对部分图形的绘制方法做了一些介绍，本节将结合具体的应用来介绍各种图表的特点和使用环境。Matplotlib 的用法较为广泛，这里不再赘述。为丰富数据可视化手段，下面使用 Seaborn 进行数据可视化展示。各个图形的使用场景和用法如表 8-1 所示。

表 8-1 探索性分析常用图形及用法

图形	应 用 场 景	用 法
直方图	探索变量的分布规律	sns.distplot(data)
条形图	反映数值变量的集中趋势以及置信区间	sns.barplot(x,y,data)
计数图	观察每个类别的具体数量	sns.countplot(x,data)
散点图	观察整体数据的分布规律	sns.stripplot(x,y,data)/ sns.swarmplot(x,y,data)
箱线图	表示数据的分散情况，显示极值、中位数等	sns.boxplot(x,y,data)
提琴图	展示分位数的位置及数据的密度分布	sns.violinplot(x,y,data)
回归图	寻找数据之间的线性关系	sns.reglot(x,y,data)/ sns.lmplot(x,y,data)
热力图	通过颜色深浅表示数值的大小或者相关性的高低	f=flights.pivot('字段 1', '字段 2', '字段 3') sns.heatmap(f)

8.2.2 代码示例

下面基于泰坦尼克号乘客数据集，用代码举例说明各个图形的使用方法。数据集共有 12 个属性，11 个特征参数，1 个标签参数(survived)，各个数据属性的含义如表 8-2 所示。

表 8-2　数据属性解释

序号	参数名	释　　义
1	passangerid	乘客 ID 号，这个是自动生成的
2	Pclass	乘客的舱位(1 表示一等舱，2 表示二等舱，3 表示三等舱)
3	Name	乘客姓名
4	Sex	乘客性别
5	Age	乘客年龄
6	SibSp	兄弟姐妹，伴侣人数
7	Parch	父母人数
8	Ticket	票号
9	Fare	船票价格
10	Cabin	船舱号
11	Embarked	上船地点
12	survived	是否生还(1 表示是，0 表示否)

1. 直方图

直方图主要用于探索数据的分布规律。可以直观地从直方图中看出数据的分布情况。下面首先使用直方图展现数据集中的乘客年龄，观察在泰坦尼克号上乘客的年龄分布情况，代码如下：

```
import seaborn as sns
import matplotlib.pyplot as plt
import pandas as pd
#导入数据
path=r"...\ titanic.csv"#
f=open(path)
data=pd.read_csv(f)
#去除' Age '中的缺失值，distplot 不能处理缺失数据
AGE=data['Age'].dropna()
#绘制直方图
sns.distplot(AGE)
plt.show()
```

运行结果如图 8-4 所示。

图 8-4 中，横坐标为乘客年龄，纵坐标为年龄对应的数量分布，矩形表示不同年龄的数量分布，distplot() 默认拟合出了密度曲线，可以看出分布的变化规律。从图 8-4 中可以看出，船上乘客的年龄分布主要集中在 20～40 岁。

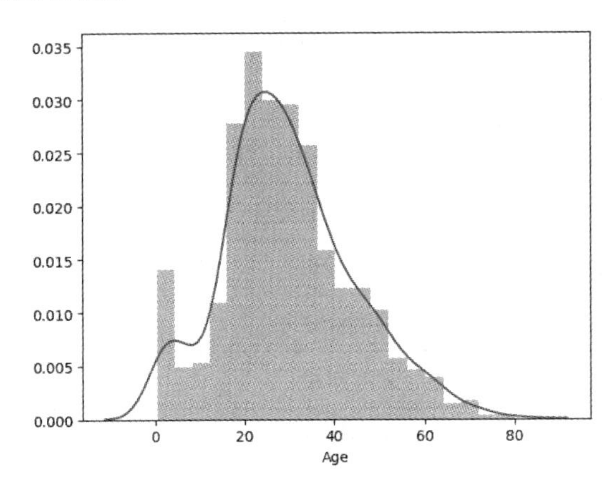

图 8-4　直方图运行结果

2. 条形图

条形图可以反映数值变量的集中趋势以及置信区间，在 Seaborn 库中 barplot() 利用矩阵条的高度反映数值变量的集中趋势，使用 errorbar 功能(差棒图)来估计变量之间的差值统计(置信区间)。需要提醒的是，barplot()默认展示的是某种变量分布的平均值(可通过参数修改为 max、median 等)。绘制船舱等级与生存率的条形图的代码如下：

```
import seaborn as sns
import matplotlib.pyplot as plt
import pandas as pd
#导入数据
path=r"...\ titanic.csv"#
f=open(path)
data=pd.read_csv(f)
#绘制条形图，设 x 轴为船舱等级，y 轴为生存率
sns.barplot(x='Pclass',y='Survived',data=data)
plt.show()
```

运行结果如图 8-5 所示。

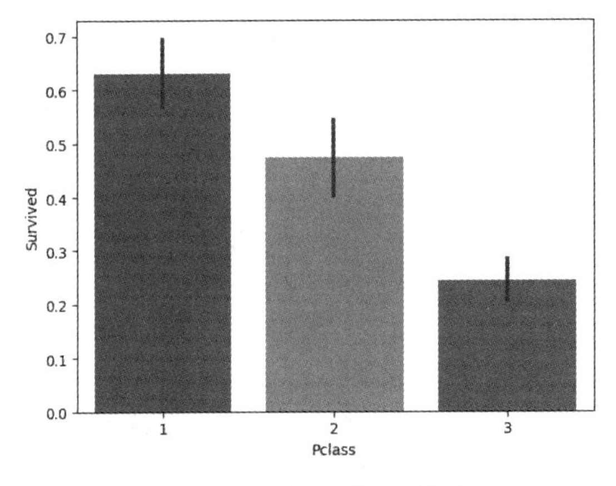

图 8-5　条形图运行结果

图 8-5 中，横坐标为船舱等级，纵坐标为生存率。由图 8-5 可以看出，船舱等级越高，生存率越高，说明船舱等级是影响生存率的一个因素。

3．计数图

可以将计数图认为是一种应用到分类变量的直方图，也可以认为它用于比较类别间的计数差。当需要显示每个类别中的具体观察数量时，countplot 很容易实现，类似于在 Excel 等软件中应用的条形图。绘制泰坦尼克号上的生存人数的计数图，程序如下：

```
import seaborn as sns
import matplotlib.pyplot as plt
import pandas as pd
#读取数据
path=r"...\ titanic.csv"#
f=open(path)
data=pd.read_csv(f)
#绘制计数图
sns.countplot(x='Survived',data=data)
plt.show()
```

运行结果如图 8-6 所示。

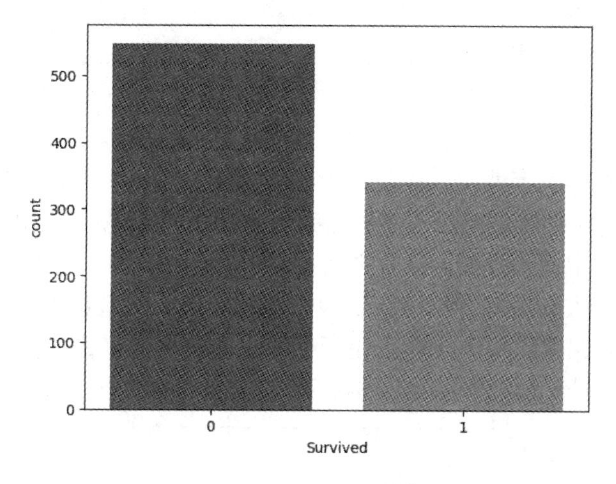

图 8-6　计数图运行结果

图 8-6 中，横坐标为生存情况，0 表示死亡，1 表示生存；纵坐标为计数的值。由计数图可以看出，死亡人数大于生存人数，死亡人数超过 500，生存人数在 300 到 400 之间。

4．散点图

散点图主要用于观察整体数据的分布情况。在 Seaborn 中有两种不同的分类散点图。stripplot()使用少量的随机“抖动”调整分类轴上点的位置，swarmplot() 表示的是带分布属性的散点图。分别用两种散点图绘制存活情况与年龄的散点图。

```
import seaborn as sns
import matplotlib.pyplot as plt
import pandas as pd
```

```
#读取数据
path=r"...\ titanic.csv"#
f=open(path)
data=pd.read_csv(f)
#绘制散点图
sns.stripplot(x='Survived',y='Age',data=data,jitter=1)
sns.swarmplot(x='Survived',y='Age',data=data)
plt.show()
```

这里可以通过设置 jitter 参数控制抖动的大小。采用 stripplot()方法的绘图结果如图 8-7 所示。

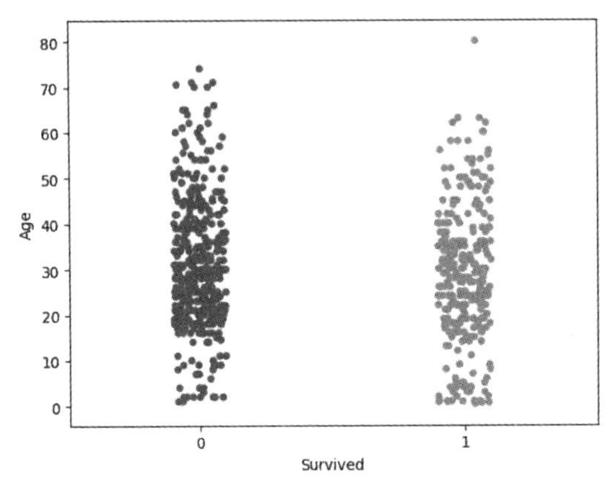

图 8-7 散点图(一)

图 8-7 中横坐标为生存情况，纵坐标为年龄。通过图 8-7 可以看出不同年龄生存情况的分布，图中不管是生存还是死亡的密集点都集中在 20～40 岁，说明在该年龄段生存和死亡的人数都在总人数中占比最多。结合之前绘制的直方图可知，在所有乘客中，20～40 岁的年龄分布最大，即人数最多。这可能是因为该年龄段人数基数大，所以导致不论是生存人数还是死亡人数都最多，因此，年龄是否影响生存情况还需进一步探索。

swarmplot()方法绘制的散点图如图 8-8 所示。

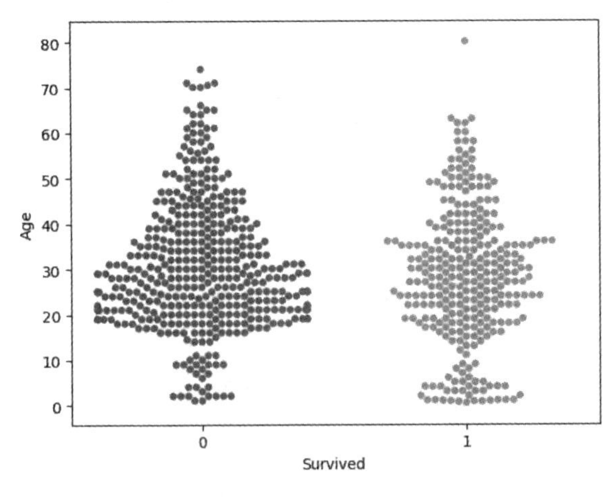

图 8-8 散点图(二)

两种散点图只是展示形式不同，swarmplot()方法使用防止它们重叠的算法沿着分类轴调整点。该方法可以更好地表示观测的分布，适用于相对较小的数据集。从图 8-8 中可以看出，虽然生存和死亡人数最多的年龄段集中在 20～40 岁，但是在生存的人中年龄小的更多。

5. 箱线图

箱线图(boxplot)是一种用来显示一组数据分散情况的统计图。它能显示出一组数据的最大值、最小值、中位数及上下四分位数，因图形形状如箱子而得名。这意味着箱线图中的每个值对应于数据中的实际观察值。箱线图的图形释义如图 8-9 所示。

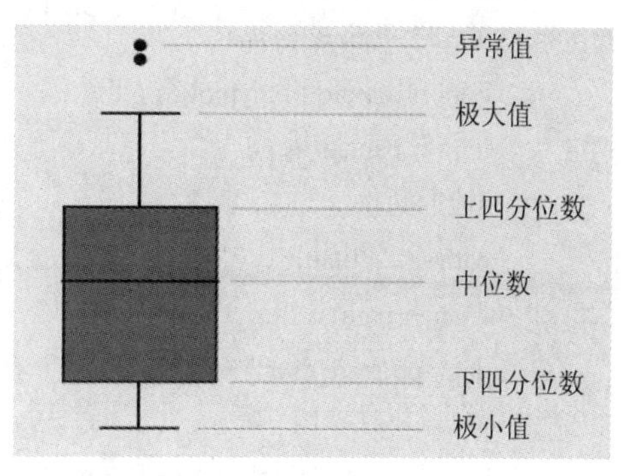

图 8-9　箱线图释义

绘制乘客年龄的箱线图，代码如下：

```
import seaborn as sns
import matplotlib.pyplot as plt
import pandas as pd
#读取数据
path=r"...\ titanic.csv"#
f=open(path)
data=pd.read_csv(f)
#绘制箱线图
sns.boxplot(y='Age',data=data)
plt.show()
```

运行结果如图 8-10 所示。

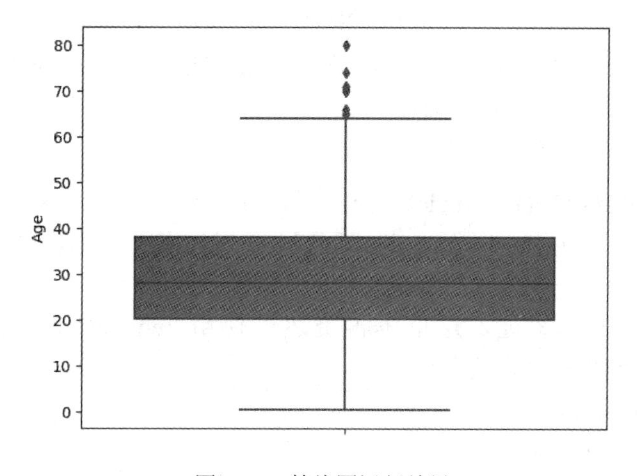

图 8-10　箱线图运行结果

6. 小提琴图

小提琴图其实是箱线图与核密度图的结合，箱线图展示了分位数的位置，小提琴图则展示了任意位置的密度，通过小提琴图可以知道哪些位置的密度较高。以乘客年龄为例，绘制小提琴图，代码如下：

```
import seaborn as sns
import matplotlib.pyplot as plt
import pandas as pd
#读取数据
path=r"...\ titanic.csv"#
f=open(path)
data=pd.read_csv(f)
#绘制小提琴图
sns.violinplot(y='Age',data=data)
plt.show()
```

运行结果如图 8-11 所示。

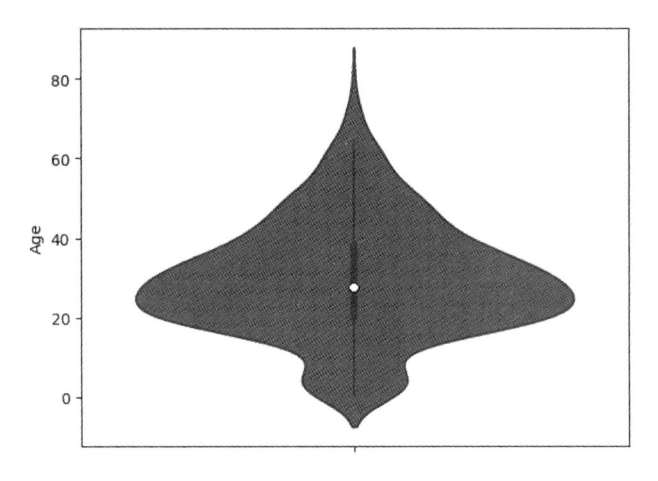

图 8-11 小提琴图运行结果

图 8-11 中，白点是中位数，黑色盒形范围是下四分位点到上四分位点，细黑线表示 95% 的置信区间。外部形状即为核密度估计。

7．回归图

Seaborn 中利用 regplot()和 lmplot()进行回归，确定线性关系。这两个函数密切相关，共享核心功能，但也有明显的不同。在进行回归分析时，使用鸢尾花数据集进行示例展示。鸢尾花数据集是 Seaborn 中内置的数据集，可以直接下载使用。对于鸢尾花数据集的详细信息已在 5.5.3 小节介绍过，这里不再赘述。使用 regplot()来查看'sepal_length' 和 'petal_length'之间的线性关系，代码如下：

```
import seaborn as sns
import matplotlib.pyplot as plt
import pandas as pd
from sklearn import datasets
#导入数据集'iris'
```

```
path1=r'Iris.csv'
f=open(path1)
data=pd.read_csv(f)
#绘制回归图
sns.regplot(x='SepalLengthCm',y='PetalLengthCm',data=data)
plt.show()
```

运行结果如图 8-12 所示。

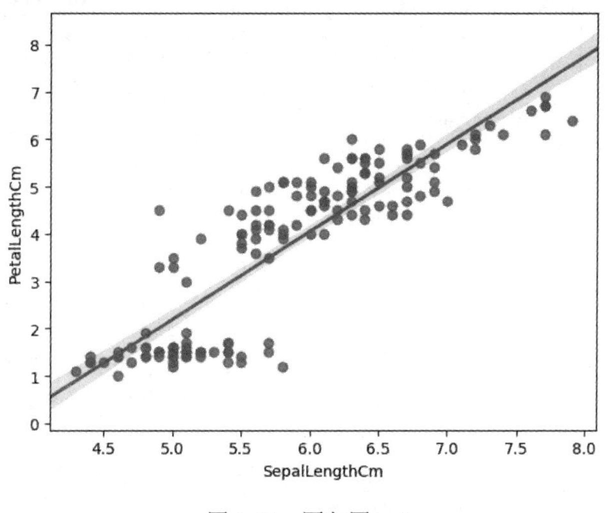

图 8-12　回归图(一)

图 8-12 中，点表示实际的数据点，Seaborn 根据这些数据拟合出直线，表示 x 轴和 y 轴对应字段之间的线性关系；直线周围的阴影表示置信区间；横坐标为 SepalLengthCm 属性；纵坐标为 PetalLengthCm 属性。lmplot()可以设置 hue，进行多个类别的显示，而 regplot()不支持多个类别的显示。这里通过设置 hue= 'Species'来进行分类别展示，代码如下：

```
import seaborn as sns
import matplotlib.pyplot as plt
import pandas as pd
from sklearn import datasets
#导入数据集'iris'
path1=r'Iris.csv'
f=open(path1)
data=pd.read_csv(f)
#绘制回归图
sns.lmplot(x='SepalLengthCm',y='PetalLengthCm',hue='Species',data=data)
plt.show()
```

运行结果如图 8-13 所示。

图 8-13 中，横坐标为 SepalLengthCm 属性；纵坐标为 PetalLengthCm 属性；不同颜色的直线为根据实际的 SepalLengthCm 属性和 PetalLengthCm 属性的数值拟合出的直线；直线周围的阴影为置信区间。

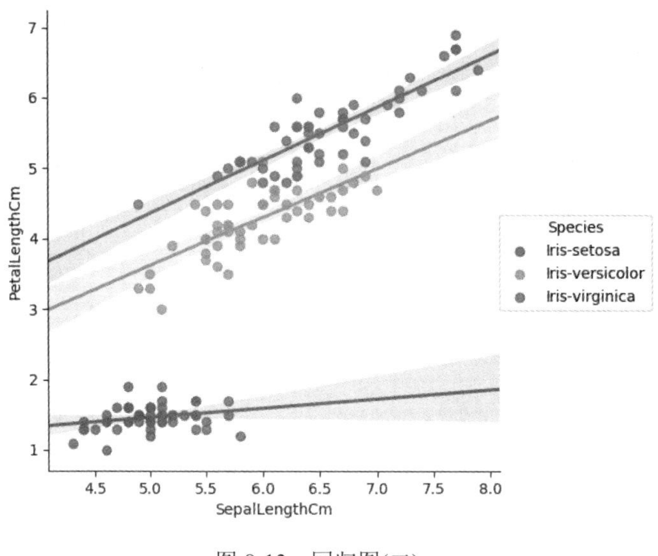

图 8-13 回归图(二)

8. 热力图

热力图通常用来表示特征之间的相关性，一般通过颜色的深浅来表示数值的大小或者相关性的高低。我们利用 NumPy 随机生成一组 10 行 12 列的随机数据，并绘制其热力图，代码如下：

```
import numpy as np
x = np.random.rand(10, 12)
ax = sns.heatmap(x)
plt.show()
```

运行结果如图 8-14 所示。

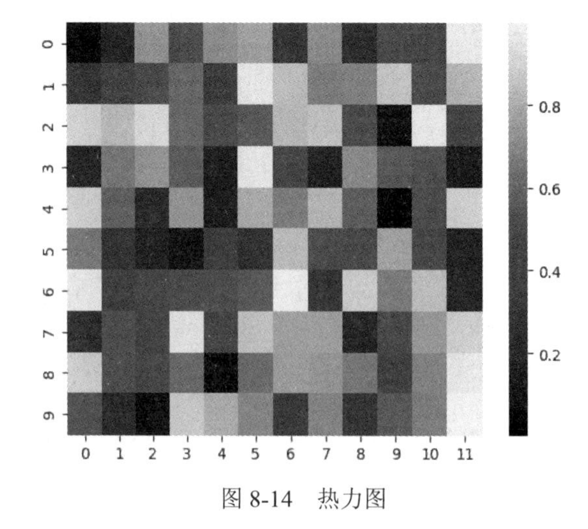

图 8-14 热力图

图 8-14 为随机生成数据的热力图。图中，横坐标为数据的列数，纵坐标为数据的行数，颜色越浅的方块代表数据的值越大。从图 8-14 中可以直观地看出数据的大小分布和相关性。

8.3 预测性数据分析

前面简要介绍了描述性数据分析和探索性数据分析及其利用 Python 实现的方法。本节将简要介绍预测性数据分析的基本思想。预测性数据分析可能涉及较多的机器学习算法，本章仅介绍一种比较简单的预测性数据分析方法。

8.3.1 概述

预测性数据分析主要用于根据已有的数据对未来的数据或发展趋势进行预测。比如，根据历史销售数据预测未来某段时间的销售情况，通过用户数据预测未来用户的行为等。预测性数据分析有一定难度，越深入分析就会涉及越多数据挖掘、机器学习等相关知识。

对于预测性数据分析，主要有回归、分类以及聚类三种基本的算法模型。其中，回归模型包括一元线性回归、多元线性回归和逻辑回归等。分类常用模型有决策树、朴素贝叶斯以及 KNN 等。聚类有基于划分的聚类方法、基于密度的聚类方法以及基于层次的聚类方法等。在 Python 中实现以上模型常用到机器学习库 Scikit-Learn，利用 Scikit-Learn 可以方便地进行模型调用和参数设置，同时它还提供了一些公开的数据集。

预测性数据分析的方法较多，此处仅以一种简单的模型——多元线性回归对预测性数据分析方法做简单介绍。关于其他方法的使用以及原理解析，可参考其他机器学习教材进行系统学习。

8.3.2 多元线性回归

回归分析是一种预测性的建模技术，它研究的是因变量(目标)和自变量(预测器)之间的关系。和分类问题不同，分类问题需要得到离散的分类结果，而回归问题则需要获得连续的变化曲线。

线性回归是回归分析方法中的一种，首先假定自变量和因变量之间的关系是线性的，然后想办法求得自变量和因变量之间的线性关系描述曲线(实际上是直线，为了便于统一，这里统称为曲线)。

线性回归又分为一元线性回归和多元线性回归。一元线性回归的主要任务是由两个相关变量中的一个变量去估计另一个变量。被估计的目标变量称为因变量，可设为 Y；用于估计的变量称为自变量，设为 X。多元线性回归与一元线性回归类似，其主要特点是：自变量不再是一个变量，而由多于一个以上的变量作为自变量。下面给出多元线性回归模型的计算公式。

设随机 y 与一般变量 $x_1, x_2, \cdots, x_k$ 的线性回归模型为

$$y = \beta_0 + \beta_1 x_1 + \beta_2 x_2 + \cdots + \beta_k x_k + \varepsilon \tag{8-8}$$

其中，β_0，β_1，…，β_k 是 k + 1 个未知参数，β_0 称为回归常数，β_1，…，β_k 称为回归系数；y 称为被解释变量；$x_1, x_2, \cdots, x_k$ 是 k 个解释变量，当 $k \geqslant 2$ 时，式(8-8)为多元线性回归模型；ε 是随机误差。

要使用多元线性回归，还需符合以下假设：

(1) 回归模型是参数线性的。

(2) 随机误差项与解释变量不相关，即 $cov(x,\varepsilon)=0$。

(3) 零均值假定，即 $E(e)=0$。

(4) 同方差假定，即 $var(\varepsilon)=\sigma^2$。

(5) 无相关假定，即两个误差项之间不相关，即 $cov(\varepsilon_i,\varepsilon_j)=0, i\neq j$。

(6) 解释变量 x_1、x_2 之间不存在完全共线性，即两个解释变量之间无确切的线性关系。

(7) 正态性假定，即 $\varepsilon \sim N(0,\sigma^2)$。

多元线性总体回归方程如下：

$$y=\beta_0+\beta_1 x_1+\beta_2 x_2+\cdots+\beta_k x_k \tag{8-9}$$

系数 β_1 表示在其他自变量不变的情况下，自变量 x_1 变动一个单位时引起的因变量 y 的平均单位，其他回归系数的含义相似。从集合意义上来说，多元线性回归是多维空间上的一个平面。

多元线性样本回归方程如下：

$$\hat{y}=\hat{\beta}_0+\hat{\beta}_1 x_1+\hat{\beta}_2 x_2+\cdots+\hat{\beta}_k x_k \tag{8-10}$$

多元线性回归方程中回归系数的估计采用最小二乘法。最小二乘法通过最小化误差的平方和寻找最佳函数。残差平方和为 0 表示为

$$SSE=\sum(y-\hat{y})=0 \tag{8-11}$$

根据微积分求极小值的原理可知，残差平方和 SSE 存在极小值。欲使 SSE 达到最小，SSE 对 β_0、β_1、…、β_k 的偏导数必须是零。

将 SSE 对 β_0、β_1、…、β_k 求偏导数，并令其等于零，整理后，可得到 k+1 个方程式：

$$\begin{aligned}
\frac{\partial SSE}{\partial \beta_i}&=-2\sum(y-\hat{y})=0\\
\frac{\partial SSE}{\partial \beta_i}&=-2\sum(y-\hat{y})x_{i1}=0\\
&\vdots\\
\frac{\partial SSE}{\partial \beta_i}&=-2\sum(y-\hat{y})x_{ik}=0
\end{aligned} \tag{8-12}$$

通过求解这一方程组，可以分别得到 β_0、β_1、…、β_k 的估计值和 $\hat{\beta}_0$、$\hat{\beta}_1$、…、$\hat{\beta}_k$ 回归系数的估计值。

案例 8-1 波士顿房价预测

接下来通过一个具体的案例说明线性回归模型的使用。该案例给出的数据集中，描述了波

士顿房屋的各方面因素，希望通过一些方法来找到这些因素对最终房价的影响。这是一个回归问题，每个类的观察数量是均等的，共有 506 个样本，每个样本有 13 个输入变量和 1 个输出变量(即房价)。利用多元回归算法对波士顿房价进行预测分析的具体步骤如下所述。

(1) 导入数据。波士顿房价的数据可以直接在 Scikit-Learn 中下载，首先下载数据集后将其转化为 dataframe，代码如下：

```
from sklearn import datasets
import pandas as pd
# 下载数据集
boston=datasets.load_boston()
# 将数据转化为 DataFrame 形式
bostonDf_X = pd.DataFrame(boston.data,columns=boston.feature_names)
bostonDf_y = pd.DataFrame(boston.target,columns=['houseprice'])     #注意加列名称
#合并 dataframe
bostonDf = pd.concat([bostonDf_X,bostonDf_y],axis=1)   #axis=1 为横向操作
#看一下数据集
print(bostonDf.head())
```

数据集如图 8-15 所示。

	CRIM	ZN	INDUS	CHAS	NOX	RM	AGE	DIS	RAD	TAX	PTRATIO	B	LSTAT	houseprice
0	0.00632	18.0	2.31	0.0	0.538	6.575	65.2	4.0900	1.0	296.0	15.3	396.90	4.98	24.0
1	0.02731	0.0	7.07	0.0	0.469	6.421	78.9	4.9671	2.0	242.0	17.8	396.90	9.14	21.6
2	0.02729	0.0	7.07	0.0	0.469	7.185	61.1	4.9671	2.0	242.0	17.8	392.83	4.03	34.7
3	0.03237	0.0	2.18	0.0	0.458	6.998	45.8	6.0622	3.0	222.0	18.7	394.63	2.94	33.4
4	0.06905	0.0	2.18	0.0	0.458	7.147	54.2	6.0622	3.0	222.0	18.7	396.90	5.33	36.2
5	0.02985	0.0	2.18	0.0	0.458	6.430	58.7	6.0622	3.0	222.0	18.7	394.12	5.21	28.7
6	0.08829	12.5	7.87	0.0	0.524	6.012	66.6	5.5605	5.0	311.0	15.2	395.60	12.43	22.9
7	0.14455	12.5	7.87	0.0	0.524	6.172	96.1	5.9505	5.0	311.0	15.2	396.90	19.15	27.1
8	0.21124	12.5	7.87	0.0	0.524	5.631	100.0	6.0821	5.0	311.0	15.2	386.63	29.93	16.5
9	0.17004	12.5	7.87	0.0	0.524	6.004	85.9	6.5921	5.0	311.0	15.2	386.71	17.10	18.9
10	0.22489	12.5	7.87	0.0	0.524	6.377	94.3	6.3467	5.0	311.0	15.2	392.52	20.45	15.0
11	0.11747	12.5	7.87	0.0	0.524	6.009	82.9	6.2267	5.0	311.0	15.2	396.90	13.27	18.9
12	0.09378	12.5	7.87	0.0	0.524	5.889	39.0	5.4509	5.0	311.0	15.2	390.50	15.71	21.7
13	0.62976	0.0	8.14	0.0	0.538	5.949	61.8	4.7075	4.0	307.0	21.0	396.90	8.26	20.4
14	0.63796	0.0	8.14	0.0	0.538	6.096	84.5	4.4619	4.0	307.0	21.0	380.02	10.26	18.2

图 8-15 波士顿数据集

该数据集中的属性名称和释义如表 8-3 所示。

表 8-3 波士顿房价数据集中的属性名称和释义

属性名	释 义
CRIM	城镇人均犯罪率
ZN	住宅用地超过 25 000 sq.ft.的比例
INDUS	城镇非零售商用土地的比例
CHAS	查理斯河变量(如果边界是河流，则为 1；否则为 0)
NOX	环保指标

续表

属性名	释　　义
RM	住宅平均房间数
AGE	1940 年之前建成的自用房屋比例
DIS	到波士顿五个中心区域的加权距离
RAD	距离高速公路的便利指数
TAX	每一万美元的不动产税率
PTRATIO	城镇师生比例
B	城镇中黑人比例
LSTAT	人口中低收入阶层比例
houseprice	自住房的平均房价，以千美元计

注：sq.ft 表示平方英尺。

(2) 数据集划分。将数据集划分为训练集和测试集，测试集占总数据集的 0.25。

```
from sklearn.model_selection import train_test_split
# 训练集，测试集拆分
X_train, X_test, y_train, y_test = train_test_split(
    boston.data, boston.target, test_size=0.25)
```

(3) 数据预处理。使用 Scikit-Learn 中的 StandardScaler 进行预处理，将数据进行标准化，代码如下：

```
from sklearn.preprocessing import StandardScaler
# 数据标准化处理
# 特征值标准化
std_x = StandardScaler()
X_train = std_x.fit_transform(X_train)
X_test = std_x.transform(X_test)

# 目标值标准化
std_y = StandardScaler()
y_train = std_y.fit_transform(y_train.reshape(-1, 1))
y_test = std_y.transform(y_test.reshape(-1, 1))
```

(4) 建立模型进行预测，代码如下：

```
#进行建模
#导入模块
from sklearn.linear_model import LinearRegression
# 获取多元线性回归模型
lr = LinearRegression()
#训练模型
lr.fit(X_train, y_train)
# 返回预测结果
y_lr_predict1=lr.predict(X_test)
```

(5) 绘制预测结果与测试数据真实结果的折线图。

```
import matplotlib.pyplot as plt
# 绘制预测值和实际测试集的目标值
plt.plot(y_test,label='real')
plt.plot(y_lr_predict,label='lr')
plt.legend()
plt.show()
```

结果如图 8-16 所示。

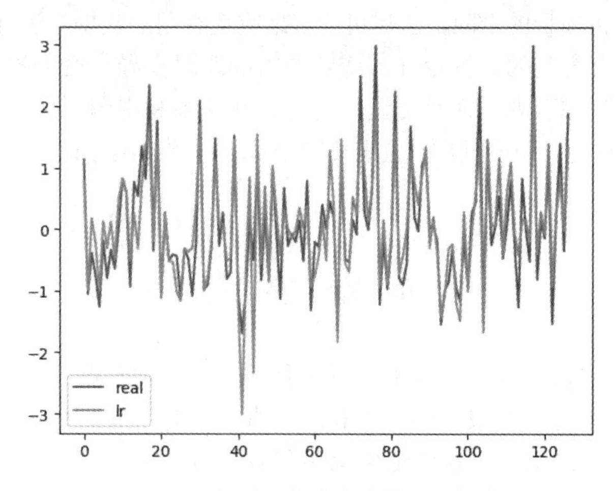

图 8-16　预测结果与真实值的对比折线图

图 8-16 中，深色线为真实值，浅色线为预测值。由图 8-16 可以看出，深色线与浅色线大致重合，所以预测的结果与真实的值基本一致。因此，可以进一步计算模型的准确率，代码如下：

```
print(lr.score(X_test,y_test))
```

运行结果为 0.7457405493696991，即模型预测的准确率为 74.6%左右。

8.4　撰写数据报告

数据报告是整个数据分析项目的最终呈现，也是所有分析过程的总结，用于输出结论和策略。撰写数据报告的步骤如下：

(1) 明确任务目标。

① 确定最终的业务目的。

② 对问题进行拆分。

③ 确定必要输出的数据结果及分析结论。

(2) 确定报告的逻辑。

① 根据问题拆分结果进行结构化设计。

② 明确合理的讲述逻辑。

③ 根据逻辑进行细化及补充。

(3) 选择合适的呈现形式。

① 选择合适的数据。

② 选择合适的图表。

③ 进行整体报告的设计美化。

写分析报告时，需要特别注意：

(1) 一定要有框架，最简单的就是以拆分问题的逻辑来进行框架搭建，再对每个分支进行内容填充，分点进行说明。

(2) 数据的选择不要过于片面，要多元化；需要进行对比分析，否则结论可能有失偏颇。数据的价值决定了分析项目的上限，应尽可能多地收集有用的数据，进行多维度的分析。

(3) 结论一定要有客观的数据论证，或者严密的逻辑推导，否则没有说服力。

(4) 图表比文字更加直观，而且可读性更强，应该多利用图形化的表达方式。

(5) 分析报告不只是要说明问题，更重要的是基于问题提出建议、解决方案，预测发展趋势等。

本章小结

本章针对描述性分析、探索性分析以及预测性分析三种数据分析方法进行了介绍和案例展示，并且介绍了撰写数据报告的步骤和注意事项。对于数据分析，有大量的内容可以延伸和拓展，这里由于篇幅有限仅仅提供思路和简单的讲解。

思考题

(1) 使用 Python 随机生成数据，并对其进行描述性数据分析。

解题参考：

Python 可以使用 NumPy 库随机生成数据。例如，要随机生成一个 10×10 的矩阵，可以使用以下代码实现：

```
import numpy as np
x = np.random.rand(10, 10)
```

(2) 使用鸢尾花数据集进行探索性数据分析。数据集采用本章提供的数据集。

(3) 随机生成数据，进行多元线性回归预测分析。

解题参考：

Python 随机生成回归模型数据的代码如下：

```
#导入模块
from sklearn.datasets.samples_generator import make_regression
# x 为样本特征，y 为样本输出， coef 为回归系数，共 1000 个样本，每个样本 1 个特征
x, y, coef =make_regression(n_samples=1000, n_features=1,noise=10, coef=True)
```

第三篇　数据分析实战

学习了 Python 的基本使用方法以及数据分析的主要流程和方法之后，读者已经对利用 Python 进行数据分析有了初步的了解。这部分将通过几个完整的数据分析案例，加深读者对于利用 Python 进行数据分析方法的理解。

第9章 超市销售数据分析

近年来，随着新零售业的快速发展，超市的经营管理产生了大量的数据，对这些数据进行分析，可以提升超市的竞争力，为超市的运营及经营策略调整提供重要依据。本章将介绍利用 Python 对超市销售数据进行分析的完整案例。

9.1 案例任务

本案例将利用 Python 对销售数据进行统计分析，并作可视化展示，分析顾客的消费行为，研究促销对销售的影响。

该数据分析任务的具体要求包括：

(1) 生成生鲜类商品和一般商品每天的销售金额的折线图。

(2) 生成一月各大类商品销售金额的占比饼图。

(3) 分析顾客的消费行为，并对用户进行画像。

9.2 案例主要实现流程

本案例的目标是通过超市数据分析超市的销售情况，得出超市日常经营管理的方向和定位，达到提高经济效益的目的。数据源来自 2019 年某竞赛提供的数据集，该数据集提供了某超市 2015 年 1 月 1 日至 2015 年 4 月 30 日经营产生的销售数据，数据集包括顾客编号、大类编码和名称、中类编码和名称、小类编码和名称、商品编码、销售日期、商品类型、销售数量和金额以及是否促销等信息，如图 9-1 所示。

[2]:

	顾客编号	大类编码	大类名称	中类编码	中类名称	小类编码	小类名称	销售日期	销售月份	商品编码	规格型号	商品类型	单位	销售数量	销售金额	商品单价	是否促销
0	0	12	蔬果	1201	蔬菜	120109	其它蔬菜	20150101	201501	DW-1201090311		生鲜	个	8.000	4.00	2.00	否
1	1	20	粮油	2014	酱菜类	201401	榨菜	20150101	201501	DW-2014010019	60g	一般商品	袋	6.000	3.00	0.50	否
2	2	15	日配	1505	冷藏乳品	150502	冷藏加味酸乳	20150101	201501	DW-1505020011	150g	一般商品	袋	1.000	2.40	2.40	否
3	3	15	日配	1503	冷藏料理	150305	冷藏面食类	20150101	201501	DW-1503050035	500g	一般商品	袋	1.000	6.50	8.30	否
4	4	15	日配	1505	冷藏乳品	150502	冷藏加味酸乳	20150101	201501	DW-1505020020	100g*8	一般商品	袋	1.000	11.90	11.90	否
[illegible]	[illegible]	[illegible]	[illegible]	[illegible]	[illegible]	[illegible]	夜用卫	[illegible]	[illegible]	DW-	[illegible]	一般	[illegible]	[illegible]	[illegible]	[illegible]	[illegible]

图 9-1 超市数据集

本案例的主要流程图如图 9-2 所示。

首先，从本地导入超市数据；其次，查看销售数据并进行预处理，具体包括数据预分析，处理数据缺失值，处理冗余数据，删除异常数据；然后，根据需求对数据进行分析，得到生鲜类商品和一般商品的每天销售金额表，一月各大类商品销售金额的占比饼图，消费第一名的顾客画像。整个任务利用 Python 编码完成。

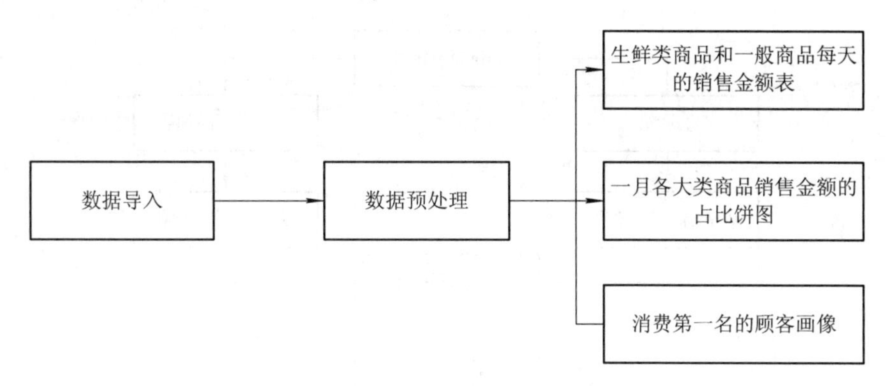

图 9-2　超市销售数据分析主要流程

9.2.1　数据预处理

首先导入需要用到的库，把要分析的数据读取进来，并对数据进行预处理。因为现实世界中数据大体上都是具有很多问题的脏数据，无法直接进行数据挖掘，从而无法得到令人满意的挖掘结果。数据预处理流程图如图 9-3 所示。

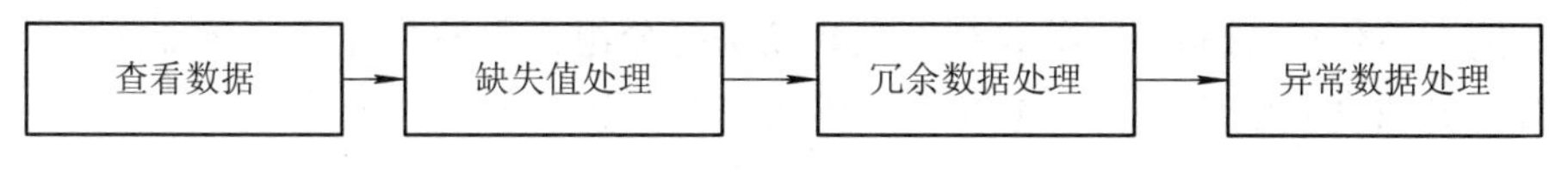

图 9-3　数据预处理流程图

设计中，首先使用 describe 函数查看数据，该函数的主要作用是描述数据窗口中各种对象的属性，可用于观察数据。使用 isnull 函数可以判断表达式是否包含 Null 值，从而检查出数据中的缺失值。对于空值 Null，使用 dropna 函数进行删除。duplicated 函数是一个可以用来解决向量或者数据重复值的函数，它会返回一个 True 或 False 的向量，以标注该索引所对应的值是否是重复的值。

9.2.2　生鲜类商品和一般商品每天的销售金额表

利用 groupby 函数的分组功能对数据进行分组，再对分组后的数据进行销售金额计算，创建新的 df，删除日期中没有销售金额的空行，最后生成折线图，对比分析生鲜类商品和一般商品的销售情况。销售金额流程图如图 9-4 所示。

温馨提示：

上面提到的 df 即 dataframe，是 Pandas 中的一种数据类型。此处用 df 表示用来存储具体的 dataframe 类型数据的变量名称。

本案例的数据中生鲜类商品和一般商品都是在产品类型一列，不能直接使用 grouby 进行粗暴的分组。首先，利用 datatime 函数直接进行日期标准化；其次，利用 groupby 函数把生鲜类商品和一般商品提取出来；然后，使用 datatime 函数以天计算销售金额。

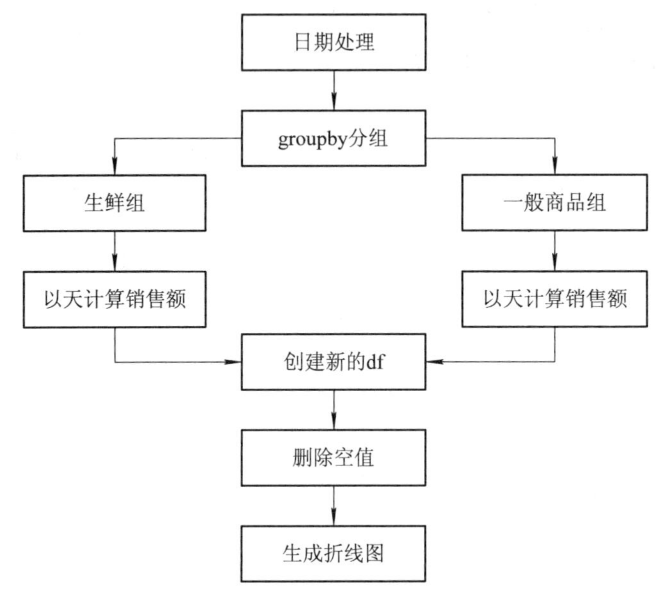

图 9-4 生鲜类商品和一般商品每天的销售金额流程图

9.2.3 一月各大类商品销售金额的占比饼图

本案例主要使用 groupby 函数对大类商品进行分组，再按月计算销售金额，然后对所有的大类商品数据创建新的 df，最终生成饼图。饼图流程如图 9-5 所示。

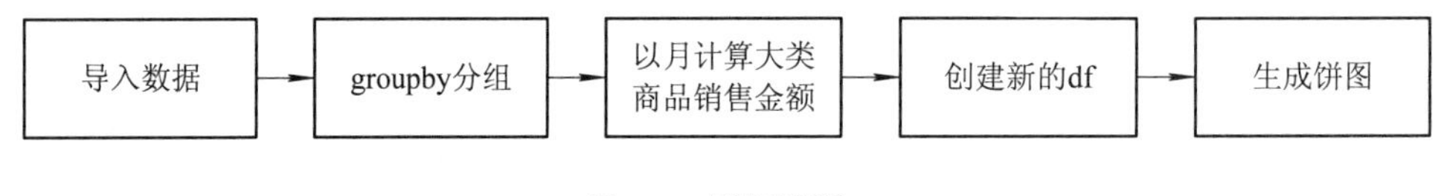

图 9-5 饼图流程

首先，导入预处理后的数据，使用 groupby 分组对各种大类商品进行分组，具体的分组包括休闲、冲调、家居、家电、文体、日配、水产、洗化、烘焙、熟食、粮油、肉禽、蔬果、酒饮、针织。其次，将这些分类好的商品按月进行统计。然后，创建一个新的 df 储存之前统计的月销售金额，最后生成一个饼图。

9.2.4 顾客画像

消费者购买行为的分析是消费者数据分析研究中尤为重要的部分，作为超市管理者，研究消费者的消费习惯可以帮助企业或者平台更加精准地制定营销策略。用户画像分析其实就是根据用户自然特征、社会特征、行为偏好特征给会员用户打上偏向标签。而消费者个性化营销更多的就是给这些不同人群定制他们专属的服务。比如，用户日常消费时经常购买巧克力、饼干、糖果等零食，那么就建议给用户多推送相关的人气零食商品；再如用户平时经常每周六晚上在网上购物，那么可以在这一时间段开始定向给用户推送一些热门商品，这样才能刺激用户向商家希望的消费方向进行更多的消费。

本案例根据消费情况，提取消费金额为前 10 名的消费者，并为第一名消费者绘制顾客画像，具体的流程图如图 9-6 所示。

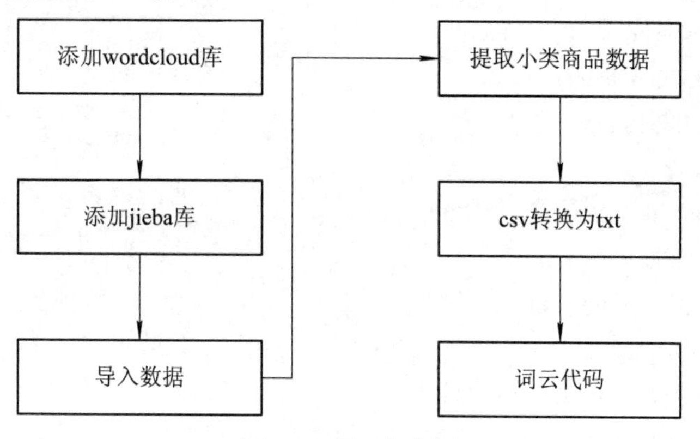

图 9-6　词云流程图

首先要安装 wordcloud 词云库，因为表格内容是中文，所以还要安装 jieba 分词库。打开 Anaconda 中的 Anaconda Prompt，然后单击右键，选择“管理员身份运行”，之后输入 pip install wordcloud 和 pip install jieba。

> 温馨提示：
>
> 要完成用户画像，需要用到两个主要的功能，分别是中文分词和词云绘制。中文分词是把一句完整的中文句子分解成为单独的词语，目前最常用的中文分词库即为 jieba(结巴分词)。词云绘制即把给定的词语列表绘制为指定的图形形状，词语列表中出现频次越高的词，在词云中显示得越大。

9.3　详细实现及结果展示

从 9.2 节的流程图中可以看出，案例的主要数据分析任务由 3 个重要的部分构成。数据获取由竞赛数据直接给出，读者可以直接将随教材提供的 csv 文件数据下载到本地。下面我们针对不同的数据分析任务的实现步骤进行详细介绍。

根据先前介绍的分析任务，需要完成以下三个方面的分析：

(1) 绘制生鲜类商品和一般商品每天销售金额的折线图，并分析比较两类产品的销售状况。

(2) 绘制每月各大类商品销售金额的占比饼图，并分析比较销售状况。

(3) 根据消费情况，分别为累计消费第一的顾客画像，并分析其消费特征。

9.3.1　数据预处理

下面将分步骤介绍具体的代码实现步骤和内容。该案例可以在 Jupyter 中实现，也可以使用 PyCharm 实现，此处以在 Jupyter 中的实现为例进行说明。下面的每一个步骤都需要单独新建一个 Cell 进行代码输入。

第 1 步：在一个 Cell 中输入下面的代码，引入各种库并导入文件，通过 Ctrl+回车键执行。

```
import numpy as np
import pandas as pd
import matplotlib.pyplot as plt
import matplotlib as mpl
import datetime
#图片在 notebook 内展示
%matplotlib inline
# 设置字符集，防止中文乱码
mpl.rcParams['font.sans-serif']=[u'simHei']
mpl.rcParams['axes.unicode_minus']=False
#注：如果数据文件和代码不在同一目录，请指定文件全路径
data=pd.read_csv("supermarket.csv",encoding="GBK")
```

第 2 步：在一个新的 Cell 中输入下面的代码，对所要处理的数据进行预处理，并将最终的处理结果保存为 data1 文件，并且保存在本地。

```
data.describe()#describe 方法查看数据统计
data[data.isnull().values==True]      #检查缺失值
d1=data.dropna()
d1.duplicated().any                   #查看冗余数据
data1=d1.loc[(d1['销售金额']>0.1)|(d1['销售金额']<-0.1)]       #查看是否有异常销售金额数据
data1.to_csv("supermarket_1.csv")
```

通过预处理，得到可以直接进行数据处理的 data1 数据。

9.3.2 生鲜类商品和一般商品每天的销售金额表

第 1 步：预处理后的数据保存在 data1 中，此处直接对 data1 中的数据进行处理。首先对日期进行处理。

```
def format_date(data):#处理日期
    data = str(data)
    year = data[0:4]
    month = data[4:6]
    day = data[6:]

    return '{}/{}/{}'.format(year, month, day)
    data=data1
data['销售日期'] = data['销售日期'].apply(format_date)
data.set_index(data['销售日期'], inplace=True, drop = True)
data.index = pd.to_datetime(data['销售日期'],errors="coerce", format="%Y/%m/%d")
```

第 2 步：对数据进行分组并计算生鲜类商品和一般商品每天的销售数据。

```
data = data.groupby(['商品类型'])
general_goods = data.get_group('一般商品')
fresh = data.get_group('生鲜')
general_goods_data = general_goods['销售金额'].resample('d').sum()
fresh_data = fresh['销售金额'].resample('d').sum()
df = pd.DataFrame({'一般商品': general_goods_data, '生鲜': fresh_data})
df.dropna(axis="columns",how='all',inplace=True)    #删除空行
df.dropna(axis="index",how='all',inplace=True)      #删除空列
```

第 3 步：生成折线图。

```
df.plot(kind="line")
plt.title('生鲜类和一般商品每日销售金额')
fig=plt.figure(figsize=(20,8),dpi=80)
```

从图 9-7 所示折线图可以明显看出：生鲜类商品 4 个月的销售金额变化不大。一般商品的销售金额在春节前后(第 30 天到 50 天)变化巨大，酒饮类商品受众较大，而生鲜类的受众相对来说较小，所以销售额也一直较小。

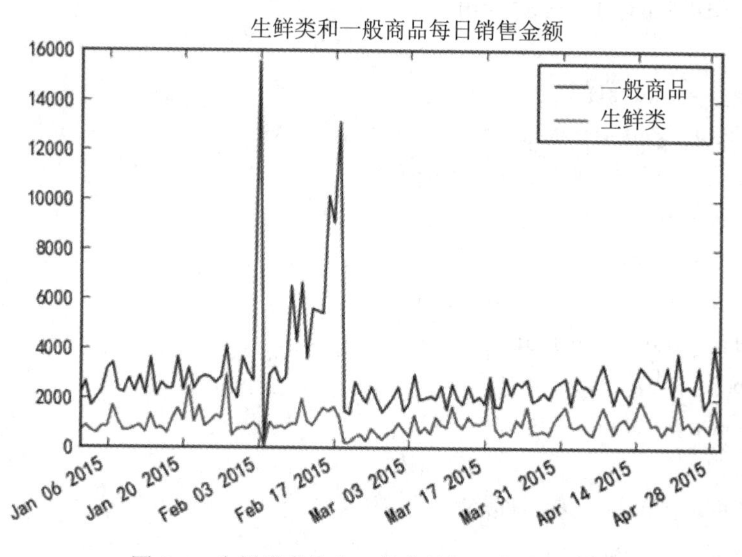

图 9-7　生鲜类商品和一般商品每天的销售数据

9.3.3　一月各大类商品销售金额的占比饼图

第 1 步：使用 groupby 进行分组。

```
#使用 groupby 按大类进行分组
#获取所有大类名称，注意 drop_duplicates 函数的作用
labels = data1['大类名称'].drop_duplicates().values.tolist()
data3 = data1.groupby(['大类名称'])
```

```
money=[] #用于保存按月汇总的每个大类的销售金额
for label in labels:
    tmp = data3.get_group(label)
    money.append(tmp['销售金额'].resample('m').sum())
dic = dict(map(lambda x,y:[x,y],labels,money))
df1=pd.DataFrame(dic)
```

第 2 步：生成饼图。

```
from matplotlib import font_manager as fm
from    matplotlib import cm

#此函数实现对数据进行乱序，否则太小的数据挨在一起会使文字重叠
def orderdata(datas,labels):
    tmpdata = dict(zip(datas,labels))
    data1 = []
    #首先对数据进行排序
    for i in sorted(tmpdata):
        data1.append([i, tmpdata[i]])

    length = len(data1)
    #然后间隔交换有序数据的顺序，使得大小数据交错
    for i, j in zip(range(0, length, 2), range(length-1, 0, -2)):
        if j <= i:
            break
        data1[i],data1[j] = data1[j],data1[i]
    datas = [x[0] for x in data1]
    labels = [x[1] for x in data1]
    return datas,labels

#从 df1 中获取要显示的标签和数据
labels = df1.columns.tolist()
sizes = df1.iloc[[0]].values[0].tolist()
#注：上述代码中第一个 0 表示取 df 中第一行数据，第二个 0 表示取数组的第一维数据

sizes,labels=orderdata(sizes,labels)

plt.figure(figsize=(8, 6))
colors = cm.rainbow(np.arange(len(sizes))/len(sizes)) # colormaps: Paired, autumn, rainbow, gray,spring,
Darks
```

```
#绘制饼图
patches, texts = plt.pie(sizes, labels=labels,labeldistance =1.1, colors=colors)

#对饼图的图例和文字格式进行设置
plt.axis('equal')
plt.title('一月大类销售金额', loc='center')
box = plt.gca().get_position()
plt.gca().set_position([box.x0, box.y0, box.width , box.height* 0.8])
plt.gca().legend(loc='upper right', bbox_to_anchor=(1, 1),ncol=1)
# plt.savefig('age.png', dpi=600)
plt.show()
```

最终得到的饼图如图 9-8 所示，可以明显看出：

(1) 在一月份的时候销售占比多的几类是蔬果、粮油、日配和休闲，其次是洗化、肉禽、酒饮、冲调、熟食、针织、家居、文体、家电、水产和烘焙。占比第一的是蔬果，高达 19%。占比并列第二的是粮油和日配，占比为 17%。占比第四的是休闲，达到 16%，只比第二名少 1%。占比第五的是洗化类商品，只占 10%。

(2) 因为蔬果、粮油、日配和休闲类商品是生活必需品，所以每月的销售额都较大，且 2015 年的春节在 2 月份，根据国人的习惯可知，大家会提前制备蔬菜水果、粮油、肉禽、日常用品和休闲物品，这也是为何在一月份中这些类别的物品占比较大的原因，此时的酒水有一定占比但还不是很大。

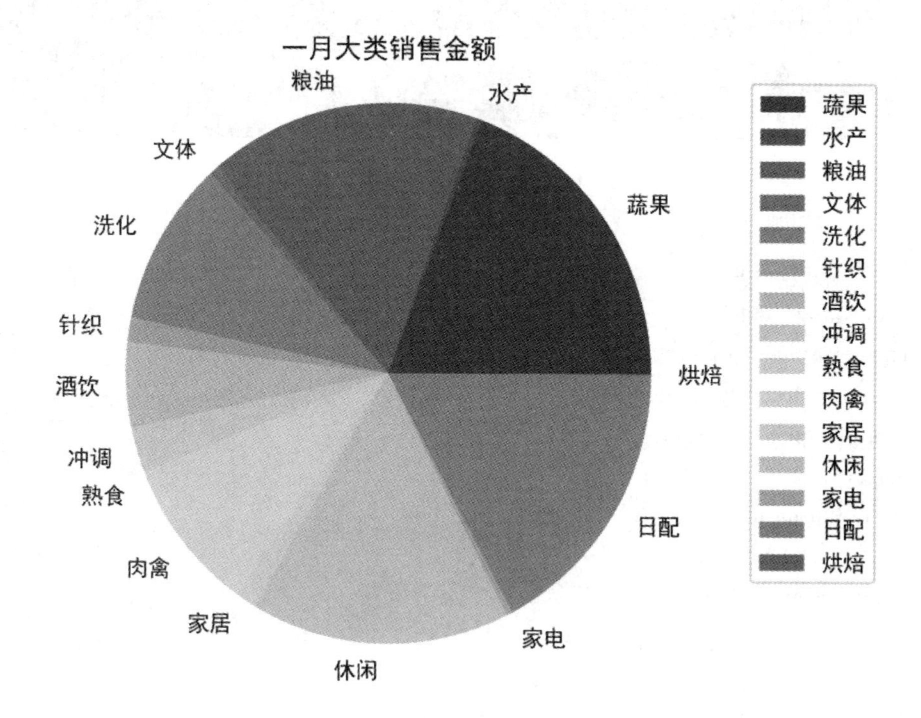

图 9-8　一月各大类商品销售金额的占比饼图

9.3.4 顾客画像

第 1 步：安装库。

根据前面的介绍，需要安装中文分词库 jieba 和词云显示库 wordcloud。具体操作方法是，打开 Anaconda 中的 Anaconda Prompt，然后右键选择“管理员身份运行”，之后输入 pip install wordcloud 和 pip install jieba，即可成功安装所需要的第三方库。安装库演示如图 9-9 所示。

> **温馨提示：**
>
> 除了 jieba 之外，还有很多其他优秀的中文分词词库，但此处仅用于说明实现结果，不在意分词的准确性指标验证，因此，用 jieba 中文分词词库就能满足要求了，感兴趣的读者可以自行尝试其他中文分词词库。

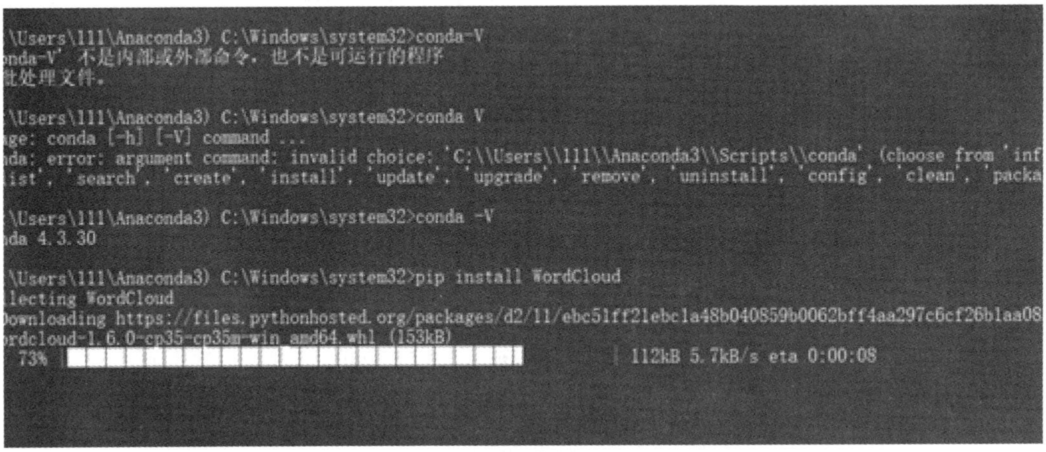

```
\Users\111\Anaconda3) C:\Windows\system32>conda-V
onda-V' 不是内部或外部命令，也不是可运行的程序
批处理文件。

\Users\111\Anaconda3) C:\Windows\system32>conda V
age: conda [-h] [-V] command ...
nda: error: argument command: invalid choice: 'C:\\Users\\111\\Anaconda3\\Scripts\\conda' (choose from 'inf
ist', 'search', 'create', 'install', 'update', 'upgrade', 'remove', 'uninstall', 'config', 'clean', 'packa

\Users\111\Anaconda3) C:\Windows\system32>conda -V
nda 4.3.30

\Users\111\Anaconda3) C:\Windows\system32>pip install WordCloud
llecting WordCloud
Downloading https://files.pythonhosted.org/packages/d2/11/ebc51ff21ebc1a48b040859b0062bff4aa297c6cf26b1aa08
ordcloud-1.6.0-cp35-cp35m-win_amd64.whl (153kB)
  73% |███████████████████████▍        | 112kB 5.7kB/s eta 0:00:08
```

图 9-9 安装库演示图

第 2 步：导入数据和库。

```
import numpy as np
import pandas as pd
import matplotlib.pyplot as plt
from wordcloud import WordCloud
import matplotlib as mpl
import jieba
#图片在 notebook 内展示
%matplotlib inline
#设置字符集，防止中文乱码
mpl.rcParams['font.sans-serif']=[u'simHei']
mpl.rcParams['axes.unicode_minus']=False
data=pd.read_csv("sqpermarket_1.csv",encoding="GBK")
```

第 3 步：按顾客汇总消费金额。

```
df=data.groupby('顾客编号')['销售金额'].sum().sort_values(ascending=False)#ascending 输入布尔型，false 是降序
df.head(10) #按消费金额从高到低显示前 10 位顾客的消费金额
```

显示效果如图 9-10 所示。

```
顾客编号
1177     13597.06
52        3589.15
986       2611.24
1385      2451.50
108       2340.32
210       1989.73
12        1838.19
395       1820.20
74        1660.37
1594      1563.90
Name: 销售金额, dtype: float64
```

图 9-10　消费金额前 10 位的顾客编号及其消费金额

第 4 步：提取指定顾客的小类商品数据并存储。

```
#提取顾客编号为 1177 的顾客信息，为该顾客画像
d1177=data.loc[(data['顾客编号']==1177)]
d1=d1177[['中类名称','小类名称']]
d1.to_csv("d1.txt")
```

第 5 步：词云绘制。

```
df=pd.read_csv("d1.txt",engine='python')
content = open('d1.txt','rb').read()
result = jieba.lcut(content,cut_all=False) #精确模式
content = ' '.join(result) #将 list 转化为空格分开的 str
wc = WordCloud( background_color='white', # 背景颜色
                font_path=r'C:\Windows\Fonts\simkai.ttf', # 设置字体
                max_font_size=300,
                max_words=150,
)
wordcloud = wc.generate(content)
plt.imshow(wordcloud)
plt.axis('off')
plt.show()
```

经过代码运行，可以得到消费第一名的顾客的词云图，如图 9-11 所示。可以得出以下结论：中间最大的两个字是蔬菜，所以顾客经常买菜回家做饭。从其余散落的文字比如叶菜、玉米油、酱菜、蛋品、猪肉、笋类、花果等可以看出，该顾客是一个居家型顾客。该顾客购买的生活用品种类也很丰富，有内衣裤、羽绒服、牙膏、纸制品、冲调、点心、膨化等，基本上生活所用的一些必需品，该顾客都在该超市购买。根据购买的频率和种类推测该顾客家应该离超市较近，大概率是一位女性。

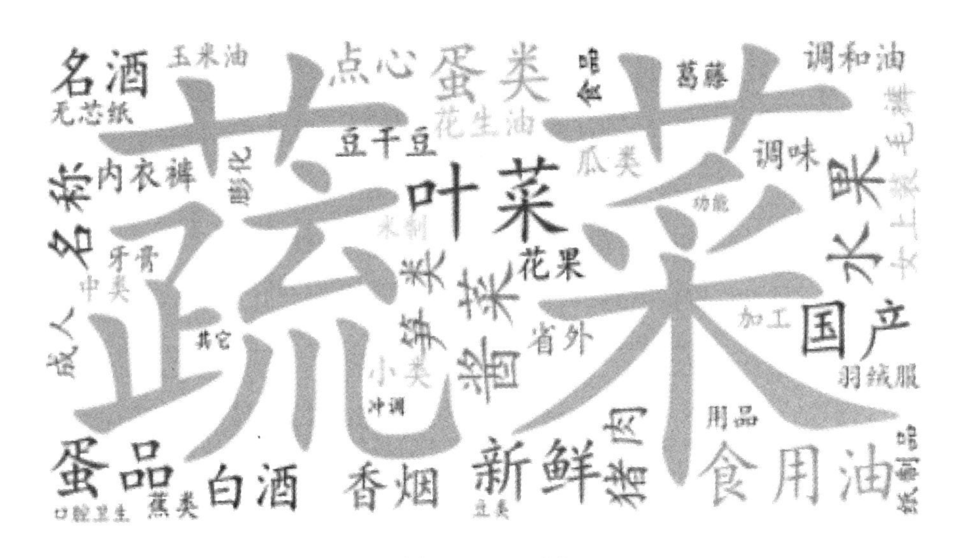

图 9-11　词云图

本 章 小 结

本章以超市销售数据分析为例，对数据分析过程进行了具体的展示。本案例主要从三个方面分析超市销售数据：

(1) 根据数据处理的结果绘制生鲜类商品和一般商品每天的销售金额表，分析图表中蕴含的信息，给超市提供更好的运营管理策略，帮助超市管理者更好地进行决策。

(2) 根据数据处理的结果绘制一月各大类商品销售金额的占比饼图，让超市管理者了解超市的定位，促进管理者经营。

(3) 利用 wordcloud 和 jieba 库，绘制顾客画像，分析消费者购买的物品。消费者购买行为分析是消费者数据分析研究中尤为重要的部分，作为超市管理者，研究消费者的消费习惯可以帮助企业或者平台更加精准地制定营销策略。

思 考 题

(1) 分析促销对小类商品销售的影响，为超市制定销售策略提供建议。

🔔 **温馨提示：**

使用 groupby 函数对促销商品进行分组，计算小类商品促销时的销售个数减去非促销时的销售个数。

(2) 分析小类商品的关联度，帮助超市优化商品的摆放位置。

🔔 **温馨提示：**

Apriori 算法是经典的挖掘频繁项集和关联规则的数据挖掘算法，可以从大规模数据集中寻找物品间的隐含关系。关联程度越高的商品越应该摆放在一起。

第 10 章 学生校园消费行为分析

校园一卡通是集身份认证、金融消费、数据共享等多项功能于一体的信息集成系统。在为师生提供优质、高效信息化服务的同时，系统自身也积累了大量的历史记录，其中蕴含着学生的消费行为以及学校食堂等各部门的运行状况等信息。本章将介绍利用 Python 进行学生校园消费行为分析的完整案例。

10.1 案 例 任 务

本案例针对国内某高校校园一卡通系统一个月的运行数据进行分析，使用数据分析和建模的方法，挖掘数据中所蕴含的信息，分析学生在校园内的学习生活行为，为改进学校服务并为相关部门的决策提供信息支持。

本案例将根据这些数据实现以下数据分析目标：

(1) 分析学生的消费行为和食堂的运营状况，为食堂运营提供建议。

(2) 构建学生消费细分模型，为学校判定学生的经济状况提供参考意见。

10.2 案例主要实现流程

本案例总方案流程如图 10-1 所示。

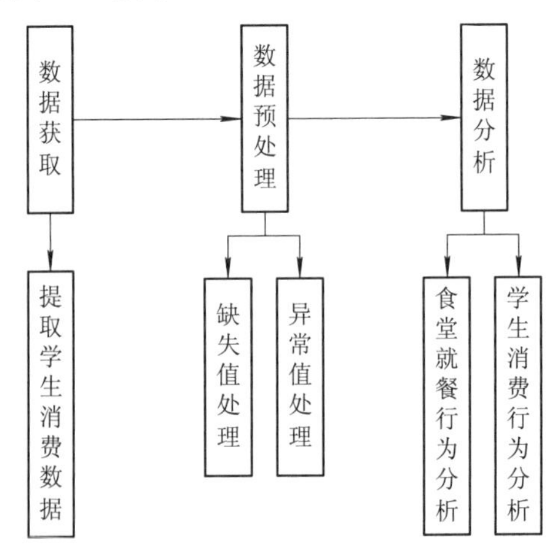

图 10-1 总方案流程图

原始数据是某高校校园一卡通系统一个月的运行数据，原始数据中包含消费、学习、出行等一系列数据。由于本案例重点关注学生的消费类数据，因此，首先从原始数据中抽取出一卡通的消费数据，然后进行脱敏处理，将其保存在三个 csv 格式的文件中，以便后续对数据进行分析。现实世界中的数据大多是不完整、不一致的脏数据，无法直接进行数据挖掘，或挖掘结果差强人意。为了提高数据挖掘的质量，需要对这些数据进行预处理。数据预处理是指在主要的处理之前对数据进行的一些处理。准确的预处理对分析至关重要。本案例的预处理主要包括缺失值处理和异常值处理。当预处理完成后，就需要进行数据分析。数据分析是指用适当的统计分析方法对收集来的大量数据进行分析，将它们加以汇总、理解并消化，以求最大化地开发数据的功能，发挥数据的作用。本案例中，主要进行食堂就餐行为分析、学生消费行为分析及各类数据的可视化处理。

10.3　详细实现及结果展示

从图 10-1 中可以看出，此案例包括了数据获取、数据预处理和数据分析等过程，下面将详细介绍各步骤的实现及结果展示。

10.3.1　数据获取

该数据集由某竞赛直接给出，数据集中包含了 data1、data2 和 data3 三个 csv 文件。其中，data1 保存了学生的基本信息；data2 保存了学生的消费数据，包括食堂消费和其他消费；data3 保存了学生的门禁刷卡数据。由于本案例仅仅针对学生消费信息进行分析，因此，获取 data2 文件中的数据即可。

10.3.2　数据预处理

data2 中的原始数据示例如图 10-2 所示。

	Index	CardNo	PeoNo	Date	Money	FundMoney	Surplus	CardCount	Type	TermNo	TermSerNo	conOperNo	OperNo	Dept
0	117342773	181316	20181316	2019/4/20 20:17	3.0	0.0	186.1	818	消费	49	NaN	NaN	235	第一食堂
1	117344766	181316	20181316	2019/4/20 8:47	0.5	0.0	199.5	814	消费	63	NaN	NaN	27	第二食堂
2	117346258	181316	20181316	2019/4/22 7:27	0.5	0.0	183.1	820	消费	63	NaN	NaN	27	第二食堂
3	117308066	181317	20181317	2019/4/21 7:46	3.5	0.0	50.2	211	消费	196	NaN	NaN	133	好利来食品店
4	117309001	181317	20181317	2019/4/19 22:31	2.5	0.0	61.7	209	消费	146	NaN	NaN	48	好利来食品店

图 10-2　原始数据示例

图 10-2 中的数据说明如表 10-1 所示。

从表 10-1 中可以看到，原始数据中有许多我们不需要的数据，如 Index、OperNo 等数据都是不需要的。对于原始数据，需要进行相关预处理，以使后面的数据分析结果准确。本案例只是实现数据分析，不需要开发完整的应用系统，因此，直接利用 Jupyter 编写就可以了。直接启动 Jupyter 并建立源文件，在一个 Cell 中输入下面的代码，并通过 Ctrl+回车键运行下面的代码即可。

表 10-1 原始数据说明

字 段 名	描 述
Index	消费的流水号
CardNo	校园卡号，每位学生的校园卡号都唯一
PeoNo	校园卡编号，每位学生的校园卡编号都唯一
Date	消费时间
Money	消费金额，单位为元
FundMoney	存储金额，单位为元
Surplus	余额，单位为元
CardCount	累计消费的次数
Type	消费类型
TemNo	消费项目的编码
TermSerNo	消费项目的序列号
ConOperNo	消费操作的编码
OperNo	操作编码
Dept	消费地点

```
import numpy as np
import pandas as pd
import datetime
import re
from dateutil.parser import parse
data=pd.read_csv("data2.csv",encoding="GBK")

#删除不需要的列，重命名列
data= data.drop(['Index', 'PeoNo', 'FundMoney', 'Surplus', 'CardCount', 'TermNo','conOperNo','OperNo',
'TermSerNo'], axis=1)
data.rename(columns={'CardNo':'校园卡号','Date':'消费时间','Money':'消费金额(元)','Type':'消费类
型','Dept':'消费地点'},inplace=True)
data=data[data['消费类型'].str.contains('消费')]   #保留消费类型只有消费的操作
data['消费时间']=data['消费时间'].apply(pd.to_datetime,format='%Y/%m/%d %H:%M')
#str 转换成时间戳
data = data.reset_index(drop = True)

#查看消费时间是周几
def get_week_day(date,lop):
    week_day_dict = {
        0: '星期一',
        1: '星期二',
```

```
            2: '星期三',
            3: '星期四',
            4: '星期五',
            5: '星期六',
            6: '星期天',
        }
        day = date.weekday()
        lop.append(week_day_dict[day])
WEEKDAY=[]
for i in range (len(data)):
        get_week_day(data['消费时间'][i],WEEKDAY)
dataframe = pd.DataFrame({'a_name':WEEKDAY})
data.insert(5,'消费在周几',dataframe)

#将消费时间划分为几个就餐时段(早餐、午餐、晚餐或者其他)
specific_time=[]
loi = data['消费时间']
for i in range (len(data)):
        specific_time.append(loi[i].strftime("%H:%M"))
dataframe = pd.DataFrame({'bn_name':specific_time})
data.insert(6,'具体时间',dataframe)
data['具体时间']=data['具体时间'].apply(pd.to_datetime,format='%H:%M')
def compare (moa,mob,moc):
        time1 = parse("1900-01-01 00:00:00")
        time2 = parse("1900-01-01 9:00:00")
        time3 = parse("1900-01-01 15:00:00")
        time4 = parse("1900-01-01 23:59:00")
        if moa = = '第二食堂' or moa = = '第一食堂'or moa = = '第三食堂' or    moa = = '第四食堂'    or
moa = = '第五食堂':
            if time1<mob<time2:
                moc.append('早餐')
            elif time2<mob<time3:
                moc.append('午餐')
            else:
                moc.append('晚餐')
        else:
            moc.append('其他')
COMPARE = []
for i in range (len(data)):
```

```
        compare(data['消费地点'][i],data['具体时间'][i],COMPARE)
    dataframe = pd.DataFrame({'bn_name':COMPARE})
    data.insert(7,'就餐性质',dataframe)
    #查看消费时间在一天中的哪个时段
    def hours(moa,mob):
        mod = re.findall('1900-01-01 ([012]?[0-9])\:',moa)
        mob.append(mod)
    mod = data['具体时间']
    mod = list(mod)
    time1 = []
    for i in range(len(data)):
        mod[i]   =str(mod[i])
        hours(mod[i],time1)
    time2 = []
    for i in   range (len(time1)):
        moa = int (time1[i][0])
        moa = str (moa)+":00"
        time2.append(moa)
    dataframe = pd.DataFrame({'bn_name':time2})
    data.insert(8,'就餐时段',dataframe)
    data = data.drop(['具体时间'],axis=1)
    data.head()
```

预处理后的结果如图 10-3 所示。

	校园卡号	消费时间	消费金额（元）	消费类型	消费地点	消费在周几	就餐性质	就餐时段
0	181316	2019-04-20 20:17:00	3.0	消费	第一食堂	星期六	晚餐	20
1	181316	2019-04-20 08:47:00	0.5	消费	第二食堂	星期六	早餐	8
2	181316	2019-04-22 07:27:00	0.5	消费	第二食堂	星期一	早餐	7
3	181317	2019-04-21 07:46:00	3.5	消费	好利来食品店	星期天	其他	7
4	181317	2019-04-19 22:31:00	2.5	消费	好利来食品店	星期五	其他	22

图 10-3　预处理后的数据

从图 10-3 中可以看到，预处理后的数据更加简洁，便于直观理解。消费在周几是指该消费时间是星期几。就餐性质有四类：早餐、午餐、晚餐和其他。其中一日三餐是在食堂消费，其他是指在便利店等地点消费。就餐时段指的是就餐时间所属的小时，如在第一行的数据中消费时间为“2019-04-20 20:17:00”，那么就餐时段就为 20 时。这样处理之后的数据方便对后续的就餐行为进行分析。

10.3.3 食堂就餐行为分析

根据先前介绍的分析任务，需要完成以下分析。

通过研究分析各个食堂的消费数据，查看每个食堂的运营情况，提取出每个食堂该月份的总就餐人次的占比以及每个食堂该月份的早中晚三餐就餐人数占比，由此发现每个食堂的优势以及不足之处，并在此基础上提供合理的运营建议，为学校食堂建设提供数据支持。经过观察可以发现，消费地点不仅有食堂，还有好利来食品店等其他消费地点。要对食堂消费进行分析，显然要删除其他消费地点，只保留食堂的消费数据，然后将食堂消费的相关信息可视化。启动 Jupyter，在预处理代码的基础下输入以下代码，并通过 Ctrl+回车键运行代码。

```
import matplotlib.pyplot as plt
import matplotlib as mpl
get_ipython().magic('matplotlib inline')
#设置字符集，防止中文乱码
mpl.rcParams['font.sans-serif']=[u'simHei']
mpl.rcParams['axes.unicode_minus']=False
#设置字体大小
plt.rcParams.update({'font.size': 20})
num = data['消费地点'].astype(str).str[:4]
num.value_counts()
#查看消费地点
a = data['消费地点'].value_counts()
num_click = a.value_counts()
b = num_click[:6]
b['else'] = num_click[6:].sum()
#保留消费地点排名前五的数据
c=a.head(5)
plt.figure(figsize=(10,10 ))
plt.title('就餐地点分布图')
plt.pie(c, labels=c.index, autopct='%.2f%%')
plt.show()
```

执行上述代码，运行结果如图 10-4 所示。

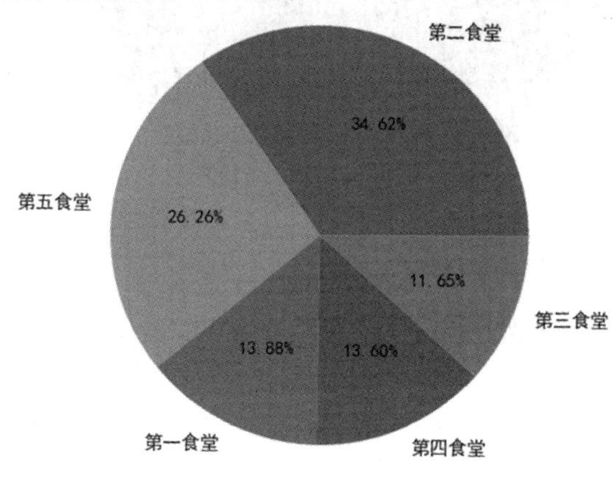

图 10-4　就餐地点分布图

分析图 10-4 可知，最受欢迎的食堂是第二食堂，就餐学生占比达到 34.62%，其次为第五食堂，就餐学生占比为 26.26%，第一食堂、第三食堂、第四食堂之间学生就餐占比相差不大，分别为 13.88%、13.60%、11.65%。在就餐时段，第二食堂所面临的就餐压力最大，在管理上需要投入更大的精力，在保障学生就餐时段正常用餐上需要提前做好更多的准备工作。

在前面的代码下继续输入下面的代码，对各食堂早餐人数可视化。

```
data1=data[data['就餐性质'].str.contains('早餐')]
a = data1['消费地点'].value_counts()
num_click = a.value_counts()
b = num_click[:6]
b['else'] = num_click[6:].sum()
c=a.head()
c=c.sort_index()
colors = ['red', 'yellow', 'blue', 'green','darkviolet']
#保留消费地点排名前五的数据
plt.figure(figsize=(10, 10))
plt.title('早餐人数分布图')
plt.pie(c, labels=c.index, autopct='%.2f%%',pctdistance=0.9,colors=colors)
plt.legend(loc="upper right",fontsize=20,bbox_to_anchor=(1.3,1.05),borderaxespad=0.3)
plt.show()
```

执行上述代码，运行结果如图 10-5 所示。

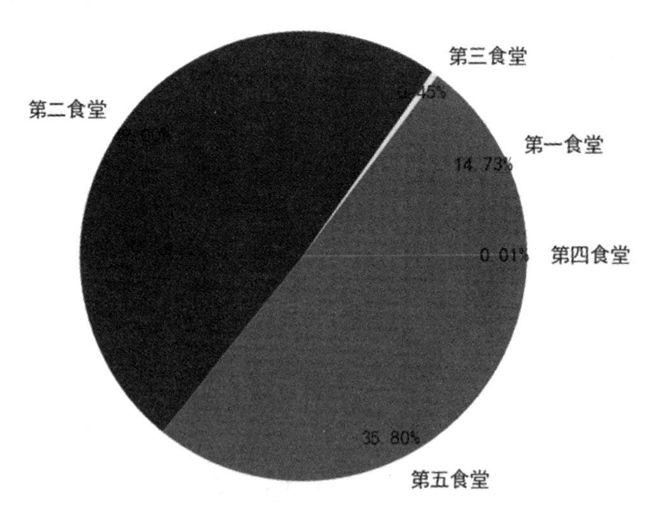

图 10-5 早餐地点分布图

分析图 10-5 可知，学生最喜欢吃早餐的地点为第二食堂，就餐学生比达到了 49.00%，第五食堂和第一食堂的学生就餐比为 35.80% 和 14.73%，而第三食堂和第四食堂的学生就餐比不到 1%。食堂之间就餐人数差距过大导致某些食堂早餐阶段供餐压力过大，而某些食堂供餐压力过小，食堂之间不平衡。因此，需要调查第三食堂、第四食堂早餐就餐人数过少的原因并予以解决和改善，从而达到食堂之间供餐人数相对平衡。读者可用相同的方法查看该校该月午餐与晚餐各个食堂人数占比饼状图。

接下来通过分析就餐时段食堂的刷卡记录，绘制就餐时间的直方图。直方图中 X 轴表示时间(一天中 0 时到 24 时)，Y 轴表示就餐次数，这样可以更直观地分析二者的特征，从而给学校相关食堂部门提供改善建议。在之前代码后新建 Cell 并输入下面的代码，进行工作日就餐不同时段人次分析。

```
data = data.drop(data[data['消费在周几'].str.contains('星期六','星期日')].index)
data.loc[(data['消费地点']= ='第一食堂')|(data['消费地点']= ='第五食堂')|(data['消费地点']= ='第二食堂')|(data['消费地点']= ='第三食堂')|(data['消费地点']= ='第四食堂')]
number = data['就餐时段'].value_counts()
plt.rcParams.update({'font.size': 10})
asd,sdf = plt.subplots(1,1,dpi=150)

number.plot(kind='bar',x='number',y='size',title='不同时段食堂中刷卡频次',ax=sdf)
plt.xlabel('刷卡时段')
plt.ylabel('刷卡频次')
plt.show()
```

执行上述代码，运行结果如图 10-6 所示。

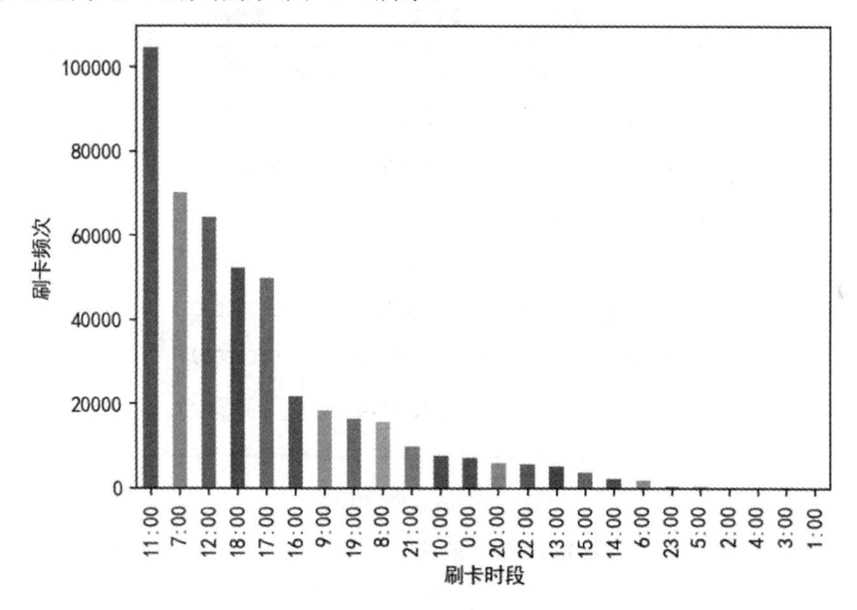

图 10-6　工作日就餐时间直方图

分析图 10-6 可以看出：工作日该学校早餐就餐峰值都是在 7 点到 9 点，午餐就餐峰值都是在 11 点到 12 点，晚餐就餐峰值都是在 17 点到 19 点。该校学生工作日的就餐时间相对来说比较正常，生活作息健康，这对高校的建设具有很好的推动作用。读者可用相同的代码做少量修改后画出非工作日的就餐时间直方图。

为了更好地分析学生的消费情况，将 data1.csv 中的学生个人信息与前面预处理后的文件进行连接。通过分析处理后的数据，查看该校学生该月份的人均刷卡次数和人均消费金额是否符合正常水平，判断该数据是否具有参考价值，同时对该校学生的消费水平有一个基本的认知，为助学金的评定提供依据。然后将不同专业、不同性别的学生在校园内的消费情况可视化，查看性别对于消费行为的影响，为改进学校服务、为相关部门做出决策、为评选助学金提供信息支持。在预处理后的代码后输入以下代码，对个人信息和文件信息进行连接。

```
df2 = pd.read_csv("data1.csv", encoding='GB2312')
df2   = df2.drop(['Index','AccessCardNo'],axis=1)
df2.rename(columns={'CardNo': '校园卡号'}, inplace=True)
df3 = pd.merge(data, df2, on='校园卡号')
df3=df3[df3['消费类型'].str.contains('消费')]
data = df3
data = data.loc[(data['消费地点']= ='第一食堂')|(data['消费地点']= ='第五食堂')|(data['消费地点']= ='
第二食堂')|(data['消费地点']= ='第三食堂')|(data['消费地点']= ='第四食堂')]
data = data.reset_index(drop = True)
data.describe()
```

执行上述代码，运行结果如图 10-7 所示。

	校园卡号	消费金额（元）	就餐时段
count	210488.000000	210488.000000	210488.000000
mean	182029.303875	3.725312	12.437070
std	1228.111504	3.045689	4.416257
min	180001.000000	0.100000	0.000000
25%	181018.000000	1.200000	9.000000
50%	181912.000000	3.000000	11.000000
75%	183078.000000	6.000000	17.000000
max	184339.000000	103.000000	23.000000

图 10-7　消费金额统计

观察图 10-7 可知，该校人均每次刷卡消费金额为 3.725 312 元，人均每次刷卡消费金额最多为 103 元。

要想知道每个同学的月总消费金额和月总消费次数，可对月总消费金额和月总消费次数进行相关统计。在前面的代码之下输入以下代码：

```
data1 = data.drop(['消费时间','消费类型','消费在周几','就餐性质','就餐时段','Sex'],axis=1)
lom = data1['消费金额(元)'].groupby([data1['校园卡号']]).agg(["sum","mean","count"])
lom.head()
```

执行上述代码，运行结果如图 10-8 所示。

校园卡号	sum	mean	count
180001	161.6	5.050000	32
180002	97.4	2.319048	42
180004	530.0	6.022727	88
180005	166.9	5.563333	30
180006	81.7	3.713636	22

图 10-8　学生消费统计

在图 10-8 中，sum 统计的是该学生的月总消费金额，count 统计的则是该学生的月总食堂刷卡次数。

在得到学生的月总消费金额和月总食堂刷卡次数后，可根据月总消费金额和月总食堂刷卡次数对学生进行聚类划分。此处采用了 K-means 算法，通过计算欧式距离进行聚类划分。在前面的代码之下输入以下代码：

```
lom = lom.reset_index(drop = True)
data = []
for i in range (len(lom)):
    moa = []
    moa.append(lom['sum'][i])
    moa.append(lom['count'][i])
    data.append(moa)
import numpy
import random
import matplotlib.pyplot as plt
plt.rcParams['font.sans-serif']=[u'simHei']
plt.rcParams['axes.unicode_minus']=False
def findCentroids(data_get, k):                #随机获取 k 个质心
    return random.sample(data_get, k)
def calculateDistance(vecA, vecB):             #计算向量 vecA 和向量 vecB 之间的欧氏距离
    return numpy.sqrt(numpy.sum(numpy.square(vecA - vecB)))
def minDistance(data_get, centroidList):
    #计算 data_get 中的元素与 centroidList 中 k 个聚类中心的欧式距离，找出距离最小的
    #将该元素加入相应的聚类中
    clusterDict = dict()   #用字典存储聚类结果
    for element in data_get:
        vecA = numpy.array(element)   #转换成数组形式
        flag = 0          #元素分类标记，记录与相应聚类距离最近的那个类
```

```
        minDis = float("inf")       #初始化为最大值
        for i in range(len(centroidList)):
            vecB = numpy.array(centroidList[i])
            distance = calculateDistance(vecA, vecB)   #两向量间的欧式距离
            if distance < minDis:
                minDis = distance
                flag = i                     #保存与当前 item 距离最近的那个聚类的标记
        if flag not in clusterDict.keys():   #簇标记不存在，进行初始化

            clusterDict[flag] = list()
        clusterDict[flag].append(element)    #加入相应的类中
    return clusterDict                       #返回新的聚类结果
def getCentroids(clusterDict):
    centroidList = list()
    for key in clusterDict.keys():
        centroid = numpy.mean(numpy.array(clusterDict[key]), axis=0)
    #求聚类中心即求解每列的均值
        centroidList.append(centroid)
    return numpy.array(centroidList).tolist()
def calculate_Var(clusterDict, centroidList):
    #计算聚类间的均方误差
    #将类中各个向量与聚类中心的距离进行累加求和
    sum = 0.0
    for key in clusterDict.keys():
        vecA = numpy.array(centroidList[key])
        distance = 0.0
        for item in clusterDict[key]:
            vecB = numpy.array(item)
            distance += calculateDistance(vecA, vecB)
        sum += distance
    return sum
def showCluster(centroidList, clusterDict):
    #画聚类结果
    colorMark = ['or', '+b', 'xg', '**k', 'oy', 'ow']       #元素标记
    centroidMark = ['dr', 'db', 'dg', 'dk', 'dy', 'dw']     #聚类中心标记
    for key in clusterDict.keys():
        plt.plot(centroidList[key][0], centroidList[key][1], centroidMark[key], markersize=12)
    #画聚类中心
        for item in clusterDict[key]:
```

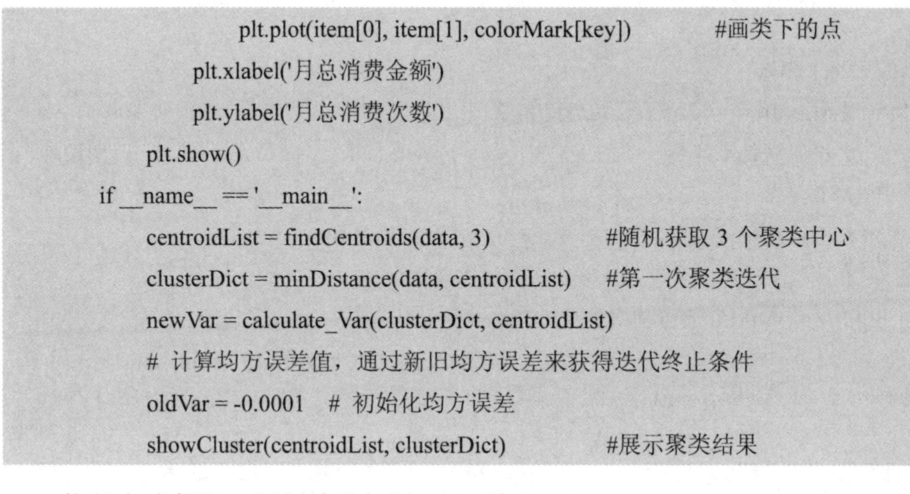

```
                plt.plot(item[0], item[1], colorMark[key])          #画类下的点
            plt.xlabel('月总消费金额')
            plt.ylabel('月总消费次数')
        plt.show()
    if __name__ == '__main__':
        centroidList = findCentroids(data, 3)                  #随机获取 3 个聚类中心
        clusterDict = minDistance(data, centroidList)   #第一次聚类迭代
        newVar = calculate_Var(clusterDict, centroidList)
        # 计算均方误差值，通过新旧均方误差来获得迭代终止条件
        oldVar = -0.0001   # 初始化均方误差
        showCluster(centroidList, clusterDict)              #展示聚类结果
```

执行上述代码，运行结果如图 10-9 所示。

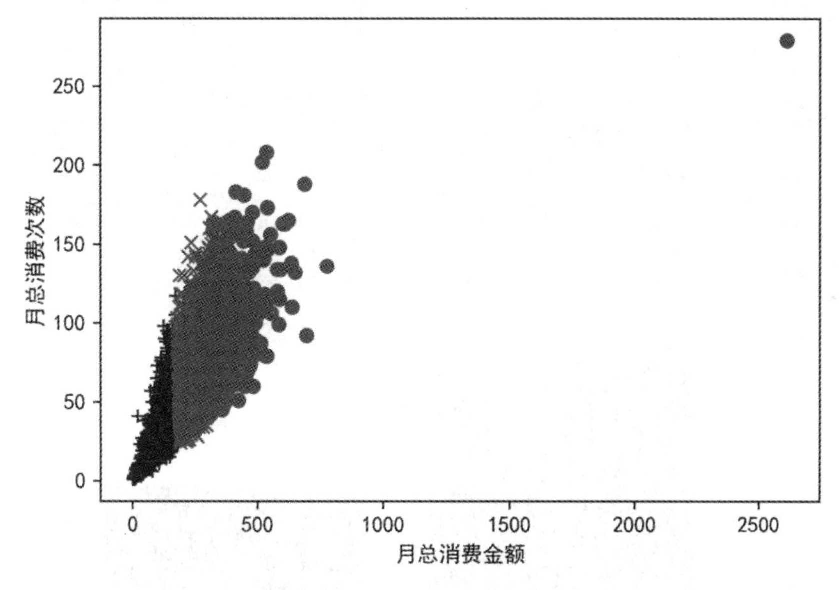

图 10-9　K-means 算法聚类结果

在图 10-9 中，每一个小圆点代表一名学生，不同颜色或形状代表不同的类别。可以看到，大部分学生的食堂消费比较相似，但也有额外的点。如右上角的点，其总消费达到近 3000 元。对于这种学生，就不适合评选助学金。

下面根据学生的整体校园消费数据，随机选取了“18 环境艺术”专业来研究不同性别学生的消费特点。分析之前将消费类型分为两类：食堂消费与其他消费。其中，食堂超市消费金额为所有食堂及超市的消费金额；其他消费则为除在食堂或者超市外的消费。在前面的代码之下输入以下代码：

```
df3=df3[df3['Major'].str.contains('18 环境艺术')]
df3 = df3.drop(['消费时间','消费类型','消费在周几','就餐性质','就餐时段','Major'],axis=1)
df3 = df3.reset_index(drop = True)
```

```
df = df3
for i in range (len(df3)):
    if df['消费地点'][i] = = "第一食堂" or df['消费地点'][i] == "第二食堂" or df['消费地点'][i]= = "第三食堂" or df['消费地点'][i] = = "第四食堂" or df['消费地点'][i] = = "第五食堂" or df ['消费地点'][i] == "教师食堂":
        df['消费地点'][i] = '其他消费'
    else :
        df['消费地点'][i] = '食堂消费'
gb = df.groupby(by = ['Sex', '消费地点'])['消费金额(元)'].agg({'消费金额(元)':numpy.sum})#求月消费之和

fig, ax = plt.subplots(figsize=(10, 6))
gb.plot(kind='bar', stacked=True, color=['red', 'blue'], ax=ax)

ax.set_xlabel('性别')
ax.set_ylabel('月消费之和')
ax.set_title('18 环境艺术消费占比')
# ax.legend(title='消费地点')
plt.show()
```

执行上述代码，运行结果如图 10-10 所示。

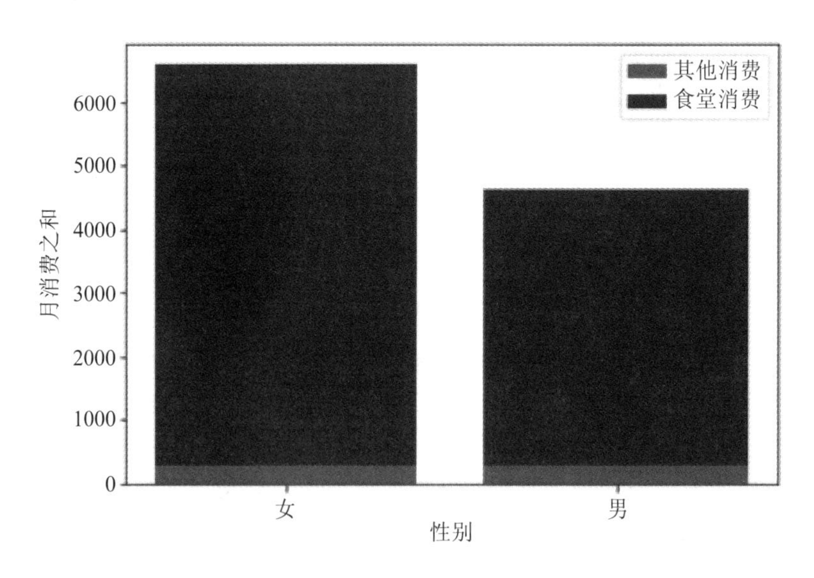

图 10-10 18 环境艺术专业学生消费占比

由图 10-10 可知，学生的大部分消费都产生在食堂和超市，且女生的月总消费比男生多。读者可用相同的代码做少量修改画出其他任意专业的男女生消费占比图。

本章小结

本案例通过对某高校学生一个月的一卡通消费数据分析发现了该校不同食堂的运营情况，其中，某些食堂具备较大优势，而某些食堂存在不足，通过数据分析为食堂优化决策的提出提供了切实可用的数据支撑，同时为该校食堂管理水平的提升带来了可能性，为今后学生的吃饭问题保驾护航。

本案例还通过分析学生整体的消费水平发现了不同专业、不同性别的学生之间所存在的消费差异。

思考题

本章案例只进行了消费数据的分析，有兴趣的同学不妨尝试分析一卡通进出教学楼或者宿舍楼打卡的数据，进一步找出该校学生的作息规律。(一卡通数据集含有门禁相关数据，请读者自行查询。)

第11章 金州勇士队夺取NBA冠军的秘密

2015 年，金州勇士队作为一匹黑马一举获得了当年 NBA 的总冠军。那个时候库里的出色表现，给大家留下了深刻的印象，使他成为勇士队当家球员。从那时起，勇士队开始起飞。2016 年，勇士队 3 比 4 惜败骑士，但随后 2017 和 2018 年又相继获得总冠军，四年夺取三个总冠军，这是相当了不起的成绩。到底是什么原因让勇士队可以突然出现并且不断地创造辉煌？本章将通过数据来分析勇士队成功背后的原因。

11.1 案例任务

NBA 被视为全世界水准最高的职业篮球赛事，拥有 30 支球队，在进行了 82 场常规赛和季后赛之后产生两支队伍进行最后总冠军的争夺，其激烈程度可见一斑。而金州勇士队在竞争如此激烈的篮球联盟中实现了四年三冠的壮举，本案例将采用联盟 2017—2018 年的统计数据对勇士队进行分析，进而探索出勇士队夺冠的秘密。

本案例将根据这些数据实现以下数据分析目标，最终探寻出勇士队夺冠的秘密。

(1) 对所有球队的技术指标进行场均值排名(场均得分、场均助攻、场均盖帽、场均两分球命中率、场均三分球命中率)，并针对前五支球队进行可视化对比。

(2) 分析勇士队胜负场中两分球与三分球得分情况。

(3) 分析勇士队球员技术对比和三分球命中率在 NBA 联盟中的情况。

11.2 案例主要实现流程

本案例的目标是通过技术指标分析出勇士队夺冠的秘密，数据源来自 Kaggle 官方网站(https://www.kaggle.com/pablote/nba-enhanced-stats)，数据集提供了 2012—2018 年所有球员的个人技术统计和球队战绩，本案例采用 2017—2018 赛季的常规赛统计数据对勇士队进行分析。分析总体流程如图 11-1 所示。

首先从数据源中抽取出 2017—2018 赛季的数据，然后观察数据对其进行预处理。本案例由于采取的是官方数据，所以没有异常值和缺失值需要处理。最后就是最重要的分析环节。根据需求对数据进行分析，可以看到数据中包含了很多指标(详见文件 2017—2018_teamBoxScore.csv)，此处略作展示(如表 11-1 所示)。

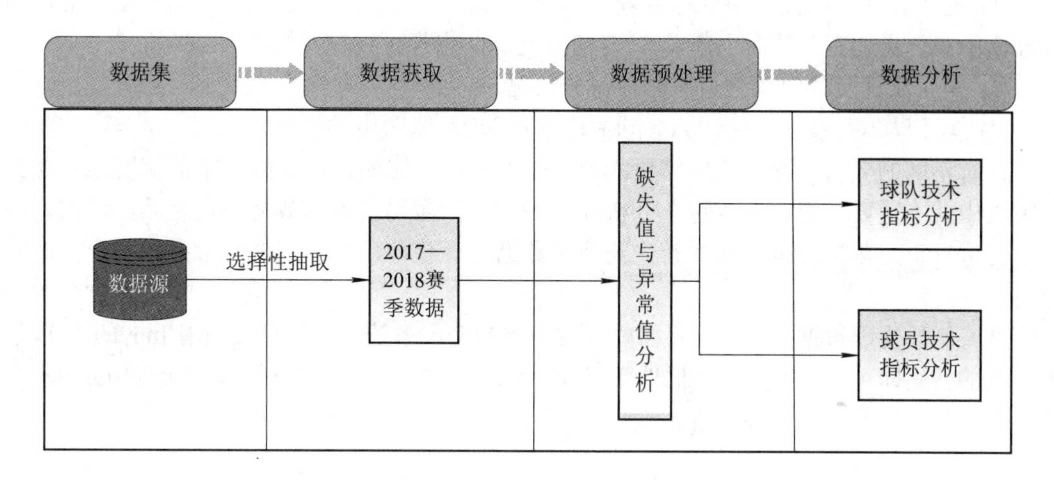

图 11-1　勇士队夺冠数据分析总体流程

表 11-1　部分数据展示

gmDate	teamAbbr	teamRslt	teamPTS	teamAST	teamBLK	team2P%	team3PA	team3P%
2017/10/17	BOS	Loss	99	24	4	0.5	32	0.25
2017/10/17	CLE	Win	102	19	4	0.541	22	0.2273
2017/10/17	HOU	Win	122	28	5	0.5714	41	0.3659
2017/10/17	GS	Loss	121	34	9	0.54	30	0.5333
2017/10/18	CHA	Loss	90	16	3	0.4671	30	0.3
2017/10/18	DET	Win	102	24	3	0.4571	26	0.3462

从表 11-1 中可以明显看出，每一场比赛官方都有球队各个技术指标的数据，其中包括了球队名称(teamAbbr)、比赛结果(teamRslt)、团队得分(teamPTS)、团队助攻(teamAST)、团队盖帽数(teamBLK)、团队二分球命中率(team2P%)、团队三分球出手次数(team3PA)以及命中率(team3P%)等数据。所以我们要做的事情很简单，利用 Python 编程对其进行处理从而实现任务目标。

11.3　详细实现及结果展示

从 11.2 节的图 11-1 中可以看出，完成此案例的总体框架包括数据获取、数据预处理和数据分析等几个重要的部分。数据获取过程可以直接通过 Kaggle 官方网站下载，接下来将针对不同的数据分析任务详细介绍其实现步骤。

根据前面介绍的分析任务，我们需要完成以下三个方面的分析：

(1) 对所有球队的技术指标进行场均值排名(场均得分、场均助攻、场均盖帽、场均两分球命中率、场均三分球命中率)，针对前五支球队进行可视化对比。

(2) 勇士队胜负场中两分与三分球得分情况。

(3) 勇士队球员技术对比和三分球命中率在 NBA 联盟中的情况。

针对不同的分析问题，我们需要的数据是不同的，比如，原始数据中的比赛地点在分析过程中就不需要。而在完成每个分析任务的时候，需要用到的数据列也是不一样的。因此，在进行正式数据分析之前，首先需要对数据进行整理，然后根据目标完成三个方面的分析。

本案例只实现数据分析，而不需要开发完整的应用系统，因此直接利用 Jupyter 编写数据分析的代码即可，不需要通过插件实现有界面的完整应用。读者可以直接启动 Jupyter 并建立源文件，按照下面的步骤进行编程。

11.3.1　数据整理

首先导入需要用到的库，读取要分析的数据。通过观察可以发现，每支队伍一个赛季会进行 82 场比赛，要对每支球队进行场均数据分析，显然要将每一支球队的每场数据求和再求均值。

第 1 步：启动 Jupyter，新建一个源代码文件。

第 2 步：在该源码页面的 Cell 中输入下面的代码，并通过 Ctrl+回车键执行。

```
#导入所需的库
import pandas as pd
from matplotlib import pyplot as plt
#请自行调整数据文件存放路径
data = open('NBA/2017-18_teamBoxScore.csv')
data = pd.read_csv(data)                #读取原始数据

teamAbbr = set(data['teamAbbr'])   #将 30 支球队的缩写存入一个集合
info_list = []                 #创建列表
for i in teamAbbr:             #利用循环将所有球队的技术指标存入 info_list
    info = {}                  #字典
    d=data[data['teamAbbr']==i].mean()          #当前球队所有技术数据的均值
    info['teamAbbr'] = i                        #将队名存入字典的键'teamAbbr'中
    info['teamPTS'] = d['teamPTS']              #将球队场均得分存入字典
    info['teamAST'] = d['teamAST']              #将球队场均助攻存入字典
    info['teamBLK'] = d['teamBLK']              #将球队场盖帽数存入字典
    info['team2P%'] = d['team2P%']              #将球队场均二分球得分率存入字典
    info['team3P%'] = d['team3P%']              #将球队场均三分球得分率存入字典
    info_list.append(info)                      #将我们需要的球队指标存入列表
```

第 3 步：在一个新的 Cell 中输入下面的代码，对所要分析的技术指标依次排序。

```
frame = pd.DataFrame(info_list,index=[i for i in teamAbbr])
#将列表转换为 DataFrame 结构，以方便排序查看
teamPTS = frame.sort_values(by=['teamPTS'], ascending=False).head()
#按照 teamPTS 的大小降序排列，保留前五个球队
teamAST = frame.sort_values(by=['teamAST'], ascending=False).head()
teamBLK = frame.sort_values(by=['teamBLK'], ascending=False).head()
team2P = frame.sort_values(by=['team2P%'], ascending=False).head()
team3P = frame.sort_values(by=['team3P%'], ascending=False).head()
```

执行上述代码之后，我们便已经将五个技术指标(场均助攻、得分、盖帽、二分球命中率、三分球命中率)排前五名的球队数据存入相应的 DataFrame 结构里，下面就可以开始绘图了。

> **温馨提示：**
> 如果想查看其中的数据，可以将存放这些数据的变量通过 print 方法打印输出。比如，想查看场均三分球命中率的具体数据，可以通过 print(team3P)进行查看。

11.3.2　技术指标排名分析

第 1 步：在一个新的 Cell 中输入下面的代码，进行场均得分排名分析。

```
#画出 NBA 联盟中场均得分前五名的球队柱状图
def autolabel(rects):  #函数用来显示高度
    for rect in rects:
        height = rect.get_height()
        plt.text(rect.get_x()+rect.get_width()/2.- 0.2, 1.01*height,
            '%s' % round(height,2))        #保留两位小数

plt.rcParams['font.sans-serif'] = ['SimHei']        #用来显示中文标签
plt.rcParams['axes.unicode_minus'] =False        #用来正常显示负号
plt.figure(figsize= (7,5))                       #创建图像区域，指定比例
name_list = teamPTS['teamAbbr']                  #将队名、得分分别作为横纵坐标
num_list = teamPTS['teamPTS']
autolabel(plt.bar(range(len(num_list)),num_list, color='rgb', tick_label=name_list))
plt.suptitle('2017-2018 常规赛场均得分排名')
plt.show()
```

执行上述代码，运行结果如图 11-2 所示。

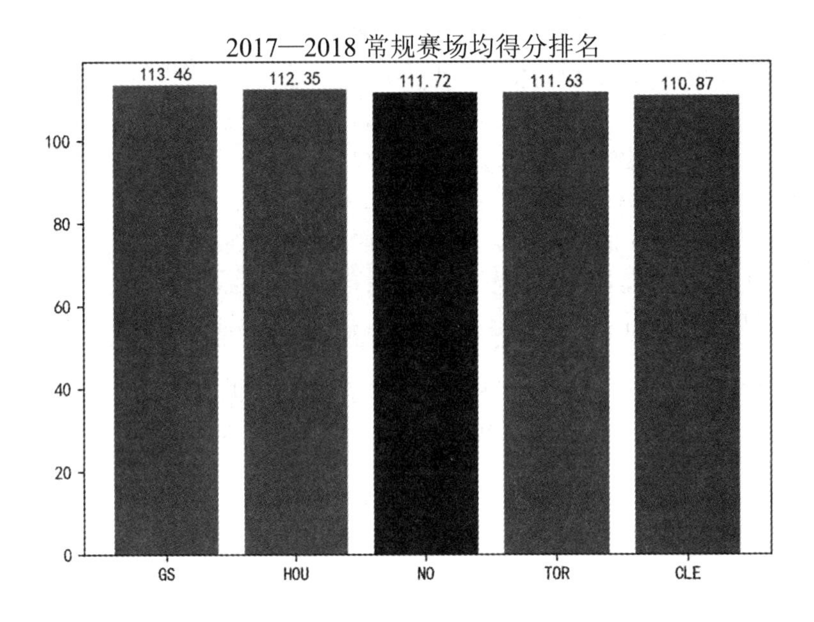

图 11-2 常规赛场均得分排名

从图 11-2 中可以看出，五个队的场均得分差距不大，勇士队以 113.46 的场均得分领跑联盟。不过排前五的其余几支球队火箭、黄蜂、猛龙和詹姆斯带领的骑士队的场均得分也很高，与勇士队只有微小差距，勇士队想凭此夺冠显然是不够的，我们接着往下分析。

第 2 步：在一个新的 Cell 中输入下面的代码，进行场均助攻排名分析。

```
#画出 NBA 联盟中场均助攻前五名的球队柱状图
def autolabel(rects):              #函数用来显示高度
    for rect in rects:
        height = rect.get_height()
        plt.text(rect.get_x()+rect.get_width()/2.- 0.2, 1.01*height, '%s' % round(height,2))  #保留两位小数

plt.rcParams['font.sans-serif'] = ['SimHei']        #用来显示中文标签
plt.rcParams['axes.unicode_minus'] =False           #用来正常显示负号
plt.figure(figsize= (7,5))                          #创建图像区域，指定比例
name_list = teamAST['teamAbbr']                     #将队名、助攻数分别作为横纵坐标
num_list = teamAST['teamAST']
autolabel(plt.bar(range(len(num_list)),num_list, color='rgb', tick_label=name_list))
plt.suptitle('2017—2018 常规赛场均助攻排名')
plt.show()
```

从图 11-3 中可以看出，勇士队赛季场均助攻 29.32，排名第一，与第二名有明显差距，助攻数据也很好地体现了勇士队的团队精神，看过比赛的同学都应该知道勇士队球的流转是非常迅速的。这也为他们的成功奠定了一定的基础。

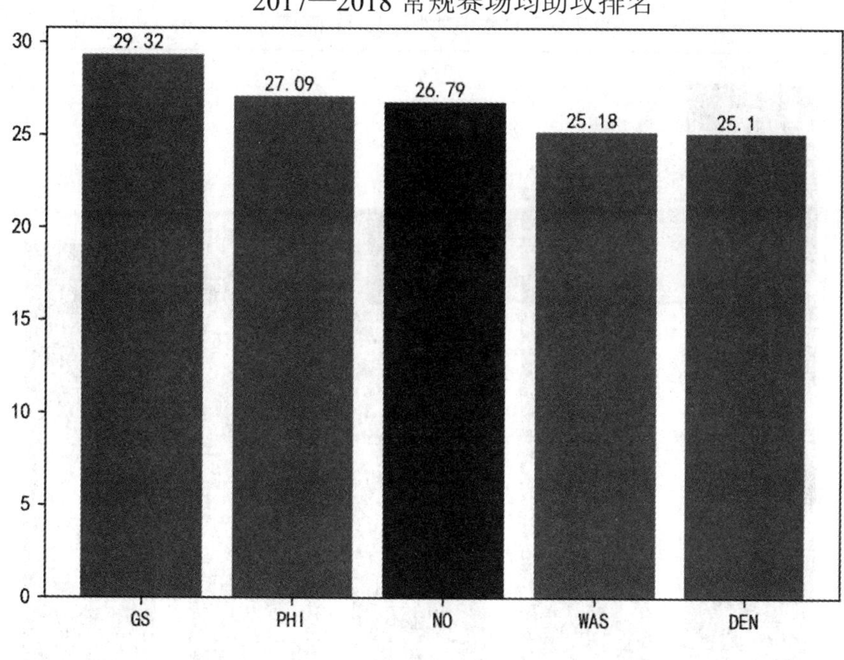

图 11-3　常规赛场均助攻排名

第 3 步：在一个新的 Cell 中输入下面的代码，进行场均盖帽排名分析。

```
#画出 NBA 联盟中场均盖帽前五名的球队柱状图
def autolabel(rects):  #函数用来显示高度
    for rect in rects:
        height = rect.get_height()
        plt.text(rect.get_x()+rect.get_width()/2.- 0.2, 1.01*height, '%s' % round(height,2))  #保留两位小数
plt.rcParams['font.sans-serif'] = ['SimHei']        #用来显示中文标签
plt.rcParams['axes.unicode_minus'] =False           #用来正常显示负号
plt.figure(figsize= (7,5))                          #创建图像区域，指定比例
name_list = teamBLK['teamAbbr']                     #将队名、盖帽数分别作为横纵坐标
num_list = teamBLK['teamBLK']
autolabel(plt.bar(range(len(num_list)),num_list, color='rgb', tick_label=name_list))
plt.suptitle('2017—2018 常规赛场均盖帽排名')
plt.show()
```

执行上述代码，运行结果如图 11-4 所示。

很明显从图 11-4 中可以看出，勇士队场均盖帽 7.46，排名第一，与第二名差距较大。进攻取得胜利，防守带来总冠军。领跑 NBA 联盟的盖帽数据体现了勇士队坚固的防守能力，在比赛中能很好地限制对手得分，进攻与防守相互带动，赢球便是常规操作了。

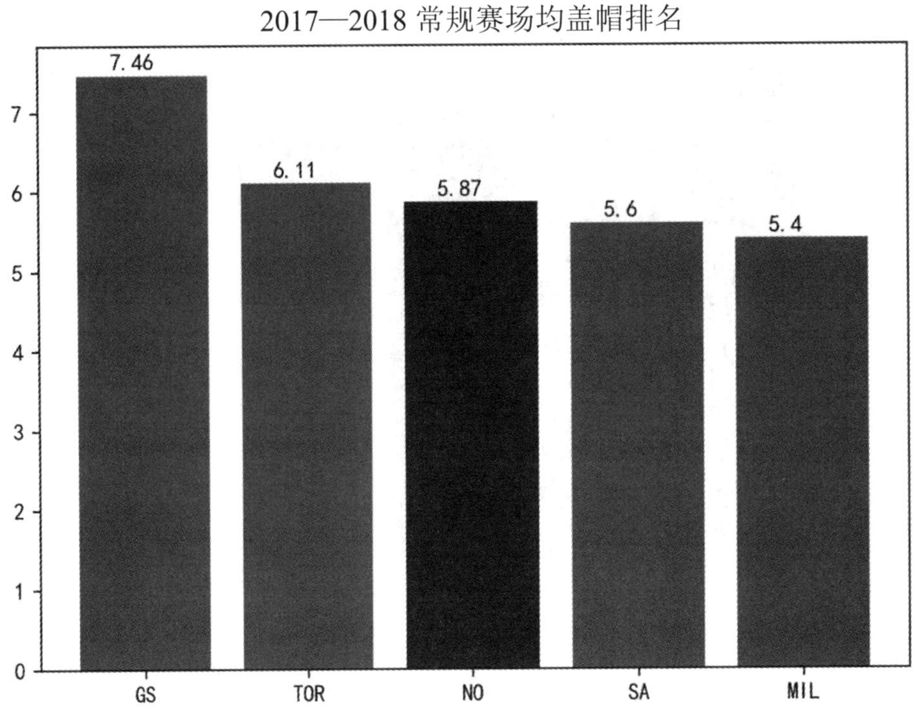

2017—2018 常规赛场均盖帽排名

7.46 6.11 5.87 5.6 5.4

GS TOR NO SA MIL

图 11-4 常规赛场均盖帽排名

第 4 步：在一个新的 Cell 中输入下面的代码，进行场均二分球命中率排名分析。

```
#画出 NBA 联盟中场均二分球命中率前五名的球队柱状图
def autolabel(rects):  #函数用来显示高度
    for rect in rects:
        height = rect.get_height()
        plt.text(rect.get_x()+rect.get_width()/2.- 0.2, 1.01*height, '%s' % round(height,2))#保留两位小数

plt.rcParams['font.sans-serif'] = ['SimHei']        #用来显示中文标签
plt.rcParams['axes.unicode_minus'] =False           #用来正常显示负号
plt.figure(figsize= (7,5))                          #创建图像区域，指定比例
name_list = team2P['teamAbbr']                      #将队名、二分球命中率分别作为横纵坐标
num_list = team2P['team2P%']
autolabel(plt.bar(range(len(num_list)),num_list, color='rgb', tick_label=name_list))
plt.suptitle('2017—2018 常规赛场均二分球命中率排名')
plt.show()
```

执行上述代码，运行结果如图 11-5 所示。

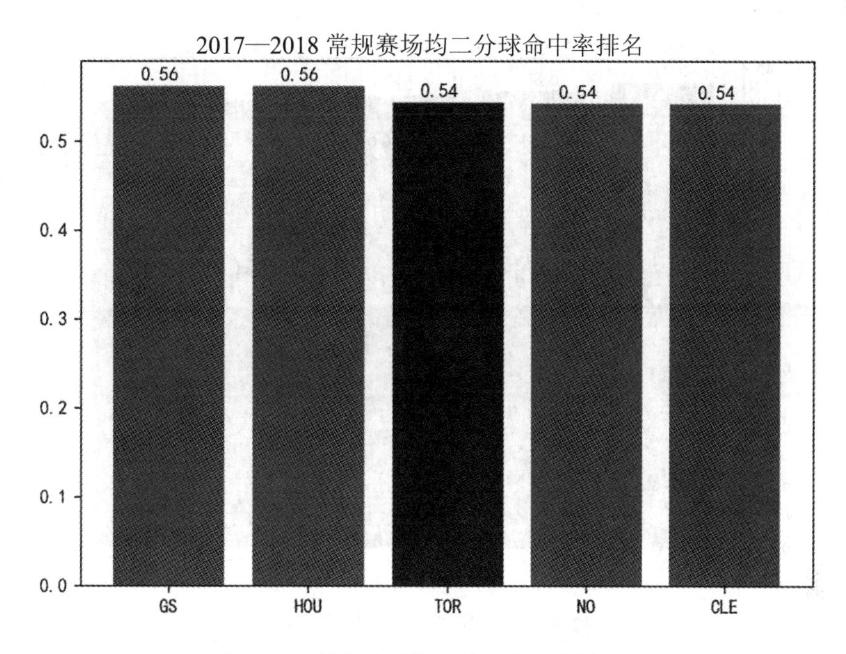

图 11-5　常规赛场均二分球命中率排名

从图 11-5 中可以看出，勇士队场均二分球命中率 0.56，与火箭队并列第一，这两个球队都是 NBA 联盟中的三分球大队，没想到二分球的命中率也如此高，稳定的中投有利于球队在得分荒的时候打开局面。

第 5 步：在一个新的 Cell 中输入下面的代码，进行场均三分球命中率排名分析。

```
#画出 NBA 联盟场均三分球命中率前五名的球队柱状图
def autolabel(rects):  #函数用来显示高度
    for rect in rects:
        height = rect.get_height()
        plt.text(rect.get_x()+rect.get_width()/2.-0.2, 1.01*height, '%s' % round(height,2))  #保留两位小数
plt.rcParams['font.sans-serif'] = ['SimHei']        #用来显示中文标签
plt.rcParams['axes.unicode_minus'] =False           #用来正常显示负号
plt.figure(figsize= (7,5))                          #创建图像区域，指定比例
name_list = team3P['teamAbbr']                      #将队名、三分球命中率分别作为横纵坐标
num_list = team3P['team3P%']
autolabel(plt.bar(range(len(num_list)),num_list, color='rgb', tick_label=name_list))
plt.suptitle('2017—2018 常规赛场均三分球命中率排名')
plt.show()
```

执行上述代码，运行结果如图 11-6 所示。

从图 11-6 中可以看出，勇士队以赛季场均 0.39 的三分球命中率继续领跑 NBA 联盟，勇士队的水花兄弟更是以恐怖的三分球能力闻名 NBA 联盟，不得不说优秀的三分球能力让勇士队在进攻中更具威胁力。

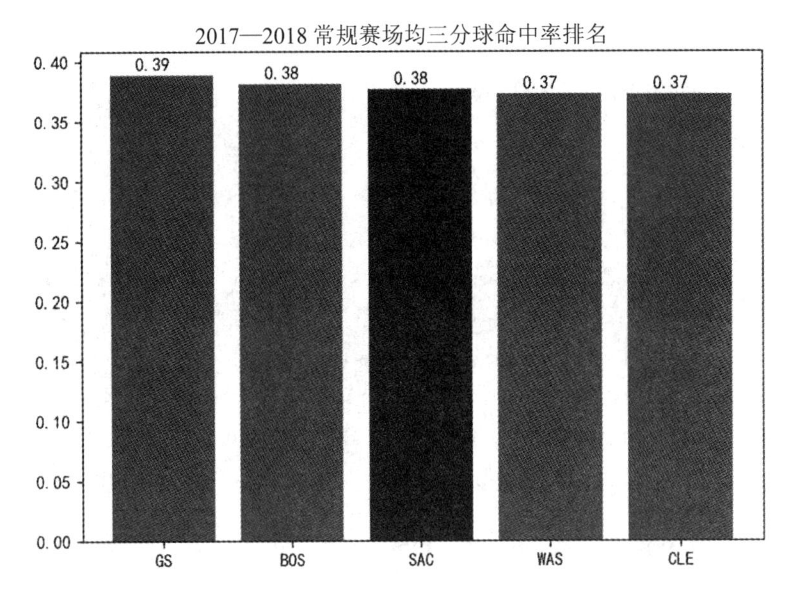

图 11-6　常规赛场均三分球命中率排名

通过对比球队五个技术指标不难发现，勇士队常规赛场均数据均是 NBA 联盟中的第一，赛季夺冠是实至名归。

11.3.3　勇士队胜负场中两分球与三分球得分情况

第 1 步：在一个新的 Cell 中输入下面的代码，进行胜负场两分球与三分球得分情况分析。

```
#导入所需的库
import pandas as pd
import numpy as np
from matplotlib import pyplot as plt
from matplotlib.ticker import FuncFormatter
#请自行调整数据文件存放路径
data = open('NBA/2017-18_teamBoxScore.csv')
data = pd.read_csv(data)                    #读取原始数据

data = data[data['teamAbbr'] == 'GS']       #从中选出勇士队的数据
win = data[data['teamRslt']=='Win']         #分别选出胜负场的数据
loss = data[data['teamRslt']=='Loss']

#画出勇士队胜负场得分情况散点图
plt.rcParams['font.sans-serif']=['SimHei']
plt.rcParams['axes.unicode_minus'] = False

plt.xlabel('两分球得分率%')
```

```
plt.ylabel('三分球得分率%')  #设置轴标签

x1 = win['team2P%']              #第一簇点的 x 轴坐标设置为胜场的两分球得分率
y1 = win['team3P%']              #第一簇点的 y 轴坐标设置为胜场的三分球得分率
x2 = loss['team2P%']
y2 = loss['team3P%']
colors1 = 'green'                #点的颜色
colors2 = 'red'
area = np.pi * 4**2              #点面积

#将坐标轴的值变成百分比
def to_percent(temp, position):
    return '%.2f'%(100 * temp) + '%'
plt.gca().yaxis.set_major_formatter(FuncFormatter(to_percent))  #将纵坐标变成百分比
plt.gca().xaxis.set_major_formatter(FuncFormatter(to_percent))
#绘制散点图
plt.scatter(x1, y1, s=area, c=colors1, alpha=0.7)
plt.scatter(x2, y2, s=area, c=colors2, alpha=0.7, marker='v')
plt.legend(['Win','Loss'],loc=2)     #给图像加上图例
plt.suptitle('2017—2018 赛季勇士队胜负场两分球与三分球得分情况')
plt.show()
```

执行上述代码，运行结果如图 11-7 所示。

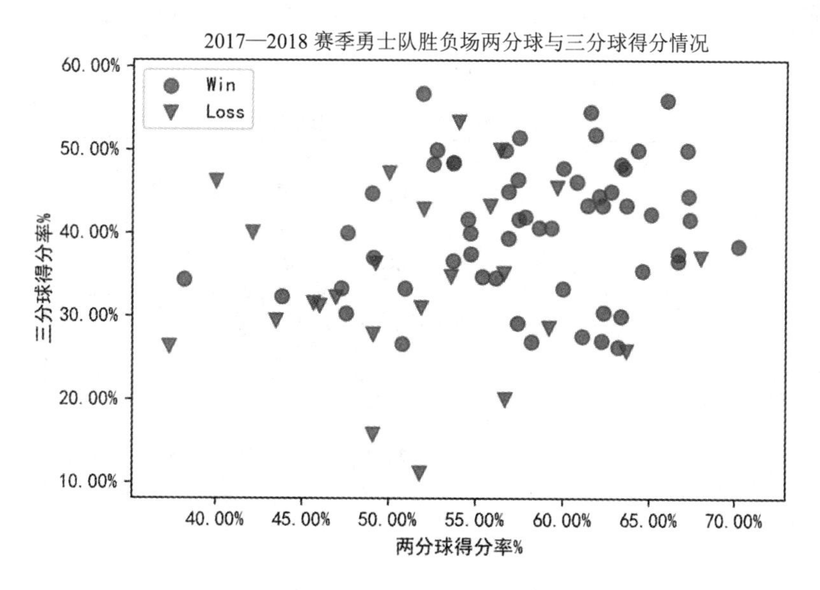

图 11-7　胜负场二分球与三分球得分情况

从图 11-7 中可以看出，胜场中对应的两分球和三分球得分率还是很集中的，基本符合我们所说的正常发挥情况。败场中对应的两分球和三分球得分率比较离散，有些正常发挥

的情况下也输了比赛，不过数量不多，应该是棋逢对手，遇到强队了。

第 2 步：在一个新的 Cell 中输入下面的代码，进行胜负场得分情况分析。

```
#画出勇士队胜负场得分情况散点图
plt.rcParams['font.sans-serif']=['SimHei']
plt.rcParams['axes.unicode_minus'] = False

plt.xlabel('勇士队得分')
plt.ylabel('对手得分')#设置轴标签

x1 = win['teamPTS']     #第一簇点的 x 轴坐标设置为胜场的勇士队得分
y1 = win['opptPTS']     #第一簇点的 y 轴坐标设置为胜场的对手得分
x2 = loss['teamPTS']
y2 = loss['opptPTS']
colors1 = 'green'       #点的颜色
colors2 = 'red'
area = np.pi * 4**2     #点面积

plt.scatter(x1, y1, s=area, c=colors1, alpha=0.7)      #绘制散点图
plt.scatter(x2, y2, s=area, c=colors2, alpha=0.7, marker='v')

plt.legend(['Win','Loss'],loc=2)     #给图像加上图例
plt.suptitle('2017—2018 赛季勇士队胜负场得分情况')
plt.show()
```

执行上述代码，运行结果如图 11-8 所示。

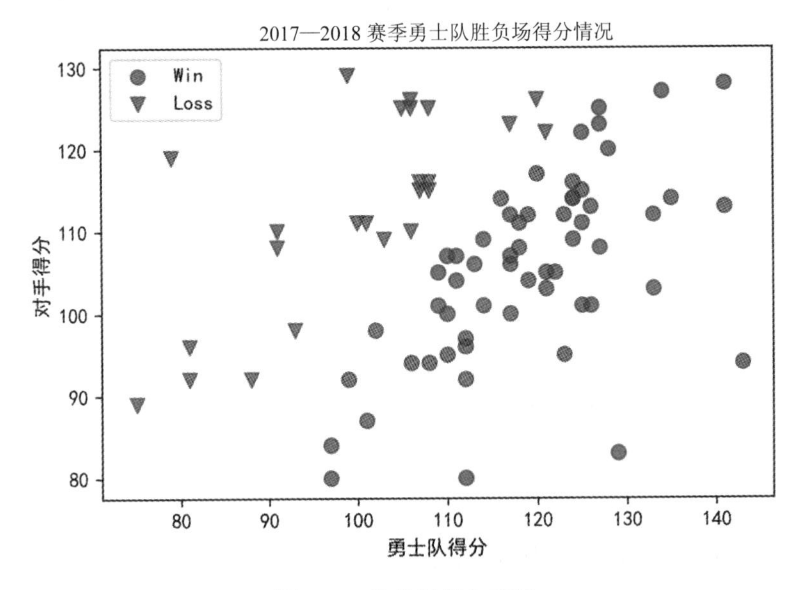

图 11-8 胜负场得分情况

从图 11-8 中可以看出，勇士队发挥比较稳定，且在正常发挥的情况下大多抓住了机会，拿下了比赛，获得了常规赛季 58 胜 24 负的卓越战绩，排名第一是有道理的。

11.3.4　勇士队球员技术对比和三分球命中率在 NBA 联盟中的情况

在一个新的 Cell 中输入下面的代码，进行勇士队球员技术对比和三分球命中率在 NBA 联盟中的情况分析。

```
#导入所需的库
import pandas as pd
import numpy as np
from matplotlib import pyplot as plt
from matplotlib.ticker import FuncFormatter
#请自行调整数据文件存放路径
data = open('NBA/2017-18_playerBoxScore.csv',encoding='UTF-8')
data = pd.read_csv(data)              #读取原始数据

name = set(data['playDispNm'])      #将所有球员姓名存入集合
GSN=set(data[data['teamAbbr']=='GS']['playDispNm'])    #存储勇士队球员姓名
info_list = []        #用于存放非勇士队三分球出手次数大于 100 的球员名字(编号)
GS = []               #用于存放勇士队三分球出手次数大于 100 的球员名字(编号)

for i in name:
    info = {}      #字典
    data_1 = data[data['playDispNm']==i]
    info['name'] = i
    info['play3PA'] = data_1['play3PA'].sum()         #将球员三分球总出手次数存入字典
    info['play3P%'] = data_1['play3P%'].mean()      #将球员赛季场均三分球命中率存入字典
    info['teamAbbr'] = set(data_1['teamAbbr'])
    if info['play3PA']>100:            #去除出手次数少于 100 的球员名字(编号)
        if i in GSN:
            GS.append(info)       #如果这名球员是勇士队的，则存入勇士队的列表
        else:
            info_list.append(info)

frame = pd.DataFrame(info_list)     #将列表转换为 DataFrame 结构
GS = pd.DataFrame(GS)
#画散点图
plt.rcParams['font.sans-serif']=['SimHei']
plt.rcParams['axes.unicode_minus'] = False
```

```
plt.xlabel('三分球出手次数')
plt.ylabel('三分球命中率%')  #设置轴标签

x1 = frame['play3PA']          #第一簇点的 x 轴坐标设置为非勇士队球员的三分球出手次数
y1 = frame['play3P%']          #第一簇点的 y 轴坐标设置为非勇士队球员的三分球得分率
x2 = GS['play3PA']
y2 = GS['play3P%']
colors1 = 'green'              #点的颜色
colors2 = 'red'
area = np.pi * 4**2            #点的面积

#将坐标轴的值变成百分比
def to_percent(temp, position):
    return '%.2f'%(100 * temp) + '%'

plt.gca().yaxis.set_major_formatter(FuncFormatter(to_percent))  #将纵坐标变成百分比

plt.scatter(x1, y1, s=area, c=colors1, alpha=0.7)        #绘制散点图
plt.scatter(x2, y2, s=area, c=colors2, alpha=0.9, marker='v')

plt.legend(['非勇士队球员','勇士队球员'],loc=4)        #给图像加上图例
plt.suptitle('勇士队球员三分球在全 NBA 联盟中的状态')
plt.show()
```

执行上述代码，运行结果如图 11-9 所示。

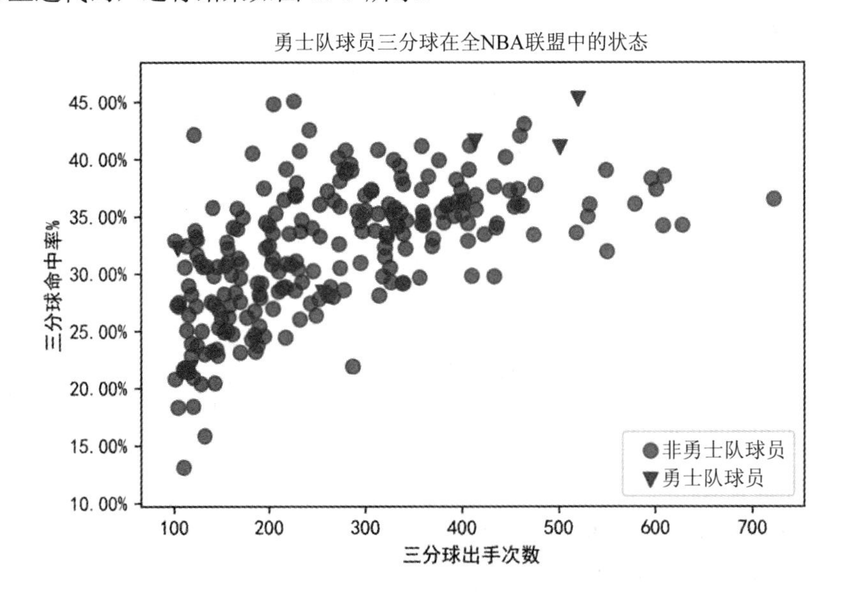

图 11-9 三分球状态分析图

从图 11-9 中我们看到，所筛选的球员中，勇士队一共有 7 人。其中 3 人命中率在 40%以上，分别是斯蒂芬·库里、克莱·汤普森、凯文·杜兰特，而尼克杨也是基本接近 40%的。这么高的命中率真的非常厉害，虽在不同位置，却都有着惊人的三分球准确率，这确实让勇士队在三分球上占据绝对的优势。

本章小结

本章通过数据可视化分析了金州勇士队的战绩和个人技术指标，以及在整个 NBA 联盟中的位置，并通过可视化显示深度研究了勇士队的分数、进球率对胜负的影响。数据告诉我们，勇士队的得分、助攻、盖帽、二分和三分球命中率均为联盟第一，稳定的进攻和坚固的防守造就了一支常胜之师。而通过对勇士队赛季数据的研究，我们也更具体地了解到勇士队的球风，进攻稳定高效，球的传导流畅且能很好地制造出进攻机会，无限换防更是让他们的防守更显强悍。勇士队的实力目前在整个 NBA 联盟中确实是数一数二的，并且拥有几个超强的核心坐镇，4 年 3 次夺冠也是实至名归。

思考题

(1) 本章案例只进行了常规赛的数据分析，有兴趣的同学可以尝试分析季后赛的数据，进一步找出勇士队夺冠的原因。

温馨提示：

可以自己写一个爬虫去网站上爬取季后赛数据，再仿照本章案例进行分析。如 NBA 中国官方网站(https://china.nba.com/statistics/teamstats/)

(2) 分析 2016—2017 赛季骑士队是如何在总比分 1∶3 落后的情况下反转夺冠的。

温馨提示：

数据文件夹中有 2016—2017 赛季相关数据，请自行查询。

第 12 章 成都二手房房价分析与预测

本案例将以成都市二手房房价的分析与预测为例，完整呈现数据分析整个流程，包括数据获取、数据分析和简单的数据挖掘任务。数据可使用 Python 爬虫从链家网上爬取，然后通过数据分析的方法，对爬取的数据进行分析，并对影响房价的因素进行简要分析，在此基础上实现对二手房售价的估计。

12.1 案 例 任 务

房地产市场几十年来发展火热，房价高歌猛进，很多家庭为了购买一套房子倾尽了一生的心血。在长期的发展过程中，刚需一族迫切地希望房价能够有所降低，但是在很多因素的助推下，这么多年房价也没有降下来的势头。房价高位难下，成为很多家庭的烦恼。房价的分析与预测一直是一个社会的热点问题。本章我们将爬取成都链家二手房的房价数据(成都链家二手房网址：https://cd.lianjia.com/ ershoufang/)，并对二手房房价进行分析和可视化，以及对房价进行简单预测。具体来说，本案例将完成以下任务：

(1) 从链家网上爬取成都二手房房价的相关数据，包括二手房每平方米的售价、总价、地理位置、楼层以及二手房的装修情况等。

(2) 针对获取的数据对近年来房屋成交价、房屋面积等进行分析，实现数据可视化。

(3) 结合爬取到的数据，判断影响二手房价格的因素，并根据给定的二手房特征对二手房售价进行简单估计。

12.2 案例主要实现流程

本节将针对案例实现的流程及主要原理和方法进行简要分析。

12.2.1 案例实现流程

本案例的实现流程如图 12-1 所示。

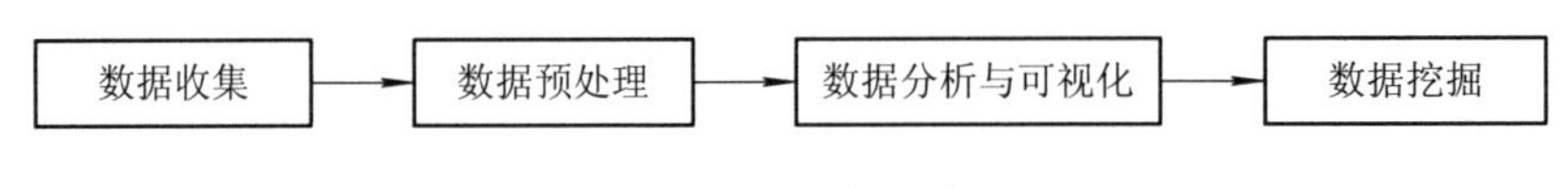

图 12-1 案例实现过程

从图 12-1 中可以看出，实现本案例的流程包括了数据收集、数据预处理、数据分析与可视化、数据挖掘。

大规模数据的收集主要有两种方法：一种方法是利用 API(Application Programming Interface)来获取数据。API 又叫应用程序接口，是网站管理者为了第三方调用方便编写的一种程序接口。但是 API 技术受限于平台开发者，因此，我们通常采用第二种方式，即用网络爬虫来获取数据。网络爬虫是按照一定的规则，自动地爬取网络信息的程序或者脚本。在大数据时代，网络爬虫是从互联网上采集数据的有力工具。详细的爬虫技术已经在第 6 章有所介绍。

在得到数据之后，需要对数据进行预处理。数据预处理主要包括数据预分析、数据清理、数据集成、数据变换和数据规约等操作。数据预处理对数据分析的准确性有着十分重要的影响。数据预处理的工作有时可能会占用整个任务一半以上的时间。当数据预处理不当时，可能会使数据分析的准确性下降，从而影响数据分析任务的正常完成。

完成数据预处理之后即进入数据分析与可视化阶段。数据分析是从对大量数据的研究过程中寻找模式、相关性和其他有用的信息，可以帮助我们更好地适应数据环境变化，做出明智的决策。数据可视化就是将辅助的数据信息进行图形化展示，目的是方便我们对一堆杂乱无章的数据进行高效的理解和分析，使花费大量时间才能归纳的数据信息转眼成为一张张容易理解的数据图表。

数据挖掘其实是一种深层次的数据分析方法。数据挖掘可以描述为：按照既定的业务目标对大量的数据进行探索和分析，揭示隐藏的、未知的或者验证已知的规律，并进一步将其模型化的有效方法。本案例将爬取成都链家二手房的房价数据，结合数据预处理的相关操作，对成都二手房房价进行数据可视化，观察数据背后蕴含的信息，最后对成都二手房房价进行简单的预测。

12.2.2　数据获取原理

本案例中需要用到的数据是通过网络爬虫在链家网上获取的，此处先分析从链家网上爬取用于分析的数据的具体思路。

成都链家二手房网页每一页地址如下：

第一页：https://cd.lianjia.com/ershoufang/pg1/

第二页：https://cd.lianjia.com/ershoufang/pg2/

第三页：https://cd.lianjia.com/ershoufang/pg3/

……

我们发现成都链家二手房网页地址可以用下面的公式来表示：https:// + 城市名称拼音缩写 +.lianjia.com/ershoufang/pg +页码，根据此规律，就可以获得成都链家二手房的所有网页的网址。例如，获取成都链家二手房网页前 3 页的 url，会得到如图 12-2 所示的结果。

```
请输入爬取页数：3
http://cd.lianjia.com/ershoufang/pg1/
http://cd.lianjia.com/ershoufang/pg2/
http://cd.lianjia.com/ershoufang/pg3/
```

图 12-2　前 3 页 url 获取结果

获取了 url 之后，我们需要利用函数 requests.get()来得到该网页下 HTML 的内容。但是直接利用 requests.get()函数获取 HTML 的内容可能会报错，服务器拒绝访问。大部分网站都有反爬虫的机制，但链家官网的反爬虫机制比较简单，只需要我们添加网页的 headers，从而模仿人为使用浏览器访问链家二手房网页即可。打开成都链家二手房官网，键盘按 F12 就可以看到，图 12-3 所示为开发者工具页面，在开发者工具页面中找到 User_Agent，将其中的内容添加到我们所写的爬虫程序中即可。

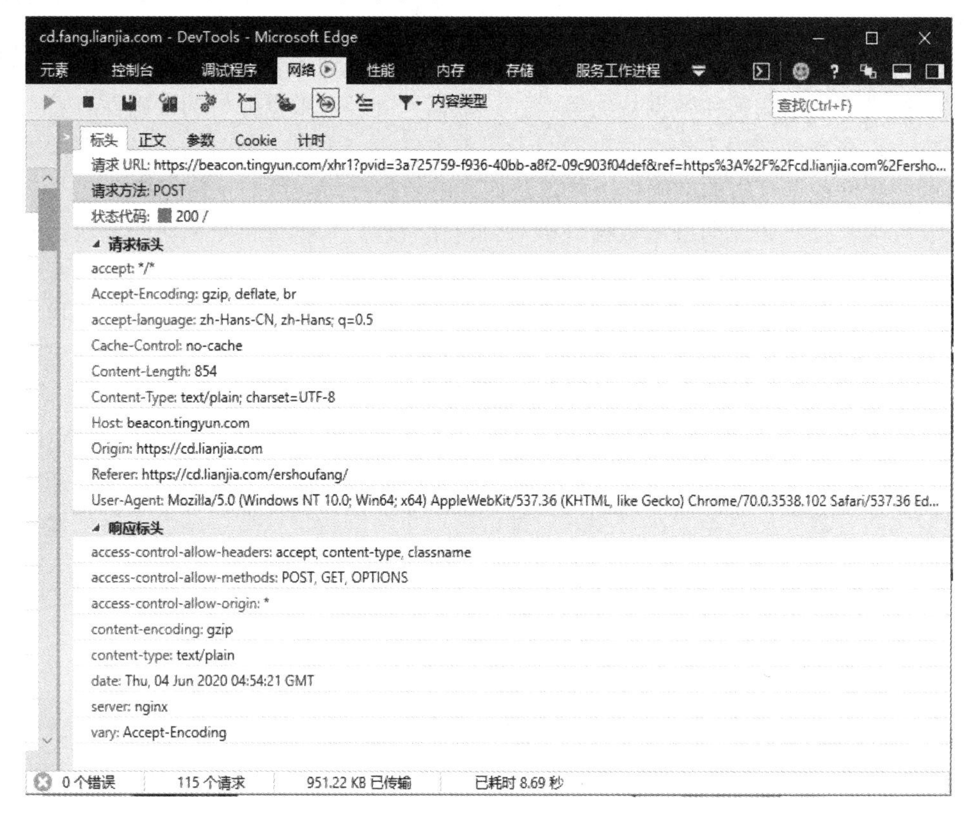

图 12-3 开发者工具页面

添加 headers 后，得到 HTML 的内容如图 12-4 所示。

```
<script type="text/javascript">
var _smq = _smq || [];
_smq.push(['_setAccount', '41331c2', new Date()]);
_smq.push(['_setDomainName', 'lianjia.com']);
_smq.push(['pageview']);
(function() {
var sm = document.createElement('script'); sm.type = 'text/javascript'; sm.async = true;
sm.src = ('https:' == document.location.protocol ? 'https://' : 'http://') + 'cdnmaster.com/sitemaster/collect.js';
var s = document.getElementsByTagName('script')[0]; s.parentNode.insertBefore(sm, s);
})();
</script>
<!--反爬虫--><script>window['__abbaidu_2011_subidgetf'] = function () {return 100000;};window['__abbaidu_2011_cb'] = fu
a) {var res = JSON.stringify({ t: responseData, r: location.href, os: 'web', v: '0.1' });res = btoa ? btoa(res) : res;
rcid=' + res + ';path=/;';};</script><script type="application/javascript" src="https://dlswbr.baidu.com/heicha/mw/abcl
cript><script type="text/javascript" src="//s1.ljcdn.com/captcha-js-sdk/captcha.js"></script><script type="text/javascr
n.com/clogin/js/pcLogin.js"></script></head><body><script type="application/ld+json">{"@context": "https://ziyuan.baidu
```

图 12-4 HTML 的内容

此时得到的结果并不是我们所想要的内容，肉眼无法获取其中的文字内容，因为这只是简单获取了文本参数，还需要对 HTML 的内容进行解析。这时，可以在程序中导入 BeautifulSoup，作为我们解析 HTML 内容的工具。

```
o">阳光城<span>/</span>1室1厅<span>/</span>53.96平米<span>/</span>东<span>/</span>简装</div><div class="tag"><span class="vr">VR
><span class="taxfree">房本满五年</span></div></div><div class="item" data-houseid="106104099221"><a class="img" data-bl="list"
rshoufang" data-housecode="106104099221" data-is_focus="" data-log_index="14" href="https://cd.lianjia.com/ershoufang/10610409922
arget="_blank"><img class="lj-lazy" data-original="https://image1.ljcdn.com/510100-inspection/pc1_pDRdglnHQ_1.jpg.296x216.jpg.43
src="https://s1.ljcdn.com/feroot/pc/asset/img/blank.gif?_v=20200303185255671"/><div class="btn-follow follow" data-hid="10610409
n class="star"></span><span class="follow-text">关注</span></div><div class="leftArrow"><span></span></div><div class="rightArr
</span></div><div class="price"><span>174</span>万</div></a><a class="title" data-bl="list" data-el="ershoufang" data-housecode=
221" data-is_focus="" data-log_index="14" href="https://cd.lianjia.com/ershoufang/106104099221.html" target="_blank">套4改了套5
万，房东急售</a><div class="info">犀浦<span>/</span>4室2厅<span>/</span>99.94平米<span>/</span>东南<span>/</span>精装</div><div
g"><span class="vr">VR房源</span><span class="five">房本满两年</span><span class="haskey">随时看房</span></div></div><div class=
a-houseid="106103951014"><a class="img" data-bl="list" data-el="ershoufang" data-housecode="106103951014" data-is_focus="" data-
="15" href="https://cd.lianjia.com/ershoufang/106103951014.html" target="_blank"><img class="lj-lazy" data-original="https://ima
com/510100-inspection/pc1_zBykwlLXj_1.jpg.296x216.jpg.437x300.jpg" src="https://s1.ljcdn.com/feroot/pc/asset/img/blank.gif?_v=20
55671"/><div class="btn-follow follow" data-hid="106103951014"><span class="star"></span><span class="follow-text">关注</span><
lass="leftArrow"><span></span></div><div class="rightArrow"><span></span></div><div class="price"><span>77</span>万</div></a><a
le" data-bl="list" data-el="ershoufang" data-housecode="106103951014" data-is_focus="" data-log_index="15" href="https://cd.lian
shoufang/106103951014.html" target="_blank">青羊万达旁馨光华庭　标准套一 正常交易　诚心出售</a><div class="info">外光华<span>/<
厅<span>/</span>46.73平米<span>/</span>北<span>/</span>简装</div><div class="tag"><span class="subway">近地铁</span><span class=
源</span><span class="haskey">随时看房</span></div></div><div class="item" data-houseid="106104284448"><a class="img" data-bl="
```

图 12-5　解析 HTML 后的内容

图 12-5 中所示的内容包含我们需要的全部信息。但我们发现中间掺杂了大量标签，而我们只需要文字。去除标签则是下一步的工作。图 12-6 就是去除标签提取文本内容后的结果。

```
m/ershoufang/106104826475.html'], ['花语岸精装修套二，保养得很好。。必看好房', '花语岸　　- 国色天乡 ', '2室1厅 | 79.34平米 | 西
低楼层(共16层) | 2015年建 | 板塔结合', '58人关注 / 1个月以前发布', 'VR房源', '80万单价10084元/平米', '80', '10084', '58', '1', '2
9.34', '16', '2015', 'https://cd.lianjia.com/ershoufang/106104444490.html'], ['地铁口精装小套三，诚心出售，业主自住随时签约必看好
首座　　- 温江大学城 ', '3室2厅 | 77.84平米 | 东南 | 精装 | 中楼层(共32层) | 2016年建 | 板塔结合', '143人关注 / 5个月以前发布',
源随时看房', '93万单价11948元/平米', '93', '11948', '143', '5', '3', '2', '77.84', '32', '2016', 'https://cd.lianjia.com/ershoufa
8533.html'], ['欣民苑　　低楼层　　标准套二必看好房', '欣民苑　　- 一品天下 ', '2室2厅 | 83.81平米 | 东北 | 精装 | 低楼层(共7层)
| 板楼', '8人关注 / 1个月以前发布', '近地铁VR房源房本满五年随时看房', '106万单价12648元/平米', '106', '12648', '8', '1', '2', '2
'7', '2001', 'https://cd.lianjia.com/ershoufang/106104599787.html'], ['擎天半岛毛坯4房通透户型，朝南，大平层，看房方便，必看好房'
天半岛　　- 水碾河 ', '4室2厅 | 275.01平米 | 西南 | 毛坯 | 中楼层(共41层) | 2013年建 | 板楼', '40人关注 / 9个月以前发布', '近地
看房', '720万单价26181元/平米', '720', '26181', '40', '9', '4', '2', '275.01', '41', '2013', 'https://cd.lianjia.com/ershoufang/1
5.html'], ['地铁口 商场旁 公园旁套三双卫 新装修未入住必看好房', '汇融悉尼湾库吉岛二期　　- 大丰 ', '3室1厅 | 101.24平米 | 东 | 精
```

图 12-6　文本获取结果

从图 12-6 中我们看到了所爬取的内容，接下来只需要把爬取的内容转换成自己想要的格式，然后保存在相关文件中即可。图 12-7 是将爬取到的内容保存为 csv 文件的结果。

	Title	Position	Tag	followInf	VR	Info	Total_pri	RMB/m^2	Attentior	Update da	Bed room	Living rc	Area	Floors	Year
0	翰林上岛	翰林上岛	2室2厅 |	39人关注	VR房源随时	90万单价1	90	13832	39	17	2	2	65.07	16	2008
1	花语岸精装	花语岸	2室1厅 |	58人关注	VR房源	80万单价1	80	10084	58	1	2	1	79.34	16	2015
2	地铁口精装	地铁首座	3室2厅 |	143人关注	近地铁VR房	93万单价1	93	11948	143	5	3	2	77.84	32	2016
3	欣民苑	欣民苑	2室2厅 |	8人关注 /	近地铁VR房	106万单价	106	12648	8	1	2	2	83.81	7	2001
4	擎天半岛毛	九龙仓擎天	4室2厅 |	40人关注	近地铁VR房	720万单价	720	26181	40	9	4	2	275.01	41	2013
5	地铁口 商	汇融悉尼湾	3室1厅 |	18人关注	近地铁VR房	130万单价	130	12841	18	8	3	1	101.24	26	2008
6	仁和春天大	春天大道	3室1厅 |	47人关注	近地铁VR房	188万单价	188	14449	47	4	3	1	130.12	24	2009
7	观城套二	观城　　-	2室1厅 |	65人关注	近地铁VR房	169万单价	169	20714	65	1	2	1	81.59	33	2013

图 12-7　csv 文件保存

12.2.3 数据分析

获取数据之后，首先需要对数据进行预处理，本案例中的预处理操作比较简单，直接采用前面章节介绍的相关方法进行即可，本节我们将讨论针对数据可以进行哪些维度的分析和展示。通过爬取获得的数据包括二手房的位置、单位平方米售价、楼层数和房屋建造时间等数据，通过这些数据我们可以进行相关分析。数据分析如图 12-8 所示。

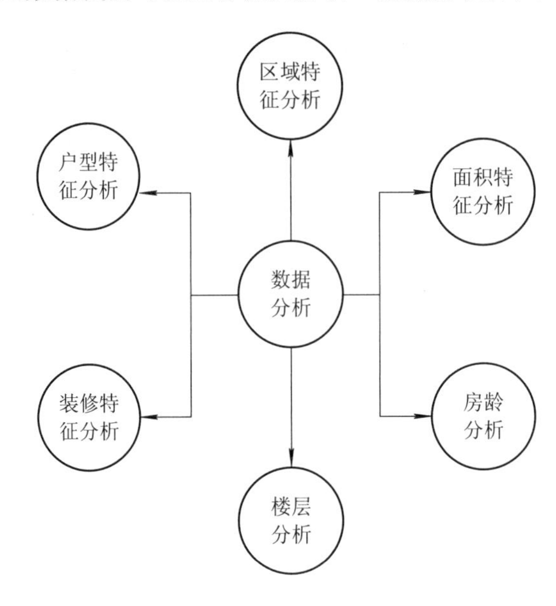

图 12-8　数据分析

从图 12-8 中我们可以看出，本案例准备进行的分析包括户型特征分析、区域特征分析、面积特征分析、装修特征分析、楼层分析和房龄分析。其中：

(1) 户型特征分析是基于二手房的户型特征，对二手房的数量进行统计分析。通过户型特征分析，可以看到二手房中几室几厅的二手房最受欢迎。

(2) 区域特征分析是基于小区对二手房进行统计，通过此操作可以看到哪个小区的二手房数量最多。

(3) 面积特征分析是基于二手房面积对二手房进行统计分析。将二手房面积划分为不同的区间，同时，结合二手房价格，验证二手房面积越大价格是否越昂贵。

(4) 装修特征分析是基于二手房装修类型以及二手房每平方米售价进行分析的。

(5) 楼层分析是基于二手房的所在楼层对不同楼层的二手房进行统计作图，这样能更直观地看到不同楼层二手房的数量。

(6) 房龄分析是结合二手房的装修类型、二手房的建筑类型以及二手房的售价进行综合分析。

12.2.4 房源价格预测

完成了基本的数据分析和数据可视化之后，接下来我们将尝试对数据内容进行挖掘，主要包含两部分内容。首先通过热力图，分析房价和哪些因素的关系比较密切，然后再试图利用数据挖掘方法，找出这些因素和房价之间的关系，从而实现利用这些关键因素对房源价格进行预测。

这里我们采用了 Seaborn 库中的 heatmap 函数进行热力图绘制。下面的图 12-9 中展示了二手房面积、室厅数、关注人数等因素影响房价的情况。

图 12-9 中，左图中的数字构成了一个对称矩阵。以第二行第一列的 0.04 为例，这代表关注人数对房价的影响因素为 0.04。其中，列表中的数字值越大，代表横纵坐标所代表的两个因素互相影响力越大。矩阵中对角线的数字都为 1.00，观察横纵坐标我们发现，横纵坐标代表的影响是一样的。可以看到，在房价的影响因素里，房屋面积和卧室数是主要的影响因素。

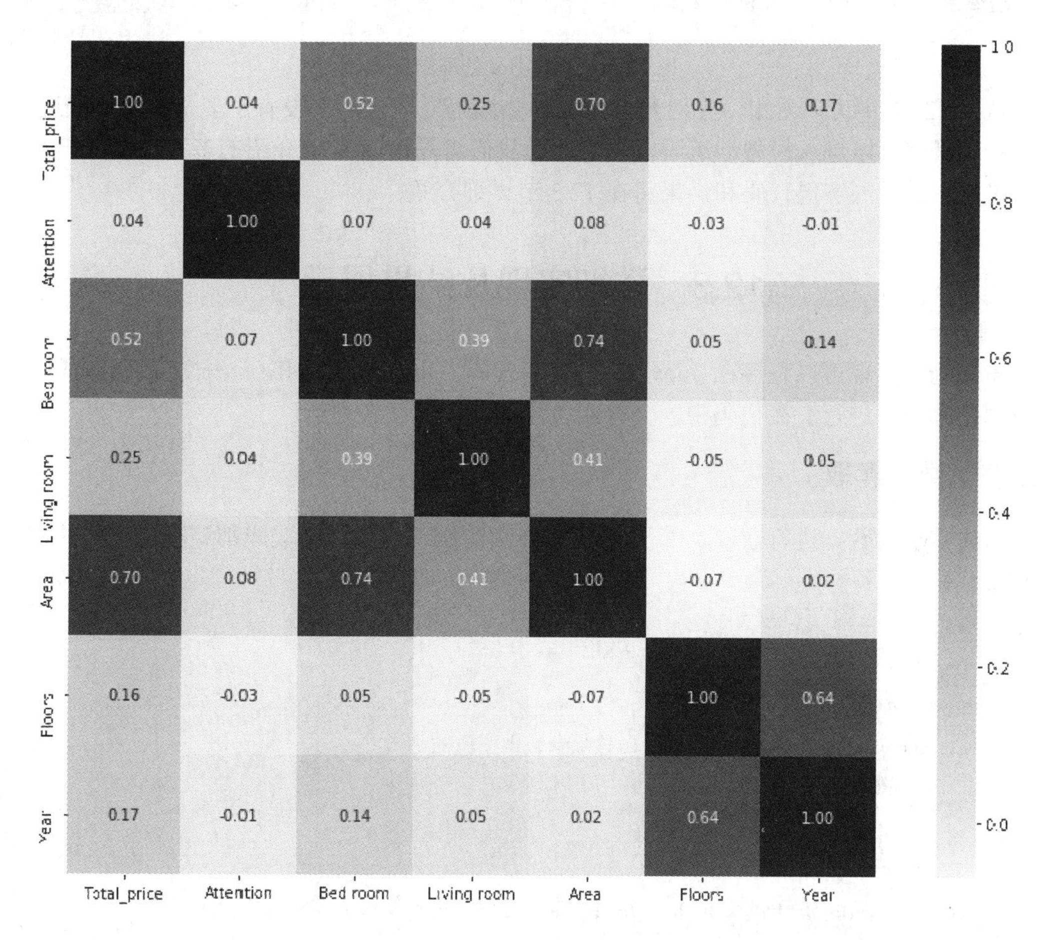

图 12-9　房价影响因素热力图

接下来我们将尝试利用数据挖掘方法，找出影响房价的这些因素和房价之间的关系。从热力图分析可以看出，房屋面积和卧室数是最主要的因素，读者可以只利用这两个因素进行关系挖掘，但此处为了效果更准确，将使用更多的因素进行挖掘。

在预测二手房房价之前，我们需要对数据进行适当处理，主要是对数据进行 One-Hot Encoding 处理。One-Hot 编码也称独热编码，又称一位有效编码，其方法是使用 N 位状态寄存器来对 N 个状态进行编码，每个状态都有独立的寄存器位，并且在任意时候，其中只有一位有效。分类器默认的数据是连续的，并且是有序的。但是在很多机器学习任务中，存在很多离散(分类)特征，因而将特征值转化成数字时，往往也是不连续的，One-Hot 编码解决了这个问题。本案例主要将描述房屋朝向等的中文属性转变为 One-Hot 编码，处理结果如图 12-10 所示。

	Total_price	Attention	Bed room	Living room	Area	Floors	Year	orientation_东	orientation_东 东北	orientation_东 东南	...	position_驷马桥	position_高升桥	position_高家庄	position_高新西	position_高朋	p
0	90.0	39	2	2	65.07	16	2008	1	0	0	...	0	0	0	0	0	
1	80.0	58	2	1	79.34	16	2015	0	0	0	...	0	0	0	0	0	
2	93.0	143	3	2	77.84	32	2016	0	0	0	...	0	0	0	0	0	
3	106.0	8	2	2	83.81	7	2001	0	0	0	...	0	0	0	0	0	
4	720.0	40	4	2	275.01	41	2013	0	0	0	...	0	0	0	0	0	

图 12-10　One-Hot 处理结果

从图 12-10 中可以看出，在对数据进行独热编码处理之后，没有了多余的汉字描述。

接下来就可以进入模型训练阶段了。此处我们将采用 8.3 节介绍的多元线性回归方法建立模型。最终的实现代码和结果将在 12.3 节详细介绍。

12.3　详细实现及结果展示

本案例的实现可以直接在 Jupyter 中编写代码，也可以通过 PyCharm 将代码分成几个可重用的部分来进行。在代码中，会有相关注释，以便读者理解。

12.3.1　数据爬取

首先需要对数据进行获取，基于 12.2 节介绍的实现思路，爬取成都链家二手房的数据的详细代码如下：

```
import  re
import  requests
from bs4 import BeautifulSoup
def removenone(mylist):                #移除参数中空值的函数
    while '' in mylist:
        mylist.remove('')
    return mylist
def addnone(mylist,length,cha):        #对文本进行标准化，使其文本格式都一样
    while len(mylist) < length:
        mylist.append(cha)
    return mylist
def regnum(s):                         #提取爬取到的字符串中的数值
    mylist = re.findall(r'[\d+\.\d]*', s)
    mylist = removenone(mylist)
    return mylist
def lianjia(url,page_range,district):
```

```
    #Initialization
    colum_name = ['Title','Position','Tag','followInfo','VR','Info','Total_price', 'RMB/m^2', 'Attention',
'Update day', 'Bed room','Living room','Area','Floors','Year','WebPage']    #定义爬取到的文本的表头
    data_list = []        #定义一个空的字典，用来储存爬取到的文本
    for page in range(page_range):
        pgurl = url+'/pg'+str(page+1)
        print ("正在爬取的网页地址为：",pgurl)
        header = {
            'User-Agent': 'Mozilla/5.0 (Macintosh; Intel Mac OS X 10_13_6) AppleWebKit/537.36
(KHTML, like Gecko) Chrome/72.0.3626.109 Safari/537.36'}
        page = requests.get(pgurl, headers=header)        #访问网址获取该 html 内容
        a = page.text
        soup = BeautifulSoup(a,"lxml")                    #解析该 html
        for b in soup.find_all('div',class_='info clear'):    #find_all 找到 div class='info clear'的标签
            temp = []
            for wz in b.find_all('div',class_= ['title','positionInfo','tag','houseInfo', 'priceInfo', 'followInfo']):
                temp.append(wz.get_text())
            #截取二手房中的房间数、面积、楼层、建造时间
            tag = regnum(temp[2])
            #截取二手房在链家网上的发布时间及关注人数
            date = regnum(temp[3])
            #有的二手房发布时间在 1 年以上，未用数字说明，此处说明其发布时间
            date = addnone(date,2,'>365')
            #截取总价和单价
            price = regnum(temp[5])
            temp.extend(price)
            temp.extend(date)
            temp.extend(tag)
            #将二手房中未给出的数字描述统一赋值为 0
            temp = addnone(temp,15,'0')
            for title in b.find_all('div',class_ = 'title'):
                for link in title.find_all('a'):
                    temp.append(link.get('href'))
            data_list.append(temp)
    print("爬取完成")
    data = pd.DataFrame(data_list,columns=colum_name)        #将 data 转换为 dataframe 类型
    data.to_csv(district+'.csv')                             #保存数据到 CSV 文件
    return data
if __name__ == '__main__':
    district_list = [(input('请输入保存文件英文名：'))]        #输入
```

```
    for district in district_list:
        url = "https://cd.lianjia.com/ershoufang/"
        page_range = int(input('请输入爬取页数：'))          #输入获得翻页数量
        my = lianjia(url,page_range,district)
```

运行以上代码之后，就可以在创建的后缀为 ipynb 的程序文件的同目录下，找到一个命名为 csv 的文件。图 12-11 是爬取成都链家二手房前 3 页的运行结果。

```
请输入保存文件英文名: cd
请输入爬取页数: 3
正在爬取的网页地址为:  https://cd.lianjia.com/ershoufang//pg1
正在爬取的网页地址为:  https://cd.lianjia.com/ershoufang//pg2
正在爬取的网页地址为:  https://cd.lianjia.com/ershoufang//pg3
爬取完成
```

图 12-11　爬虫运行结果示例

上面的代码运行成功之后，就可以在创建的后缀为 ipynb 的程序文件的同目录下，找到一个文件名为 cd 的 xls 文件，如图 12-12 所示。

cd	2020/5/29 0:13	XLS 工作表
成都链家二手房爬虫.ipynb	2020/5/29 0:15	IPYNB 文件

图 12-12　保存 xls 文件

12.3.2　数据预处理

本案例的数据预处理包含对数据类型进行转化、清除空值、对异常的数据进行筛选、删除和数据列的拆分(将一列数据拆分为多列数据)等操作，详细数据预处理的实现原理可参考前面的章节。数据预处理的代码如下：

```
import pandas as pd                              #导入 pandas 库并重新命名为“pd”
file = pd.read_csv('chengdu.csv',encoding='utf-8' )    #读取在 12.3.1 小节保存的文件
file=file.drop(['Unnamed: 0','WebPage','Info','VR','followInfo','Title'],axis=1)    #删除没有意义的列
print(file.head())
first = file['Tag'].str.split('|',expand=True)       #按“|”划分'Tag'列
first.rename(columns={0:'室厅数',1:'面积(平米)',2:'orientation',3:'Style',4:'楼层',5:'建筑时间',6:'Type'},
inplace=True)                         #对新划分的每一列重新命名
df = pd.concat( [first, file], axis=1 ) #把划分的所有列聚合起来成为一个 dataframe
df=df.drop(['面积(平米)','楼层','Tag','建筑时间'],axis=1)    #删除某些列
#df.describe()                        #可对数据进行描述性分析
df.dropna(axis=0,how='any',inplace=True)
#fillna(value=None, method=None, axis=None, inplace=False, limit=None, downcast=None,
**kwargs)                             #也可以通过此行代码对空值复制
#print(df['Year'].value_counts())     #实例代码，读者可自行查看其他列数据是否有异常值
df = df[df['Year'] != 0]              #删除建筑时间为 0 的二手房
```

```
df = df.reset_index(drop = True)      #对每一行的索引重新排序
for   i in range (len(df)):           #发布时间大于一年的二手房，将>365 改为 365
    if df['Update day'][i] == '>365':
        df['Update day'][i] = str(df['Update day'][i])
        df['Update day'][i] =   df['Update day'][i].replace('>365','365')
for   i in range (len(df)):
    df['Update day'][i] = float(df['Update day'][i])
print("--------")
print(df.head())
```

运行以上代码，可以得到图 12-13 和图 12-14 所示结果。

观察图 12-13 和图 12-14 我们发现，处理前后的数据在某些列的名称上发生了变化，其中的数据形式也发生了变化，如图 12-13 中的“>365”变成了“365”，图 12-13 中的 Tag 列中的数据在图 12-14 中变成了多列。

	Position	Tag	Total_price	RMB/m^2	Attention	Update day	Bed room	Living room	Area	Floors	Year
0	朝阳朗香广场 - 沙湾	2室2厅 | 67.74平米 | 西北 | 精装 | 32层 | 2017年建 | 板塔结合	124.8	18424	24	12	2	2	67.74	32	2017
1	正成东区1号 - 理工大	3室2厅 | 79平米 | 西南 | 精装 | 高楼层(共19层) | 2015年建 | 板塔结合	131.0	16583	54	2	3	2	79.00	19	2015
2	向阳名居 - 华阳	3室2厅 | 123.72平米 | 东 西 | 毛坯 | 高楼层(共6层) | 2002年建...	130.0	10508	69	>365	3	2	123.72	6	2002
3	中冶田园世界 - 郫县城区	2室2厅 | 70.85平米 | 东南 东北 | 精装 | 高楼层(共30层) | 2013...	70.0	9881	55	4	2	2	70.85	30	2013
4	君临天下 - 成外	5室3厅 | 244.6平米 | 西南 | 毛坯 | 1层 | 2004年建 | 塔楼 | ...	365.0	14923	4	1	5	3	244.60	1	2004

图 12-13　预处理前的数据

	室厅数	orientation	Style	Type	Position	Total_price	RMB/m^2	Attention	Update day	Bed room	Living room	Area	Floors	Year
0	2室2厅	西北	精装	板塔结合	朝阳朗香广场 - 沙湾	124.8	18424	24	12	2	2	67.74	32	2017
1	3室2厅	西南	精装	板塔结合	正成东区1号 - 理工大	131.0	16583	54	2	3	2	79.00	19	2015
2	3室2厅	东 西	毛坯	板楼	向阳名居 - 华阳	130.0	10508	69	365	3	2	123.72	6	2002
3	2室2厅	东南 东北	精装	板塔结合	中冶田园世界 - 郫县城区	70.0	9881	55	4	2	2	70.85	30	2013
4	5室3厅	西南	毛坯	塔楼	君临天下 - 成外	365.0	14923	4	1	5	3	244.60	1	2004

图 12-14　预处理后的数据

12.3.3　数据分析和可视化

对二手房的数据进行预处理后，数据变得规整了，但我们直接观察这些庞大的数据，难以发现其中的规律，于是我们对数据进行相关可视化操作。根据 12.2.3 小节的介绍，数据可视化主要实现户型特征可视化、区域特征可视化等，每一种可视化操作的实现方法如下所述。

1. 户型特征分析

户型特征主要针对二手房的户型类型数量进行统计。户型特征分析的代码如下：

```
import   numpy   as   np          #导入 numpy
import   pandas   as   pd         #导入 pandas
```

```
import matplotlib.pyplot as plt         #导入 matplotlib，matploylib 为优秀的画图库
import seaborn as sns                   #导入 seaborn，seaborn 为优秀的画图库
sns.set(style="darkgrid")               #seaborn 默认的风格
import matplotlib.pyplot as plt
housetype = df['室厅数'].value_counts()          #对户型类型进行统计
from pylab import mpl
mpl.rcParams['font.sans-serif'] = ['FangSong']  #指定默认字体
mpl.rcParams['axes.unicode_minus'] = False      #解决保存图像时负号'-'显示为方块的问题
#设置画布
asd,sdf = plt.subplots(1,1,dpi=200)             #置图片的相关参数
#获取类型数前 8 条数据
housetype.head(8).plot(kind='pie',x='housetype',y='size',title='户型数量分布')
plt.legend(['数量'])                            #设置图表
f, ax1= plt.subplots(figsize=(20,20))
sns.countplot(y='室厅数', data=df, ax=ax1)
ax1.set_title('房屋户型',fontsize=15)
ax1.set_xlabel('数量')
ax1.set_ylabel('户型')
plt.show()
```

执行上述代码可以得到如图 12-15 所示的户型分析结果。从图 12-15 中可以发现，2 室 1 厅的二手房数量和 3 室 2 厅的二手房数量差不多，而 1 室 0 厅等室厅数的二手房数量很少。这说明 1 室 0 厅不能满足一个家庭的生活需求，2 室 1 厅和 3 室 2 厅的户型能够满足大部分人的基本住房需求，更受人们的青睐。

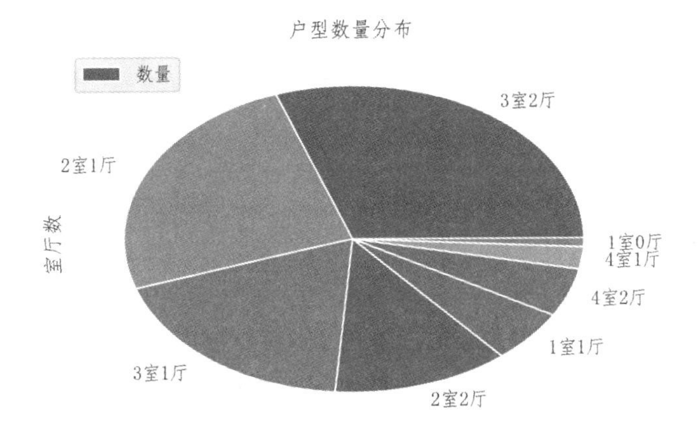

图 12-15 户型特征数量分布情况

2. 区域特征分析

区域特征分析是基于不同小区的二手房数量进行统计及可视化的。区域特征分析的代码如下：

```
xxx = df['Position'].str.split(' -',expand=True)
xxx.rename(columns={0:'position',1:'具体'},inplace=True)
number = xxx['position'].value_counts()
asd,sdf = plt.subplots(1,1,dpi=100)
#获取二手房数量最多的前 15 个小区的数据
number.head(15).plot(kind='bar',x='number',y='size',title='不同地区二手房数量分布',ax=sdf)
plt.legend(['数量'])
plt.show()
```

执行上述代码可以得到如图 12-16 所示的分析结果。从图 12-16 中可以发现，在二手房数量最多的前 15 个小区中，南湖国际社区就有 15 套二手房出售。图中其他大部分小区的二手房数量分布比较均匀，都有 9 套左右的二手房出售。

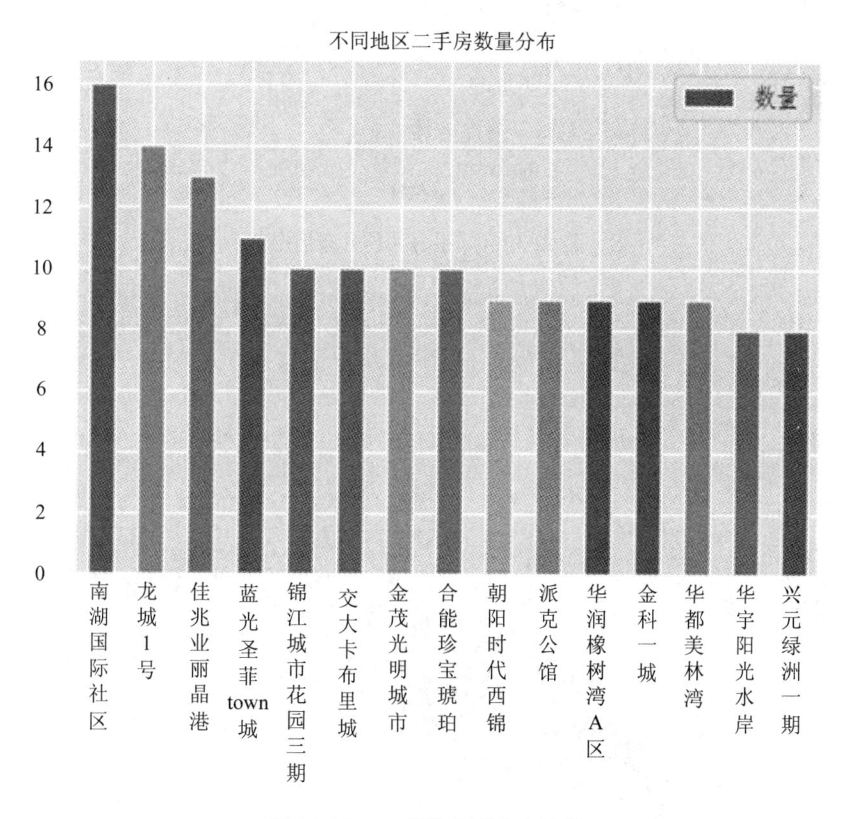

图 12-16　二手房小区分布情况

3. 面积特征分析

二手房的面积是影响房价的一个重要因素，下面的代码对二手房面积划分了区间，且绘制出了二手房面积与房屋总价的关系图。

```
f,ax1 = plt.subplots( figsize=(10, 5))
#二手房面积的分布情况
sns.distplot(df['Area'], bins=10, ax=ax1, color='r')
```

```
f,ax2 = plt.subplots( figsize=(10, 8))
#二手房面积出售价格的关系
sns.regplot(x='Area', y='Total_price', data=df, ax=ax2)
```

执行上述代码可以得到如图 12-17 和图 12-18 所示的分析结果。图 12-17 的纵坐标代表二手房数量占比，横坐标代表二手房面积区间。

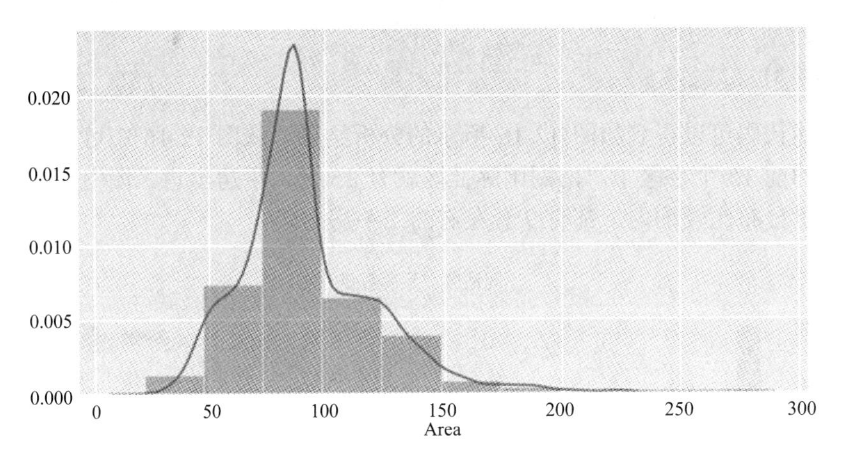

图 12-17　二手房面积分布情况

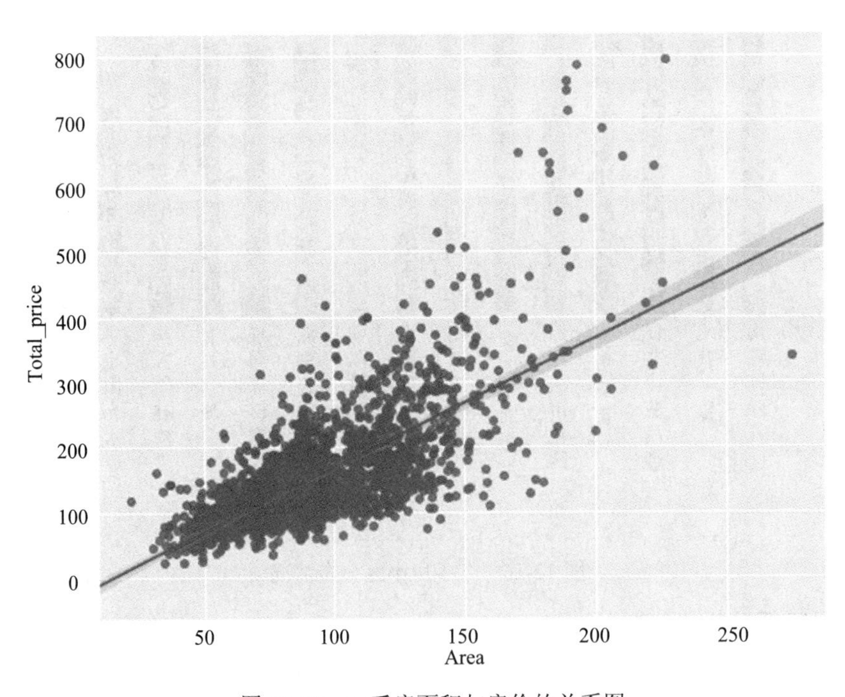

图 12-18　二手房面积与房价的关系图

从图 12-17 中可以发现，在所有的二手房中，面积在 90 到 100 平方米的二手房数量远远高于其他面积的二手房数量，而面积在 300 平方米以上的二手房的数量几乎为 0。通过 distplot 和 kdeplot 绘制柱状图观察面积特征的分布情况，属于长尾型分布，这说明了有一些二手房的面积很大，且超出正常范围的二手房。通过 regplot 绘制了面积和房屋总价之间的散点图，发现面积与总价基本呈现线性关系，符合基本常识。面积越大，价格越高。但是图中也有例外的点，有的二手房面积超过了 250 平方米，价格不到 300 万元；有的二手房面积在 180 平方米左右，但价格却在 800 万元左右。

4．装修特征分析

二手房每平方米售价的高低与其装修情况有一定关系，为此，我们将二手房单位售价和其装修情况做了统计分析。下面是装修特征分析的代码：

```
from matplotlib.font_manager import FontProperties
myfont=FontProperties(fname=r'C:\Windows\Fonts\simhei.ttf',size=16)
sns.set(font=myfont.get_name())
sx = sns.lineplot(x=df['Style'], y=df['RMB/m^2'])
```

执行上述代码可以得到如图 12-19 所示的分析结果。从图 12-19 中可以发现，在三种类型的装修情况中，精装二手房平均每平方米售价高于其他两种类型房屋的每平方米售价，在精装中每平方米售价波动幅度小，其他类型的二手房每平方米售价波动十分大。

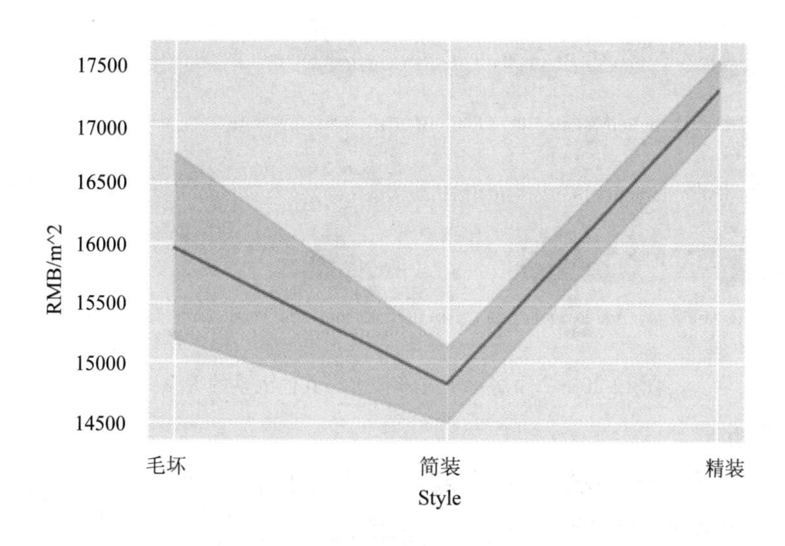

图 12-19　装修情况与平方米售价关系图

5．房龄、装修类型及二手房建筑类型综合分析

除了二手房的面积会影响房价之外，二手房的其他信息也会影响房价。因此，我们做了相关可视化操作，查看其他因素对房价的影响。对房龄、装修类型及二手房建筑类型综合分析的代码如下：

```
grid = sns.FacetGrid(df, row='Style', col='Type', palette='seismic',size=3)
grid.map(plt.scatter, 'Year', 'RMB/m^2')
grid.add_legend()
```

执行上述代码，可以得到如图 12-20 所示的关系图。

在图 12-20 的 15 个统计图中，每一个小圆点代表一套二手房。第一排的 5 张统计图中的小圆点为装修风格为“精装”的所有二手房，第二排的5张统计图中的小圆点为装修风格为“毛坯”的所有二手房，第三排的5张统计图中的小圆点为装修风格为“简装”的所有二手房。第一列的3张统计图中的小圆点为房屋建筑类型为“塔楼”的所有二手房，其他四列统计图中的小圆点依次代表房屋建筑类型为“板楼”“板塔结合”“暂无数据”“平房”四种类型。在Style(房屋装修风格)和Type(房屋建筑类型)条件下，使用FaceGrid分析二手房建筑时间的特征：整个二手房房价趋势是随着时间的增长而增长的，且二手房的建筑年限主要集中在2010年左右。平房以及装修情况未告知的二手房十分少。

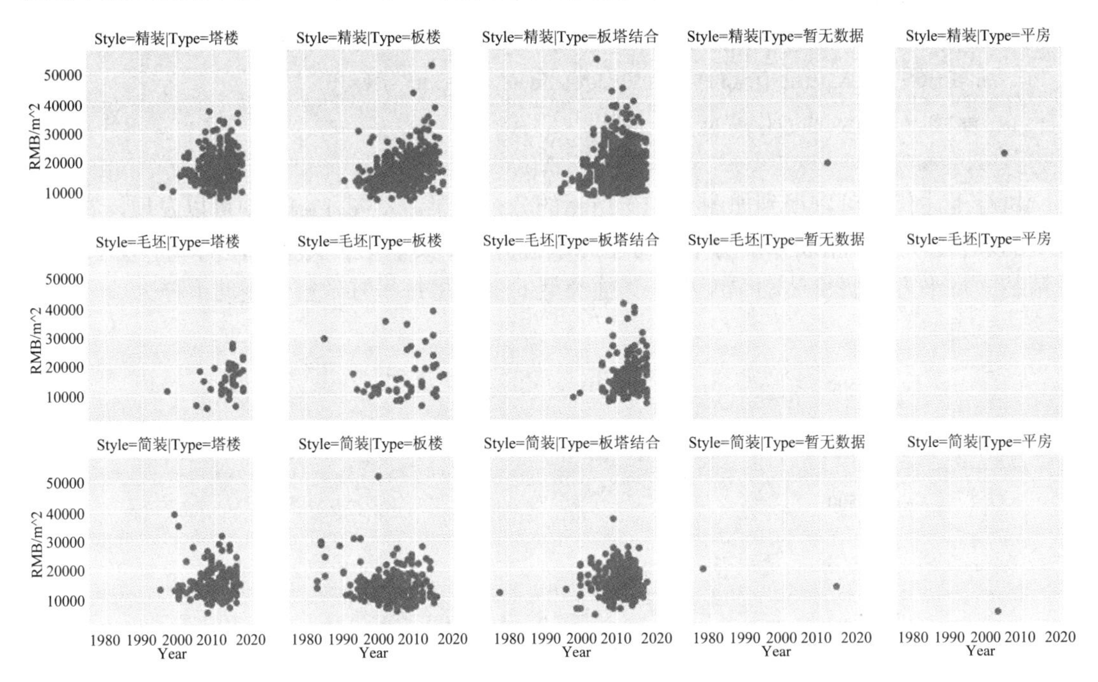

图 12-20 二手房每平方米售价与其他因素的关系图

6. 楼层分析

同户型特征分析一样，我们对不同楼层的二手房进行了统计。楼层分析的代码如下：

```
f, ax1= plt.subplots(figsize=(20,10))
sns.countplot(x='Floors', data=df, ax=ax1)
ax1.set_title('楼层分析',fontsize=15)
ax1.set_xlabel('楼层数',fontsize=15)
ax1.set_ylabel('数量',fontsize=15)
plt.show()
```

执行上述代码可以得到如图12-21所示的分析结果。在中国的传统意识中，认为二手房楼层数的数字代表了深远的意义。从图12-21中可以看到，6层、7层、18层和33层二手房数量最多。但是单独的楼层特征没有什么意义，因为每个小区住房的总楼层数都不一样，我们需要知道楼层的相对意义。另外，楼层与文化也有很重要的联系，比如，中国文化七上八下，7层相对于8层的确更受欢迎。当然，正常情况下中间楼层是比较受欢迎的，价格也高，底层和顶层受欢迎度较低，价格也相对较低。所以楼层是一个非常复杂的特征，对房价影响也比较大。

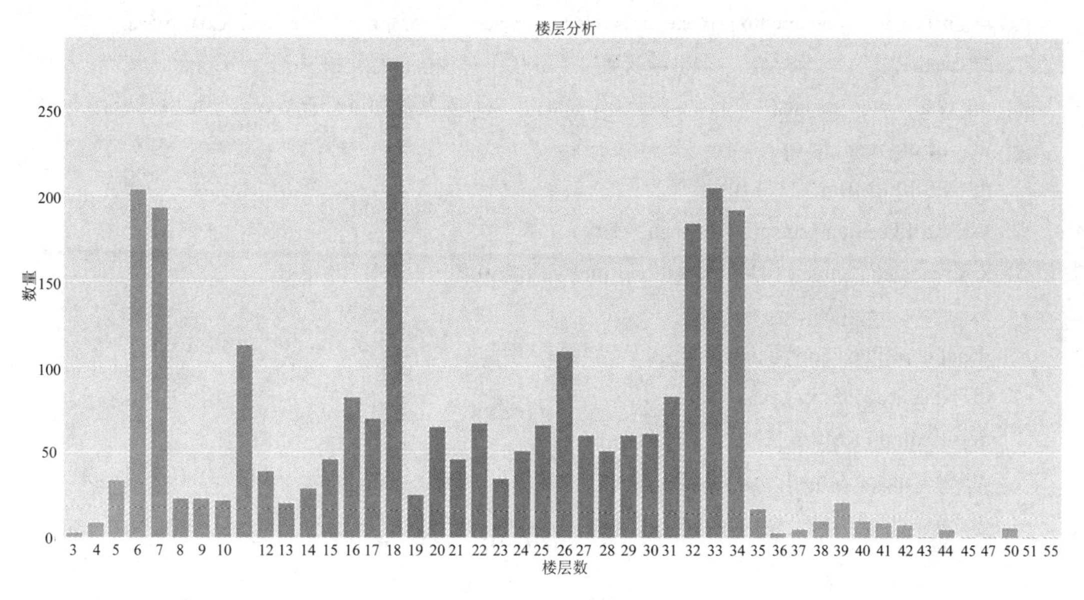

图 12-21　二手房楼层分析图

12.3.4　房源价格预测

在对成都二手房数据进行前面的分析之后，我们期待能通过这些数据训练出一个预测模型。此模型能根据二手房的位置、面积等信息，预测二手房目前的售价。详细代码如下：

```
import pandas as pd              #导入 pandas 库并重新命名为“pd”
import numpy
#对每一列重新命名
file = pd.read_csv('chengdu.csv',encoding='utf-8' )
file=file.drop(['Unnamed: 0','WebPage','Info','VR','followInfo','Title'],axis=1)
#按“|”划分'面积及楼层'列
first = file['Tag'].str.split('|',expand=True)
#对新划分的每一列重新命名
first.rename(columns={0:'室厅数',1:'面积(平米)',2:'orientation',3:'Style',4:'楼层',5:'建筑时间',
6:'Type'},inplace=True)
df = pd.concat( [first, file], axis=1 )          #把划分的所有列聚合起来成为一个 dataframe
df=df.drop(['面积(平米)','Tag','建筑时间'],axis=1)
lll = df['楼层'].str.split('(',expand=True)
lll.rename(columns={0:'Layertype',1:'6'},inplace=True)
lll = lll.drop(['6'],axis=1)
df=df.drop(['楼层'],axis=1)
df=pd.concat([df,lll],axis=1)
#df.describe()#可对数据进行描述性分析
```

```
df.dropna(axis=0,how='any',inplace=True)
#fillna(value=None, method=None, axis=None, inplace=False, limit=None, downcast=None,
**kwargs)                    #也可以通过此行代码对空值进行复制
df['Year'].value_counts()       #实例代码，读者可自行对其他列进行查看，看数据中是否有异常值
df = df[df['Year'] != 0]
df = df[df['RMB/m^2'] != 0]
xxx = df['Position'].str.split(' -',expand=True)
xxx.rename(columns={0:'6',1:'position'},inplace=True)
xxx= xxx.drop(['6'],axis=1)
df=df.drop(['Position'],axis=1)
df=pd.concat([df,xxx],axis=1)
df =df .drop(['RMB/m^2','室厅数'],axis=1)
df.reset_index(drop=True, inplace=True)
df.rename(columns={'Update day':'Update_day'},inplace=True)
data = df
import pandas as pd
df = pd.get_dummies(df)
import seaborn as sns
%pylab inline
pylab.rcParams['figure.figsize'] = (15, 10)
corrmatrix1 = data.corr()
hm2 = sns.heatmap(corrmatrix1,square=True,annot=True,cmap='RdPu',fmt= '.2f',annot_kws= {'size':10})
from sklearn.model_selection import train_test_split
x =df.drop(['Total_price'],axis=1)
y=df['Total_price']
#划分训练集和测试集
x_train,x_test,y_train,y_test = train_test_split(x,y,test_size=0.1, random_state=0)
from sklearn.linear_model import LinearRegression
lr = LinearRegression()
# 训练模型
lr.fit(x_train,y_train)
# 预测训练集数据
#y_train_predict = lr.predict(X_train)
# 预测测试集数据
y_test_predict = lr.predict(x_test)
my_submission = pd.DataFrame({'实际价格(万元)': y_test, '预测价格(万元)': y_test_predict })
my_submission.to_csv('test.csv', index=False)
```

此处我们将数据划分为训练集和测试集，测试集的比重为10%。运用多元线性回归(具体原理参见8.3节相关内容)，基于二手房的面积、室厅数、关注人数等因素对房源价格进

行估计。房价预测结果如图 12-22 所示。

	实际价格（万元）	预测价格（万元）
0	153.0	120.29
1	93.0	81.00
2	58.0	139.60
3	142.0	137.40
4	133.0	158.09

图 12-22　房价预测结果

我们发现预测结果并不如意，当我们把二手房单位面积的价格也作为预测因素时，则实际价格和预测价格会更加接近。当然二手房价格的影响因素远不止这些，读者可以尝试自己改进算法进行挖掘。当然也可以用其他的数据挖掘模型，此处就不再详述，感兴趣的读者可以自己实现。

在房源价格预测的代码中，前半部分为数据预处理的操作。若对数据进行不同的预测操作，那么就需要对数据进行不同的预处理操作。读者可以发现，在房源价格预测中的预处理与数据预处理一节中的预处理是有差别的。最显著的区别在于房源价格预测中的预处理对数据进行了独热处理。运行房源价格预测中的代码，可以得到 12.2.4 小节中房源价格预测一段中的结果。当然，此处的代码是根据二手房的位置、楼层数、二手房关注人数等相关因素，对二手房的现有房价进行预测，若读者有历年来的二手房数据，也可对二手房未来的价格进行预测。

本 章 小 结

在本章中，我们爬取了成都链家二手房网上的数据，并对爬取的数据做了相关的预处理，得到了完整统一的数据集。在预处理后的数据集基础上，进行了数据可视化操作。最后，对房屋价格进行了影响因素的预测。通过分析，我们发现在成都二手房数据的背后，有许多规律是二手房数据难以直接体现的。例如，二手房楼层在 18 层的数量很多，18 层在中国人传统思想中意味着不吉利，相比于二手房中的厅房数，卧室数更能影响二手房的价格。这也提醒我们，在做数据挖掘时，要多注意数据背后所蕴含的信息。

思 考 题

(1) 本案例中，采用的不是正则表达式获取文本内容，读者可采用正则表达式爬取链家二手房数据。

(2) 读者可以尝试用更多的图表对二手房数据进行可视化。例如，可以根据地理位置，调用百度地图的 API 实现基于地理位置的价格热力图的制作。

(3) 我们在进行二手房价格预测时，只是对爬取的相关因素进行了房价预测。读者可以尝试添加房屋离最近的地铁站、学校、商场的距离等因素，来预测房屋的价格。